U0789829

《灌溉排水工程学》教学辅助教材

（自学指导、习题集、课程设计、实验指导）

主编　史海滨　吕志远　霍　星

黄河水利出版社
·郑州·

内容提要

本书是《灌溉排水工程学》的配套教材。为了提高教学质量，加深对课堂讲授内容的领会、巩固与掌握，做到理论与实践相结合。同时兼顾灌溉排水工程学教材内容体系，加入了大量具有地区特色的实用性设计示例和实际改(扩)建设资料。本书共分为四个部分。第一部分为自学指导，第二部分为习题集与示例(主要包括灌溉制度、膜下滴灌工程设计示例等)，第三部分为课程设计(灌区渠系规划设计、喷灌系统设计)，第四部分为试验指导及附录。

本书可作为高等学校农业水利工程、水利水电工程和水文水资源工程的专业辅助教材，也可作为其他相关专业的教学用书及从事灌溉排水技术推广人员的培训教材或同类专业工程技术人员参考。

图书在版编目(CIP)数据

《灌溉排水工程学》教学辅助教材/史海滨，吕志远，霍星主编. —郑州：黄河水利出版社，2013.12

ISBN 978-7-5509-0684-6

Ⅰ.①灌… Ⅱ.①史… ②吕… ③霍… Ⅲ.①灌溉系统-高等学校-教学参考资料 ②排灌工程-高等学校-教学参考资料 Ⅳ.①S274.2 ②S277

中国版本图书馆 CIP 数据核字(2013)第 309461 号

策划编辑：李洪良 电话：0371-66026352 E-mail：hongliang0013@163.com

出 版 社：黄河水利出版社

地址：河南省郑州市顺河路黄委会综合楼 14 层 邮政编码：450003

发行单位：黄河水利出版社

发行部电话：0371-66026940、66020550、66028024、66022620(传真)

E-mail：hhslcbs@126.com

承印单位：黄河水利委员会印刷厂

开本：787 mm×1 092 mm 1/16

印张：16.5 插页：4

字数：381 千字 印数：1—3 100

版次：2014 年 5 月第 1 版 印次：2014 年 5 月第 1 次印刷

定价：38.00 元

前言

本书是《灌溉排水工程学》(史海滨等主编)的配套教材。为了提高教学质量,加深对课堂讲授内容的领会、巩固与掌握,做到理论与实践相结合,并根据学生的实际情况,在我校农业水利工程几十年教学经验的基础上,参考兄弟院校的部分基本材料,结合我们以往多次修订再版的自编《灌溉排水工程学自学指导书》、《灌溉排水工程学习题集及课程设计书》和《灌溉排水工程学实验指导书》内容。同时兼顾灌溉排水工程学教材内容体系,加入了大量具有地区特色的实用性设计示例和实际改(扩)建资料,编写完成了本书,可作为高等院校水利学科和农业学科学生的专业辅助教材,也可作为其他相关专业的教学用书及从事灌溉排水技术推广人员的培训教材。

本书共分为四个部分。第一部分为自学指导,第二部分为习题集与示例(主要包括灌溉制度、膜下滴灌工程设计示例等),第三部分为课程设计(主要包括灌区渠系规划设计、微灌系统设计等),第四部分为实验指导。

本书由内蒙古农业大学史海滨、吕志远、霍星主编,李瑞平、李为萍和李仙岳等参加了编写工作。全书由史海滨主审,史海滨、霍星统稿完成。

本书引用了大量国内外研究成果,参考了许多出版和公开交流的相关著作和教材,在此表示衷心的感谢。

因作者水平有限,书中难免存在不妥之处,恳请读者批评指正,提出改进意见,便于在教学实践中加以纠正。

编　者

2013 年 12 月

目　录

前　言

第一部分　自学指导

第一章　绪　论 ………………………………………………………………… (1)
第一节　中国灌溉与防洪史 …………………………………………………… (1)
第二节　60 年来的成就和当前面临的问题 ……………………………… (5)
第二章　农田水分状况和土壤水分运动 …………………………………… (7)
第一节　土壤水分运动 ………………………………………………………… (7)
第二节　土壤 - 植物 - 大气连续体的水分传输 …………………………… (11)
第三节　植物根系吸水的宏观模型 ………………………………………… (20)
第四节　植物根系吸水的动态模拟 ………………………………………… (22)
第三章　作物需水量和灌溉制度 …………………………………………… (25)
第一节　作物需水量 ………………………………………………………… (25)
第二节　节水灌溉条件下的最优灌溉制度 ………………………………… (25)
第三节　多种作物间灌溉水量最优分配 …………………………………… (38)
第四节　节水灌溉的内涵及其范畴 ………………………………………… (42)
第五节　SWAP 模型简介 …………………………………………………… (51)
第四章　灌水方法 …………………………………………………………… (55)
第一节　地面灌溉 …………………………………………………………… (55)
第二节　田间灌溉系统评价 ………………………………………………… (55)
第三节　畦沟的灌水技术 …………………………………………………… (59)
第四节　畦灌系统设计 ……………………………………………………… (66)
第五节　沟灌系统设计 ……………………………………………………… (69)
第六节　管道输水灌溉 ……………………………………………………… (70)
第七节　塑料薄膜覆盖灌水技术 …………………………………………… (83)
第八节　保护地节水灌溉技术 ……………………………………………… (90)
第九节　波涌流灌溉 ………………………………………………………… (101)
第十节　节水灌溉综合评价理论与方法 …………………………………… (104)
第五章　灌溉渠道横断面设计 ……………………………………………… (111)
第一节　优化设计原理 ……………………………………………………… (111)
第二节　优化计算实例 ……………………………………………………… (113)
第六章　灌溉水源和取水方式 ……………………………………………… (116)
第一节　灌溉水质评价 ……………………………………………………… (116)

第二节　地下水资源评价及开发利用 ……………………………… (120)
第七章　土壤盐碱化防治与改良的水利措施 ………………………… (126)
第一节　水盐运动规律及平衡方程 ……………………………… (126)
第二节　洗盐用水量的计算 …………………………………… (126)

第二部分　习题集与示例

习题一　入渗、蒸发计算 …………………………………………… (130)
习题二　春小麦作物需水量计算 ………………………………… (131)
习题三　设计春小麦灌溉制度 …………………………………… (139)
习题四　制订灌水率图 …………………………………………… (139)
习题五　田间渠系规划布置 ……………………………………… (141)
习题六　地下灌溉渠系水位推算 ………………………………… (141)
习题七　喷灌设计 ………………………………………………… (143)
习题八　膜下滴灌工程设计示例 ………………………………… (144)
习题九　取水方案选择 …………………………………………… (153)
习题十　干、支渠系规划布置 …………………………………… (153)
习题十一　渠系水利用系数的计算 ……………………………… (154)
习题十二　灌溉渠道设计流量推算 ……………………………… (154)
习题十三　干渠纵横断面设计 …………………………………… (156)
习题十四　灌溉输水首部管径的计算 …………………………… (157)
习题十五　灌区灌溉水源井的确定 ……………………………… (158)
习题十六　承压地下水资源开采利用计算 ……………………… (158)
习题十七　浅层地下水资源多年调节计算 ……………………… (159)
习题十八　田间排水计算 ………………………………………… (161)
习题十九　骨干排水沟设计流量计算 …………………………… (161)
习题二十　重盐碱地冲洗改良设计 ……………………………… (163)
习题二十一　引配水计划的编制 ………………………………… (164)

第三部分　课程设计

课程设计一　庆丰灌区灌溉渠系规划设计 ………………………… (167)
课程设计二　准格尔旗红花沟果树微灌工程设计 ………………… (169)
课程设计三　××县喷灌工程设计 ……………………………… (175)

第四部分　实验指导

实验一　土壤渗吸速度实验 ……………………………………… (186)
实验二　土壤水扩散率 D 的测定 ……………………………… (192)
实验三　沟灌条件下土壤水分运动规律实验 …………………… (197)
实验四　明沟排水功能实验 ……………………………………… (203)

实验五　喷头技术参数测试 …………………………………………………………（212）
实验六　微灌演示及灌水器技术参数测试 …………………………………………（214）
附　录 …………………………………………………………………………………（216）
参考文献 ………………………………………………………………………………（256）

第一部分　自学指导

第一章　绪　论

第一节　中国灌溉与防洪史

中国水利的历史与文明的历史同样悠久,这是由特有的自然环境所决定的,地域辽阔的中国,不同区域的地形地貌和季风气候等自然条件千差万别,由此产生了不同的水利问题,区域水利工程数量和规模也有很大差异,且工程形式多种多样。在各种自然条件中,气候和地形对灌溉与防洪工程类型和工程运行有着直接的影响。中国古代数量最多的无坝引水工程分布在江河沿岸,通常具有输水、行洪和水运等多方面的功能。水利发展也是受社会制度的推动成制的。

一、防洪与灌溉的起源和主要水利区的形成(夏商至汉代,公元前21世纪~公元3世纪)

每个民族都有自己文明起源的神话时代。中国文明的第一页是由洪水的神话掀开的。大约公元前21世纪,黄河流域发生了特大洪水。聚居于黄河中游的部落,开始登高躲避后或堵或疏与之抗争,最后在大禹的率领下战胜了洪水,中华民族由此强盛,第一个王朝——夏由此而诞生。夏代之后,中国进入了商周时期,社会进入了以农耕文明为特征的奴隶制时期。这一时期是灌溉与防洪的起源期。周代的分封制导致了王权衰落,诸侯割据的战国时期到来了。

黄河治河及防洪工程建设起源于战国时期(公元前475~前221年)。大禹治水主要采用疏导的方法,那是适应当时人口不多、居民点稀少的社会实际。到了春秋战国时期,黄河沿岸已经人口密集,不能再让黄河在广袤的平原上往返大幅度摆动了,由此筑堤防洪应运而生。

到了西汉,在战国堤防的基础上,进行了黄河两岸堤防的系统建设或整顿。但是,堤防工程的负面作用也随之产生:河槽淤积,“地上悬河”逐渐形成。决口开始频繁,防洪任务艰巨。

西汉末年黄河大堤进一步修葺完善,一些重要的险工段改为石工,并出现了挑流、扩岸等河口工程。

西汉末年至[新]王莽始建国三年(公元11年),黄河大改道。王景治河便是新河道上开展的大规模治理工程，主要内容有：修筑黄河汴河堤防，建分水、减少水量、整治河道等。

桔槔是利用杠杆原理的人力提水机械，战国时期已经有了文学记载。汉墓的石像中有很多的桔槔取水灌溉的题材，反映出桔槔已经是当时田野灌溉的常用机具。

灌溉渠系出现在4 000多年前的殷商时期。考古发明，约4 000年前商代的甲骨文中，出现了井和田的符号"田巛"，意指田边的水沟。

西周（公元前11世纪~前476年）的经济区——黄河下游（今山东、河南一带）有发达的农业。西周一种被奉为"神圣的王制"的制度——"井田沟洫"，就是将一块土地分为呈"井"字状的9块，中央是蓄水的井，其余8块是被渠道环绕的耕地。

秦昭襄王五十一年（公元前256年）蜀都守李冰主持修建了都江堰（见图1-1-1）。都江堰位于岷山上游的西北。都江堰首枢纽主要由鱼嘴、飞河堰、宝瓶口组成，它们的选址巧妙地利用了河道地形河流的水力学特点。岷山通过鱼嘴分为内江、外江，经过飞沙堰（侧向溢流堰）进入宝瓶口，岷江由此进入成都平原。都江堰是兼具灌溉、防洪、航运以及城市水环境多种功能的水利工程。从创建至今，都江堰多次毁于洪水，但是每一次修复都又继承了原来的工程枢纽布置形式，反映出2 000多年前都江堰完美的工程规划。

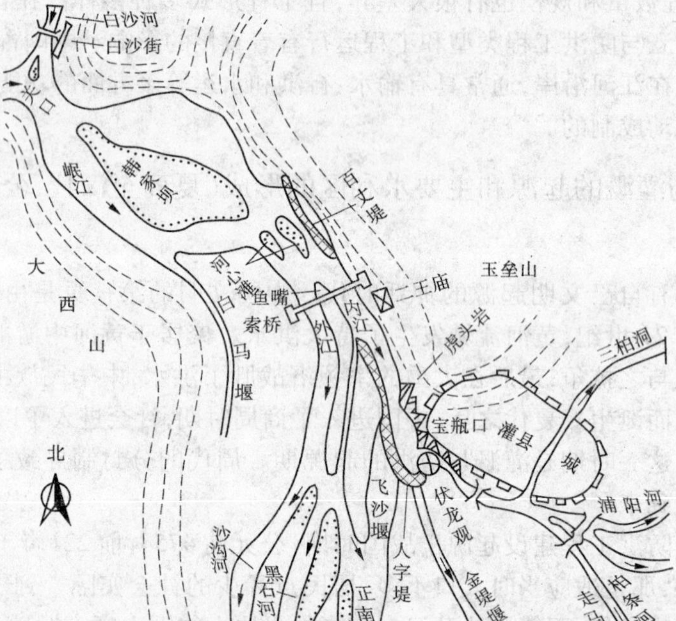

图1-1-1　都江堰渠首枢纽布置及都江鱼嘴结构

二、水利科学与技术的辉煌时期（三国至唐宋，约公元3~13世纪）

东汉末年，大一统的帝国开始分崩离析，历史进入了魏蜀吴三国鼎立的时代。在短暂统一的西晋之后，北方游牧民族乘着战乱进入中原。黄河以北是战争的中心区域，经历了魏晋南北朝大约400年的战乱，大量的人口南迁，中原科学技术随之传至黄河以南。这一时期是南方水利工程开创时期。在盘踞于黄淮之间广大平原的各个时期的割据政权中，三国时实力最强的曹魏，南北朝时期实力最强的北魏和西魏，无不出于战争需要而大举军事屯田，由此带动了区域水利工程建设、小型陂塘灌溉工程和区间运河开凿，满足了粮食生产和水运的需求。

汉代以后，强大的中央集权统治逐渐势微，取而代之的是地方割据政权。拥有大量土地的门阀由此获得了独霸一方的条件，北方的庄园农业由此而繁荣。人口的锐减和庄园经济的繁荣导致了人们对机械的需求。在这个特殊的时期，用于粮食加工的水磨、水碾等水力机械，用于灌溉和排水的筒车及小型机具等开始进入皇亲势族的庄园。一些贵族或朝廷官员以拥有这些机械作为炫耀其地位和财富的资本。200多年后，即唐宋时期，这些机械或机具进入寻常百姓家，地处边缘的西北边疆也有很多水磨和水碾的使用记载。然而，明清时期，它们的应用和制造突然沉寂下来。原因在于，人口的急剧增加导致劳动力的低廉，从而阻碍了社会对这些机械的应用。

在隋代中国重新归于统一的基础上建立起来的唐代，是中国古代文明辉煌的朝代，这种辉煌一直延伸到两宋时期（约公元7～13世纪）。这期间，长江中下游流域及太湖流域的农业经济地位日渐突出，全国经济中心的地位基本形成。太湖流域塘浦圩田系统、滨海拒咸蓄淡工程成为这一时期农田水利建设的主要特征。隋唐时期建立起从中央到地方完善的水政管理体系，以唐《水部式》、宋《农田水利约束》为代表的国家水法的颁行，标志着中国古代水利行政管理进入了成熟期。

唐宋时期灌排工程进入持续发展阶段，始建于秦汉的很多工程在唐宋时期得以重建，许多灌区则获得了空前的发展，如西北河套平原的引黄灌区、岷江流域的都江堰、太湖塘浦灌排工程体系等都演进为重要的水利区，支撑着区域农业与经济的持续繁荣。唐代制定的国家水利法规《水部式》成为后来各朝各代制定国家水利法规的范本。此外，唐宋都城水利成就卓著，不仅为长安、洛阳、扬州、杭州、成都等城市提供了完善的供排水工程系统，而且这些城市中的湖泊和城河还被创造成了优美的园林景观。

这一时期，黄河安流已经800年。至北宋时，黄河又开始频繁决口，直接危及北宋都城汴梁和运河——汴渠的安全。治河防洪再次提上议事日程，埽工、河道裁弯取直、水准测量等水利施工技术也随之提高。位于长江干流中游的宜昌、沙市及汉口成为商业和交通重镇，并开始筑堤。这些区间的堤防开了后来明清时期荆江大堤建设高潮之端绪。

三、灌溉与防洪工程普遍发展时期

13世纪70年代，忽必烈统帅的蒙古军队从北方草原长驱南下，结束了南宋与辽金南北对峙150年的局面，建立起统一的政权——元朝。自此，中国进入了长达640年的元明清时期，在此期间，中国灌溉工程普遍发展。东南的福建、海南、台湾，西南的云南、贵州，西北的新疆、内蒙古、宁夏等地灌溉工程的增加势头超过以往任何一个历史时期。因地制宜地灌溉工程形式赋予了这一时期鲜明的时代和地域特点。如1821～1908年新疆吐鲁番盆地坎儿井急剧增加，仅80多年间所开凿的坎儿井就超过400条。17世纪时，来自福建的移民将水利工程技术带到台湾，持续百年的台湾山区河流大型引水灌溉工程建设由此拉开序幕。

清康熙年间(1662～1722年),中国人口达到1亿人,粮食产区快速扩展,即使是干旱的西北和寒冷的东北等地也已经普遍垦殖。这一时期长江中游江汉平原和洞庭湖的圩垸、珠江三角洲的基围,成为继太湖围田之后持续时间最长、规模最大的水利区,并创造出以"湖广熟,天下足"而著称的区域农业经济,对中国社会的稳定起着举足轻重的作用。随着中国主要江河中下游开发速度的普遍加快,土地肥沃的江河滩地和湖泊洼淀成为人口密度最大的地区。与此相应,海河、黄河、淮河、长江中下游和珠江三角洲的干流及支流的重要河段上都建起了规模可观的堤防工程。被誉为"海上长城"的东南沿海鱼鳞大石塘也是这一时期完成的。

南宋建炎二年(1128年),为阻止金兵南下,北宋留守杜充在开封决开黄河,黄河南行夺淮,经淮河下游河道在今江苏云梯关入海。黄河夺淮后,南行河道(即今废黄河)将原本统一的淮河下游水系分割成淮河水系和沂沭泗水系两大系统。黄河夺淮改变了江淮间的自然环境。在黄河夺淮的700余年间,黄淮与江淮之间水系紊乱,洪水灾害严重。间或黄河北泛,则冲断京杭运河山东段;折向东南,则黄淮合流危及淮扬运河。

在元明清建都北京的600余年间,京杭大运河成为联系北方政治中心和南方经济中心的交通动脉。为了保障这条大动脉的畅通,国家将越来越多的赋税收入用于河工经费,清道光时(1821～1850年)的常年河工经费预算占国家财政收入的10%。其中,道光二十四年(1844年)的黄河中牟堵口工程用银1 190万两,约占当年赋税的29%。这一时期最艰苦的防洪工程建设当属黄河、淮河和京杭运河相交的清口工程枢纽,它的建成使洪泽湖高家堰枢纽工程日趋完善,并促使黄淮分流,淮河主流越过洪泽湖高家堰,部分经高邮、宝应诸湖归入长江,部分穿过淮南运河大堤经里下河地区入海。尽管里下河地区由此洪涝渍害灾害频发,但确定了后代淮河下游治理和防洪工程的基础。束水攻沙、以堤治水的黄河大堤和蓄清刷黄的高家堰,以及持续400多年的引清刷黄、导淮归海、导淮入江工程体系和防洪调度,代表了古代防洪治河工程技术的最高成就。

四、水利科学与技术的承前启后期(清末至民国,1850～1949年)

以清咸丰五年(1855年)黄河改道由大清河入渤海为标志,中国水利进入了转折时期。黄河改道后纵贯南北的京杭运河在山东张秋被拦腰截断,运河漕运改为海运。1901年废除漕粮征制度,经营了500年的京杭运河漕运始告终结。黄河防洪重点随之也发生了变化,由确保运河不被冲断改为干流沿岸险工段重点防汛。淮河全河改道后,洪泽湖和里下河排水问题更加严峻,导淮成为20世纪初水利工程建设的重点。发生在20世纪上半叶的流域性大洪水,如1915年珠江大水、1931年长江大水,1939年海河大水,以及西北大旱等水旱灾害给社会以极大的冲击,也唤起了人们对水利问题的关注,推动了中国现代水利的创始。重要的进步主要体现在水利规划的前期工作,如水文和河道地形测量、引进新型机械和材料、兴办水利教育和水利学研究等方面。20世纪20年代以来各流域治本计划和水利法的制定,以及水电站、新型灌区和灌排站的建设,标志着中国水利新时期的来临。

在西风东渐的19世纪末至20世纪初,来自西方发达的水利科学、工程技术、水管理与法规制度，冲击着古老的传统水利。这一时期水利还有一个鲜明的特点，那就是在传统的水利工程建筑形式、河工构件和施工方法渐行渐远的同时，中国部分传统水利的精华开始进入西方科学家的视野，东西方截然不同的工程技术在江河规划和灌溉方面出现了嫁接与融合。以李仪祉为代表的一批接受过西方水利教育和东方文化熏陶的知识分子是这一时期水利变革的推动者和继承者。

第二节　60年来的成就和当前面临的问题

一、获得的成就

新中国成立60多年来，党和政府领导广大人民进行了规模空前的水利建设。《2012年全国水利发展统计公报》统计表明，至2012年底，全国已建成江河堤防27.73万km，累计达标堤防17.75万km，其中一、二级堤防累计达标长度2.79万km；已建成各类水库97 543座，总库容8 255亿m^3，其中，大型水库683座，总库容6 493亿m^3；水利工程实际供水能力达到6 591亿cm^3；有效灌溉面积达到5 707.8万hm^2，其中30万亩[1]以上大型灌区285处，有效灌溉面积1 461.3万hm^2；工程节水灌溉面积达到2 242.6万hm^2，农业灌溉水有效利用系数达到0.46；水利系统水电装机容量累计达到5 293万kW，占全国水电装机容量的41.2%，其中农村水电装机4 720万kW；水土流失综合治理面积达到102.95万km^2，其中，小流域治理面积37.9万km^2。

该公报初步统计了2012年全国水资源总量29 526.9亿m^3，总供水量6 131.2亿m^3，人均用水量为454 m^3。万元GDP（2010年可比价）用水量130 m^3，万元工业增加值（2010年可比价）用水量27 m^3。根据全国大于20.1万km河长水质评价结果，水质符合和优于Ⅲ类水的河长占67.0%。

二、面临的问题

这些巨大成就为保障我国经济迅速发展和社会长期稳定创造了条件。但是，由于种种原因，水利发展的模式基本属于粗放型。不少工程的安全标准不高、建设质量较差、配套设施不全、管理工作薄弱、用水浪费很大、水质污染严重，至今未能建立起良性运行的机制。在全国经济的高速发展中，也出现了一些新的矛盾。概括起来，当前面临如下主要问题。

（一）防洪安全仍缺乏保障

我国江河的防洪工程系统还没有达到已经审批的规划标准。长江的荆江河段和黄河的主要堤防，在三峡和小浪底水利枢纽及相应的配套工程完成后，可以达到防御100年一遇以上洪水的标准；淮河、海河、辽河、松花江、珠江等江河，除少数重点城市外，大部分堤防都还只能防御20年一遇左右的常遇洪水。即使上述江河的防洪能力达到规划标准，根据我国的气象水文规律，仍有发生工程所不能解决的超标准洪水的可能。而由于缺乏统

[1] 1亩=1/15 hm^2，下同。

一规划和管理，各地不分主次，竞相修建防洪工程和提高防洪能力，全国的堤防长度由20世纪70年代的11万km、80年代的16万km，发展到目前的28.08万km。堤线越来越长，堤防越来越高，洪水蓄泄的空间越来越小，致使许多江河在同样流量情况下，洪水位不断抬高，造成加高加修堤防与抬高洪水位的恶性循环。由于堤防不断加高，防汛负担和防汛风险也不断加重，如万一溃堤决口，将造成更大的毁灭性灾害。

(二)水资源紧缺与用水浪费并存

据分析估计，全国按目前的正常需要和不超采地下水，缺水总量为400亿m^3。在一般年份，农田受旱面积1亿~3亿亩。从总体上说，因缺水造成的经济损失超过洪涝灾害。许多地区由于缺水，造成工农业争水、城乡争水、地区之间争水、超采地下水和挤占生态用水。

但与此同时，用水效率不高、用水严重浪费的现象也普遍存在。我国的用水总量和美国相当，但GNP仅为美国的1/8。全国农业灌溉水的利用系数平均约为0.45，而先进国家为0.7，甚至达到0.8。1997年全国工业万元产值用水量103 m^3，是发达国家的5~10倍。工业用水的重复利用率据统计为30%~40%，实际可能更低，而发达国家为75%~85%。全国多数城市用水器具和自来水管网的浪费损失率估计在20%以上。

(三)水土资源过度开发，造成对生态环境的破坏

由于缺乏统筹规划，水资源和土地资源都有过度开发的现象。我国的水资源开发利用率达到20%，不算很高，但地区间很不平衡，北方的海河、黄河和淮河的水资源开发程度已分别高达101%、76%和53%。开发利用率超过了国际公认的合理限度40%。在土地利用方面，山区毁林开荒，草原过牧滥垦，湖泊湿地被围垦，江河行洪滩地被侵占，这些都破坏了生态环境，加重了水旱灾害。由于地下水的持续超采，使不少地区地面沉陷，海水入侵。在黄淮海流域，由于水资源的过度开发，造成海河流域的河湖干涸，黄河下游经常断流，甚至淮河中游在1999年也出现了历史上罕见的断流现象。

(四)水质污染迅速发展，已到极为严重的程度

据2011年《中国水资源公报》，2011年全国废污水排放总量807亿m^3。2011年，根据水利系统全国水资源质量监测站网的监测资料，采用《中国地表水环境质量标准》(GB 3838—2002)，对全国18.9万km的河流水质状况进行了评价。全国全年Ⅰ类水河长占评价河长的4.6%，Ⅱ类水河长占35.6%，Ⅲ类水河长占24.0%，Ⅳ类水河长占12.9%，Ⅴ类水河长占5.7%，劣Ⅴ类水河长占17.2%。从以上问题可以看出，由水资源紧张、水污染严重和洪涝灾害为特征的水危机已成为我国可持续发展的重要制约因素。当我国经济发展到目前水平的时候，必须进一步从人口、资源、环境的宏观视野，对水资源问题总结经验，调整思路，制定新的战略。

第二章　农田水分状况和土壤水分运动

第一节　土壤水分运动

一、概述

解析法虽然物理概念清楚，变量（各因子）关系明确，在符合定解条件下可得到精确的解，但目前只能对一些简单初、边值问题求得解析解，使其使用受到很大的限制。大多数实际问题只能采用数值法求解。

如对于地下水均匀下降的垂向一维排水时的土壤水分运动，采用总水头 h 为变量的基本方程，见式(1-2-1)。

$$C(h)\frac{\partial h}{\partial t}=\frac{\partial\left[K(h)\frac{\partial h}{\partial Z}\right]}{\partial Z}-\frac{\partial K(h)}{\partial Z} \tag{1-2-1}$$

定解条件如下：

初始条件：
$$h(Z,0)=h_0(Z) \tag{1-2-2}$$

上边界条件：
$$Z=0 \tag{1-2-3}$$

有蒸发时
$$-\varepsilon=-K(h)\left(\frac{\partial h}{\partial Z}-1\right)=\varepsilon_0\left[a\theta(h)+b\right] \tag{1-2-4}$$

无蒸发时
$$\frac{\partial h}{\partial Z}=1 \tag{1-2-5}$$

下边界条件：$Z=L$（Z 自地表算起，L 为控制的地下水埋深）时，
$$h(L,t)=0 \tag{1-2-6}$$

式中　$C(h)$——土壤的容水度，$[L^{-1}]$；

$K(h)$——土壤导水率，也称作水力传导度，是单位水势梯度的土壤水分通量，m/s 或 m/h；

h——压力水头，m。

由式(1-2-1)～式(1-2-6)构成的数学模型中，$C(h)$、$K(h)$ 是 h（或 θ）的函数，并随 h（或 θ）呈非线性变化；在地下水位下降条件下 $C(h)$、$K(h)$ 更不能用常量代替。在这种边界条件未确定情况下求解二阶非线性偏微分方程时，很难用线性法求得解析解，而常采用将微分方程变成差分方程，用差商代替微商，直接求解代数方程组。虽不能得出各变量间的函数关系，但仍可求得数量关系并具有工程允许的精度而为人们实用上接受，成为解决复杂数学模型最有用的有效方法之一。

数值法与解析法的不同在于，它仅研究区域内的有限个点（离散点或称节点）的未知量的计算问题。这种离散包括时间与空间离散，经过人工分割（离散）后，整个区域的计

算问题转化为组成代数方程组求解,从每一节点未知函数的近似解到最后得到全部问题的数值解。数值法求解在物理概念上是将每一个差分网格区,均作为一个独立的土壤水或地下水的水量均衡区,建立节点的基本方程,分别求解。这些单元的集合则代表了原土壤水(或地下水)的流动区域,从已知边界出发一个时段一个时段地递推计算,可得未知量在空间的分布和随时间的变化过程。由于研究域被分割为有限个点,所以称有限差分或有限元法。这种划分、计算虽然麻烦,但在计算机广泛应用的今天已不成为问题。

二、一维土壤水分运动差分方程式

设 $h(Z,t)$ 是随空间、时间连续变化的函数,离散化时存在三种差分方法,即未知函数的差商如何取值,针对时段初、时段中或时段末的节点处列方程,由于取值方法不同,会使差分方程的格式及求解法有较大差异。

节点角标符号意义为上角标 j 代表时间位置,$j=1,2,\cdots,M$;下角标 i 代表空间位置,如从表层土壤算起,节点序号 $i=1,2,\cdots,N$(见图 1-2-1)。

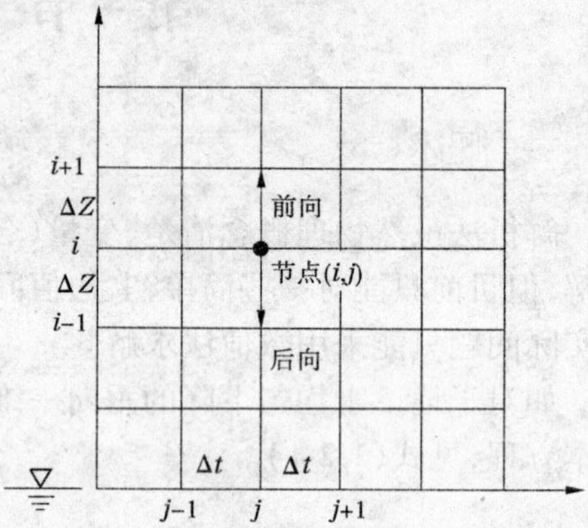

图 1-2-1 有限差分网格(节点)划分示意图

(一)显式差分格式

对时段初的节点(i,j)处,列土壤水运动方程,即对 $C(h)\dfrac{\partial h}{\partial t}$取前向差分$(j\rightarrow j+1)$。对任一内节点$(i,j)$处将原 h 方程式(1-2-1),写成差分方程,为

$$\underbrace{C(h)\frac{h_i^{j+1}-h_i^j}{\Delta t}}_{\text{一阶展开}}=\underbrace{K_{i+\frac{1}{2}}^j\frac{h_{i+1}^j-h_i^j}{(\Delta Z)^2}-K_{i-\frac{1}{2}}^j\frac{h_i^j-h_{i-1}^j}{(\Delta Z)^2}}_{\text{二阶展开}}-\underbrace{\frac{K_{i+\frac{1}{2}}^j-K_{i-\frac{1}{2}}^j}{\Delta Z}}_{\text{一阶展开}}$$

其中:
$$K_{i+\frac{1}{2}}^j=\frac{K_{i+1}^j+K_i^j}{2},\quad K_{i-\frac{1}{2}}^j=\frac{K_i^j+K_{i-1}^j}{2}$$

由于 K 为非线性函数,取时段初之数值均用显式线性化,取时段初的时间中心差分代替,使之变为常量。

若令 $\gamma=\Delta t/\Delta Z^2$,经过整理:

$$h_i^{j+1}=\gamma\frac{K_{i+\frac{1}{2}}^j}{C_i^j}(h_{i+1}^j-h_i^j)-\gamma\frac{K_{i-\frac{1}{2}}^j}{C_i^j}(h_i^j-h_{i-1}^j)-\frac{\Delta t}{\Delta Z}\frac{(K_{i+\frac{1}{2}}^j-K_{i-\frac{1}{2}}^j)}{C_i^j}+h_i^j\quad(1\text{-}2\text{-}7)$$
$$(i=1,2,\cdots,n-1)$$

从式(1-2-7)可知:左边为未知值$(i,j+1)$,右边全为已知值(i,j)或$(i\pm1,j)$。

故称从已知求未知为显式差分格式,则可用于计算各时段、各节点的 h 值,依次从边界 $i=1$ 节点开始求 $j+1$ 时段末各节点 h 值,逐个递推,无须解代数方程组。相应的 $C(h)$、$D(h)$ 也均取时段初之值 C_i^j,D_i^j 或中心差分 $C_i^{j+\frac{1}{2}}$,$D_i^{j+\frac{1}{2}}$。

由于显式差分格式的稳定性和收敛性在很大程度上取决于时间步长和空间步长的大小。Van Keulen 和 Van Bek(1971)认为显式差分法所取的时间步长必须相当小,才能避免不收敛。ΔZ 稍大则结果不稳定,太小又降低计算效率,故一般采用隐式差分格式。

(二)隐式差分格式

对任一内节点(i,j)取前向差分,则式(1-2-1)中:

$$C(h)\frac{\partial h}{\partial t}\approx C_i^{j+\frac{1}{2}}\frac{h_i^{j+1}-h_i^j}{\Delta t} \tag{1-2-8}$$

$$\frac{\partial K(h)}{\partial Z}\approx\frac{K_{i+\frac{1}{2}}^{j+\frac{1}{2}}-K_{i-\frac{1}{2}}^{j+\frac{1}{2}}}{\Delta Z} \tag{1-2-9}$$

$$\frac{\partial\left[K(h)\frac{\partial h}{\partial Z}\right]}{\partial Z}\approx\frac{K_{i+\frac{1}{2}}^{j+\frac{1}{2}}\frac{h_{i+1}^{j+1}-h_i^{j+1}}{\Delta Z}-K_{i-\frac{1}{2}}^{j+\frac{1}{2}}\frac{h_i^{j+1}-h_{i-1}^{j+1}}{\Delta Z}}{\Delta Z}$$

$$=K_{i+\frac{1}{2}}^{j+\frac{1}{2}}\frac{h_{i+1}^{j+1}-h_i^{j+1}}{\Delta Z^2}-K_{i-\frac{1}{2}}^{j+\frac{1}{2}}\frac{h_i^{j+1}-h_{i-1}^{j+1}}{\Delta Z^2} \tag{1-2-10}$$

将式(1-2-8)~式(1-2-10)代入式(1-2-1)得任一时段$j(\Delta t)\sim(j+1)\Delta t$内剖面上围绕任一点$i$的隐式土壤水差分方程式(1-2-11):

$$C_i^{j+\frac{1}{2}}=\frac{h_i^{j+1}-h_i^j}{\Delta t}=K_{i+\frac{1}{2}}^{j+\frac{1}{2}}\frac{h_{i+1}^{j+1}-h_i^{j+1}}{\Delta Z^2}-K_{i-\frac{1}{2}}^{j+\frac{1}{2}}\frac{h_i^{j+1}-h_{i-1}^{j+1}}{\Delta Z^2}-\frac{K_{i+\frac{1}{2}}^{j+\frac{1}{2}}-K_{i-\frac{1}{2}}^{j+\frac{1}{2}}}{\Delta Z} \tag{1-2-11}$$

式(1-2-11)中系数C、K均经过线性化处理,即

$$C_i^{j+\frac{1}{2}}=\frac{\left[C(h_i^{j+1})+C(h_i^j)\right]}{2}$$

$$K_{i+\frac{1}{2}}^{j+\frac{1}{2}}=\frac{\left[K(h_{i+1}^{j+\frac{1}{2}})+K(h_i^{j+\frac{1}{2}})\right]}{2}$$

$$K_{i-\frac{1}{2}}^{j+\frac{1}{2}}=\frac{\left[K(h_i^{j+\frac{1}{2}})+K(h_{i-1}^{j+\frac{1}{2}})\right]}{2}$$

$$h_i^{j+\frac{1}{2}}=\frac{h_i^{j+1}+h_i^j}{2}$$

代入式(1-2-11)整理可得通式:

$$E_ih_{i-1}^{j+1}+F_ih_i^{j+1}+G_ih_{i+1}^{j+1}=H_i \tag{1-2-12}$$

其中:

$$E_i=-K_{i+\frac{1}{2}}^{j+\frac{1}{2}},G_i=-K_{i-\frac{1}{2}}^{j+\frac{1}{2}},F_i=K_{i+\frac{1}{2}}^{j+\frac{1}{2}}+K_{i-\frac{1}{2}}^{j+\frac{1}{2}}+\gamma C_i^{j+\frac{1}{2}}$$

$$H_i=\gamma C_i^{j+\frac{1}{2}}h_i+\Delta Z(K_{i-\frac{1}{2}}^{j+\frac{1}{2}}-K_{i+\frac{1}{2}}^{j+\frac{1}{2}}),\gamma=\frac{\Delta Z^2}{\Delta t}$$

式(1-2-12)为三对角方程,在考虑边界条件后,可用追赶法求解,也称托马斯算法 Tomas Algrithm,比消去法方便,少占内存。

由于式(1-2-12)左边含有时段末$(j+1)$的三个相邻节点h_i、h_{i-1}、h_{i+1},根据时段初(j)的已知水头h_i^j求时段末各节点水头h_i^{j+1}为隐式,故称隐式差分格式,必须联立求解代数

方程组，而不能同显式格式依次从已知值求未知值。将通式(1-2-12)按节点分别写出：

对第一个外节点 $i=1$　$E_1h_0^{j+1}+F_1h_1^{j+1}+G_1h_2^{j+1}=H_1$

$i=2$　$E_2h_1^{j+1}+F_2h_2^{j+1}+G_2h_3^{j+1}=H_2$

$i=3$　$E_3h_2^{j+1}+F_3h_3^{j+1}+G_3h_4^{j+1}=H_3$

$\vdots$

最后一个外节点 $i=n$

从已知上边界 h_0^{j+1} 和已知下边界 h_n^{j+1}，对两边界节点方程移项，得：

上边界：　$F_1h_1^{j+1}+G_1h_2^{j+1}=H_1-h_0^{j+1}$

下边界：　$E_{n-1}h_{n-2}^{j+1}+F_{n-1}h_{n-1}^{j+1}=H_{n-1}-G_{n-1}h_n^{j+1}$

用矩阵表示为

$$\begin{bmatrix} F_1 & G_1 & & & \\ E_2 & F_2 & G_2 & & 0 \\ & E_3 & F_3 & G_3 & \\ & \ddots & \ddots & \ddots & \\ 0 & & E_{n-2} & F_{n-2} & G_{n-2} \\ & & & E_{n-1} & F_{n-1} \end{bmatrix} \begin{bmatrix} h_1 \\ h_2 \\ h_3 \\ \vdots \\ h_{n-2} \\ h_{n-1} \end{bmatrix} = \begin{bmatrix} H_1-E_1h_0 \\ H_2 \\ H_3 \\ \vdots \\ H_{n-2} \\ H_{n-1}-G_{n-1}h_n \end{bmatrix} \tag{1-2-13}$$

简写为：　$[A][h]^{j+1}=[H]$

式中　$[A]$——$(n-1)\times(n-1)$的三对角型系数矩阵；

$[H]$——$(n-1)\times 1$ 的常数项列阵；

$[h]$——$(n-1)\times 1$ 的总水头列阵。

其中，H_1,H_{n-1}分别为已知的上、下边界常系数项。

求解上述方程，即将土壤水运动方程转化为求解代数方程组。

(三)中心差分格式(六点差分)

对时段中的节点$\left(i,j+\frac{1}{2}\right)$处列差分方程，即对函数的二次导数采用计算时段始、末的平均，为中心差分(Granrk Nicolson)格式(见图1-2-2)。其差分方程为

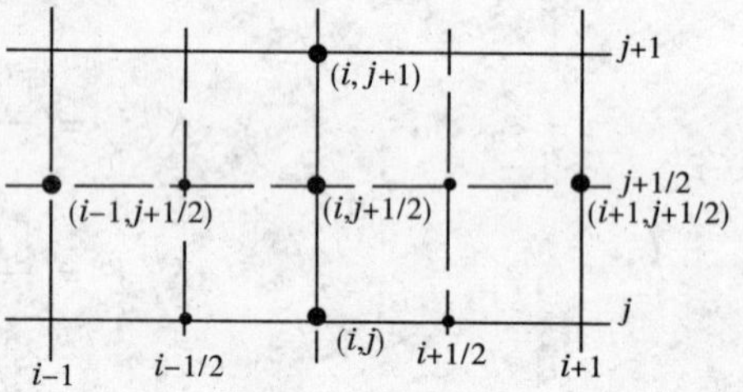

图 1-2-2　中心差分节点图

$$C_i^{j+\frac{1}{2}}\frac{h_i^{j+1}-h_i^j}{\Delta t}=K_{i+\frac{1}{2}}^{j+\frac{1}{2}}\frac{h_{i+1}^{j+1}+h_{i+1}^j-h_i^{j+1}-h_i^j}{2\Delta Z^2}-K_{i-\frac{1}{2}}^{j+\frac{1}{2}}\frac{h_i^{j+1}+h_i^j-h_{i-1}^{j+1}-h_{i-1}^j}{2\Delta Z^2}-\frac{K_{i+\frac{1}{2}}^{j-\frac{1}{2}}-K_{i-\frac{1}{2}}^{j+\frac{1}{2}}}{\Delta Z} \tag{1-2-14}$$

或写成通式，外型与隐式相同，即

$$E_ih_{i-1}^{j+1}+F_ih_i^{j+1}+G_ih_{i+1}^{j+1}=H_i \tag{1-2-15}$$

式中：E_i,G_i,F_i 外型均与隐式(1-2-12)式符号相同，不同之处在于以下两项：

$$H_i=K_{i-\frac{1}{2}}^{i+\frac{1}{2}}h_{i-1}^j+(\gamma C_i^{j+\frac{1}{2}}-K_{i+\frac{1}{2}}^{j+\frac{1}{2}}-K_{i-\frac{1}{2}}^{j+\frac{1}{2}})h_i^j+K_{i+\frac{1}{2}}^{j+\frac{1}{2}}h_{i+1}^j-2\Delta Z(K_{i+\frac{1}{2}}^j+K_{i-\frac{1}{2}}^j)$$

$$\gamma = 2\frac{\Delta Z^2}{\Delta t}$$

中心差分具有较高精度,应用较广泛。

对于地下水匀速下降的一维排水问题的数值法以隐式(或中心)差分为例:可通过控制时间步长 Δt 来控制相应的水位下降值 $\Delta Z_0 = V \cdot \Delta Z$,从而每增加一个时间步长,就增加一个空间节点。对于非均质层状土,应使介质层介面上恰好在一个节点上。由此一次可求得任一时间的 $Z(h,t)$ 或 $Z(\theta,t)$。

第二节　土壤-植物-大气连续体的水分传输

一、土壤-植物-大气连续体的基本概念

水分经土壤到达植物根系,通过细胞传输进入植物茎,由植物木质部到达叶片,再由叶气孔扩散到叶周围空气层,最后参与大气的湍流交换,形成一个统一的、动态的系统,即土壤-植物-大气连续体(Soil - Plant - Atmosphere Continuum,简称 SPAC)。1966 年,菲利普(Philip)提出了较完整的关于 SPAC 的概念,认为尽管系统中的介质不同、界面不一,但在物理上都是一个统一的连续体(见图 1-2-3)。水在该系统中的各种流过程就像"链环"一样,互相衔接,而且完全可以用统一的能量指标——"水势"来定量研究整个系统中各个环节能量水平的变化,并计算出水流通量。

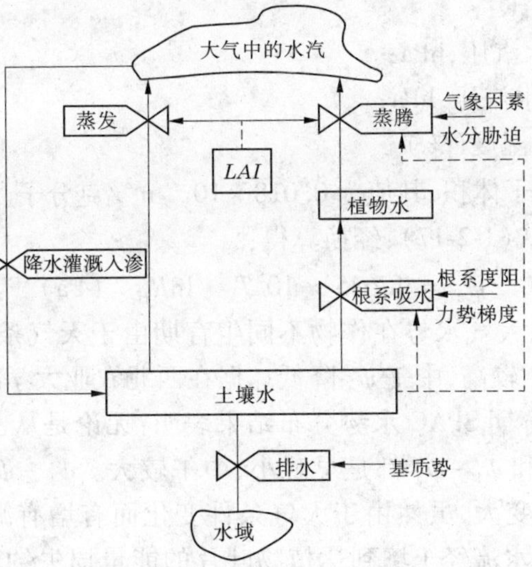

图 1-2-3　SPAC 各部相互反馈关系示意图

SPAC 中,水分运动的基本规律是从水势高处向水势低处流动,其水分运动的驱动力是系统中的水势梯度,其流动速率与水势梯度成正比,与水流阻力成反比。在忽略植物体内贮水量微小变化时,其水分通量能近似用 Van den Homert(1948)模型表达:

$$q = \frac{\psi_s - \psi_r}{R_{sr}} = \frac{\psi_r - \psi_l}{R_{rl}} = \frac{\psi_l - \psi_a}{R_{la}} \tag{1-2-16}$$

式中　q——SPAC 中的水流通量；

ψ_s、ψ_r、ψ_l、ψ_a——土壤、根、叶、大气的水势；

R_{sr}、R_{rl}、R_{la}——水流从土壤进入根木质部、经根木质部至叶气孔腔、从叶气孔腔到叶周围空气层的阻力。

研究 SPAC 中的水分传输规律可为灌溉学科提供一条定量解决作物与其水分环境关系问题的有效途径，正确估算作物根系吸水和水分散失量，准确预测农田土壤水分动态变化，为农田节水调控提供理论指导。

二、SPAC 中水势分布及与环境因素的关系

（一）SPAC 中的水势分布

在 SPAC 中，土壤基质势随土壤水分消耗而降低，在灌水（或降水）后土壤基质势升高。植物叶水势总的变化趋势是前期高，中、后期低，叶水势的变化与土壤基质势和外界环境条件（太阳辐射、饱和差等）关系密切，且具有明显的日变化（见图 1-2-4）。即早、晚叶水势高，中午降低，这种日变化还受土壤水分能态的影响。当土壤基质势高时，叶水势的日变幅小，反之其日变化幅度大，在相同时间，土壤基质势愈高，则叶水势也愈高。

大气水势与空气湿度和气温密切相关，采用下式计算：

$$\psi_a = \frac{RT_k}{V_\omega} \cdot \ln\frac{e}{e_s} = \frac{RT_k}{V_\omega} \cdot \ln R_H \qquad (1\text{-}2\text{-}17)$$

式中　R——气体常数；

T_k——绝对气温，K；

e——空气实际水汽压，hPa；

e_s——空气饱和水汽压，hPa；

R_H——空气相对湿度（%）

V_ω——水的克分子体积，其值为 $0.018 \times 10^{-3}\ m^3$/克分子。

把 R、V_ω 的值代入式(1-2-17)，经换算得：

$$\psi_a = 4.625 \times 10^5 T_k \cdot \ln R_H \quad (Pa) \qquad (1\text{-}2\text{-}18)$$

从式(1-2-16)可知，大气水势在作物不同生育期由于天气条件变化而有升有降。ψ_a 的日变化明显，早、晚 ψ_a 较高，中午 ψ_a 降低。据在西北农业大学灌溉试验站（1988～1990年）所测得的冬小麦生育期 SPAC 水势分布结果表明：无论是从土壤到叶，还是从叶到大气，其水势差值 $\psi_s - \psi_l$ 和 $\psi_l - \psi_a$ 都是早晚小、中午较大。$\psi_s - \psi_l$ 和 $\psi_l - \psi_a$ 在冬小麦生育期前期较小，中、后期变大，虽然由于大气条件变化而有增有减，但总的趋势是增加的（见图 1-2-5）。SPAC 中水流经土壤到达植物叶片的能量损失约 1.5 MPa，被用于克服水流阻力而做功。从叶到大气的能量损失为 90～100 MPa，它被用于水的相变和克服扩散路径的阻力做功。

（二）叶水势与环境因素的关系及其模拟

SPAC 中各部分的水势相互影响，表现出很复杂的关系。叶水势是影响植物许多生理过程的重要因素，也是土壤水分和作物水分胁迫的反映。了解叶水势的变化规律对了解作物缺水状况、进行准确的农田灌溉预报具有十分重要的意义。

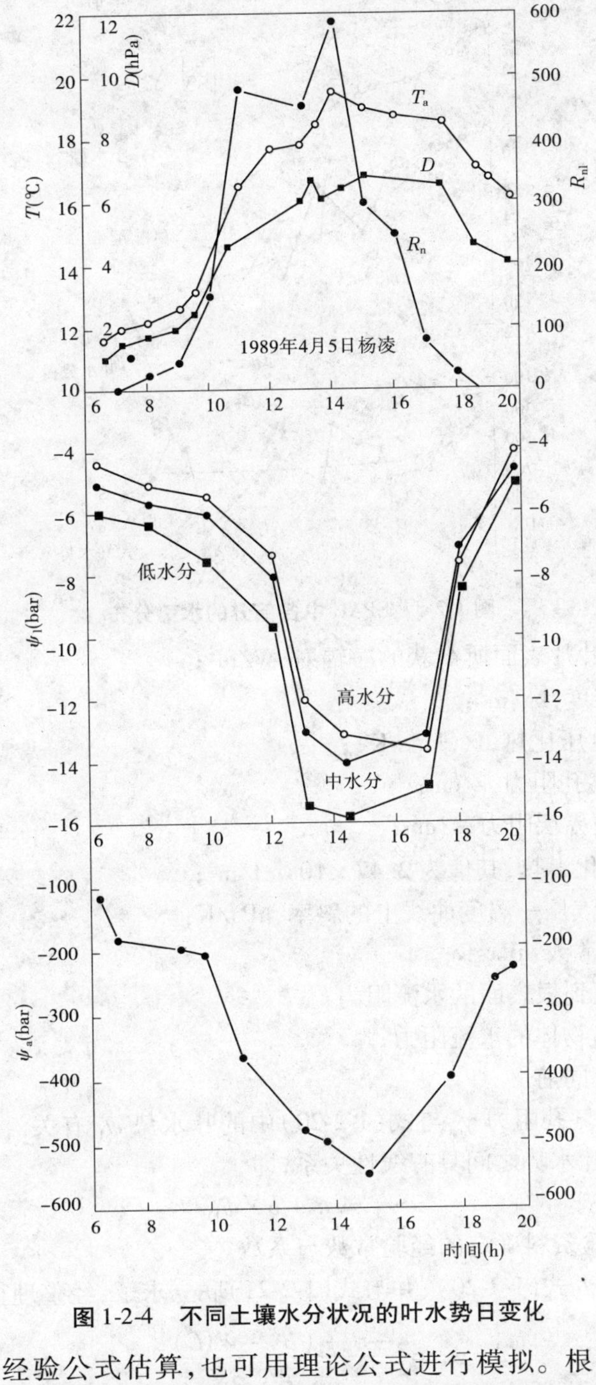

图 1-2-4　不同土壤水分状况的叶水势日变化

叶水势可采用经验公式估算，也可用理论公式进行模拟。根据蒙特斯(Monteith, 1965)和范·德·荷勒特(Van den Honert, 1948)获得的蒸腾通量(T)表达式有：

$$T = \frac{[\Delta \cdot R'_n + \rho_a C_p (e_s - e_a)/\gamma_a]}{L[\Delta + \gamma(1 + \gamma_{st}/\gamma_a)]} \tag{1-2-19}$$

$$T = (\psi_s - \psi_1)/(R_s + R_p) \tag{1-2-20}$$

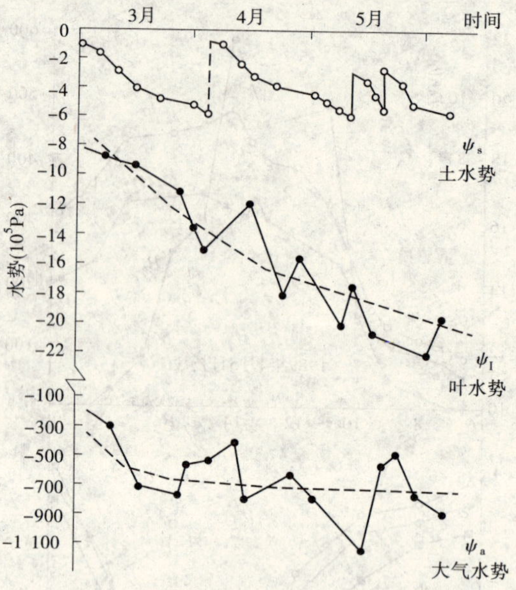

图 1-2-5　SPAC 中各部分的水势分布

式中　R'_n——植冠叶片表面所截获的净辐射，W/m^2；

ρ_a——空气密度，kg/m^3；

C_p——空气定压比热，J/(kg · K)；

γ_{st}——叶片气孔阻力，s/cm；

γ_a——空气边界层阻力，s/cm；

L——水的汽化潜热，其值为 2.47×10^{-9} J/m^3；

Δ——饱和水汽压—温度曲线上的斜率，hPa/K；

γ——湿度计常数，hPa/K；

R_s——从土壤到根表面的水流阻力；

R_p——通过植物体的水流阻力；

其余符号意义同前。

式(1-2-19)中的气孔阻力 γ_{st} 与式(1-2-20)中的叶水势 ψ_l 有关。国内外大量研究结果表明，气孔阻力和叶水势之间具有线性关系，即

$$\gamma_{st} = a + b \cdot \psi_l \tag{1-2-21}$$

式中　a、b——由试验资料确定的经验常数与系数。

把式(1-2-19)代入式(1-2-20)，并与式(1-2-21)联立求解，经整理得：

$$\psi_l = \frac{-B + (B^2 - 4AC)^{\frac{1}{2}}}{2A} \tag{1-2-22}$$

其中：

$$A = \frac{b \cdot \gamma}{\gamma_a} \tag{1-2-23}$$

$$B = \gamma' - A \cdot \psi_s \tag{1-2-24}$$

$$C = (R_s + R_p)[\Delta \cdot R'_n + \rho_a C_p(e_s - e_a)/\gamma_a]/(L - \gamma'\psi_s) \tag{1-2-25}$$

$$\gamma' = \Delta + \gamma\left(1 + \frac{a}{\gamma_a}\right) \tag{1-2-26}$$

从式(1-2-22)可以看出,叶水势 ψ_l 随土水势 ψ_s 的变化是非线性的,ψ_s 的变化还要受当时的天气条件制约,即与净辐射、饱和差、边界层阻力等有关。大量研究表明,用该方法量化模拟叶水势的变化能取得较满意的结果。

(三)SPAC 中的水流阻力分布规律

水分通过 SPAC 必须克服土 – 根系统、叶 – 气系统的水流阻力。

1. 土 – 根系统的水流阻力

土 – 根系统的水流阻力分布如图 1-2-6 所示。它由土壤阻力 R_s、土壤到根木质部的阻力 R_r 及根内导管的阻力 R_0 三部分构成,即

$$R_{sr} = R_s + R_r + R_0 \tag{1-2-27}$$

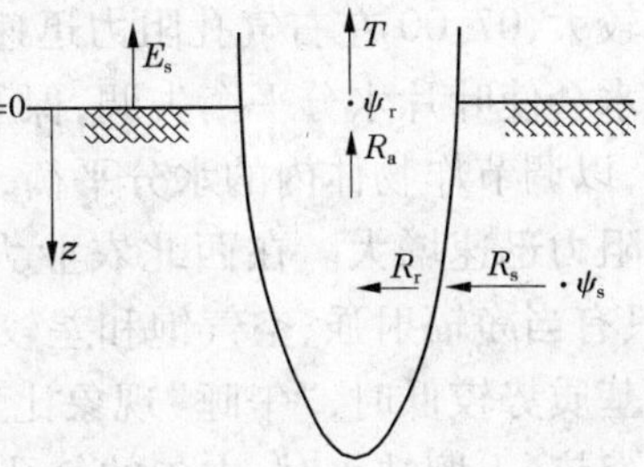

图 1-2-6　土 – 根系统水流阻力分布简图

加德奈(Gardner)得出了单位体积土壤的阻力 R_s(s/cm)的计算式:

$$R_s(z,t) = [4\pi \cdot L_r(z) \cdot K(\theta)]^{-1} \tag{1-2-28}$$

式中　L_r——根系密度,即单位体积土壤中的根长度,cm/cm^3;

$K(\theta)$——非饱和土壤导水率,cm/s;

π——圆周率。

土壤界面至根木质部(根土接触部分)的水流阻力 R_r(s/cm)可用 Helkerlath 提出的计算式估算:

$$R_r(z,t) = \frac{\theta_{sat}}{\theta(z,t)} \cdot \frac{\gamma_r}{L_r(z)} \tag{1-2-29}$$

式中　θ_{sat}——土壤饱和含水量,cm^3/cm^3;

$\theta(z,t)$——土壤实际含水量,cm^3/cm^3;

γ_r——单位根长的接触阻力,s/cm;

其余符号意义同前。

根内木质部导管中的水分流动可近似看成圆形毛细管中的液体流动问题。因此,根据圆形毛细管中水流的 Poiseuille 方程可导出计算 R_0(s/cm)的表达式:

$$R_0(z) = \frac{8\nu \cdot z}{\pi \cdot g \cdot L_r(z)\gamma_H^4} \tag{1-2-30}$$

式中　ν——水的运动黏滞系数,与温度有关,当温度为 20 ℃时,其值为 0.010 07 cm^2/s;

z——原点在地表面、坐标垂直向下的深度,其最大值为根区总深度;

g——重力加速度,cm/s^2;

γ_H——z 深度处所有根系半径的调和平均值,cm。

2. 叶 – 气系统的水流阻力

水汽从叶内向叶外空气层的扩散阻力 R_{la} 为叶片内部阻力与叶片层流边界层的阻力相串联,而叶内阻力是由气孔阻力 γ_{st} 和角质层阻力 γ_c 相并联,再与叶肉阻力 γ_m 相串联

所构成的(见图1-2-7)。由于角质层阻力比气孔阻力大得多,因而水分从叶到大气扩散的主要通道是气孔路径。叶肉阻力相当小,忽略不计,所以,叶－气系统水分运移的主要阻力是气孔阻力 γ_{st} 和叶片周围层流边界层阻力 γ_a。

1)气孔阻力的变化规律及与环境因素的关系

不同作物的气孔阻力变化规律不同。据测定,冬小麦的气孔阻力日变化呈"W"型,日前较大,07:00左右气孔阻力迅速变小,中午由于太阳辐射强、空气饱和差大,过度的蒸腾失水会使叶片水分平衡失调,保卫细胞失水收缩,气孔部分关闭或开度减小,即"午睡"现象,以调节作物体内的水分平衡,从而气孔阻力增加,下午03:00后其值又下降,傍晚前气孔阻力迅速增大。在西北农业大学灌溉试验站测定的结果表明,冬小麦的"午睡"现象,只有当净辐射强、空气饱和差较大时才能出现。对于不同土壤水分能态处理的作物,土壤基质势较低时,"午睡"现象比土壤基质势高时更明显(见图1-2-8)。空气特别干燥、天气炎热、土壤缺水时,中午的气孔阻力达几十厘米每秒。

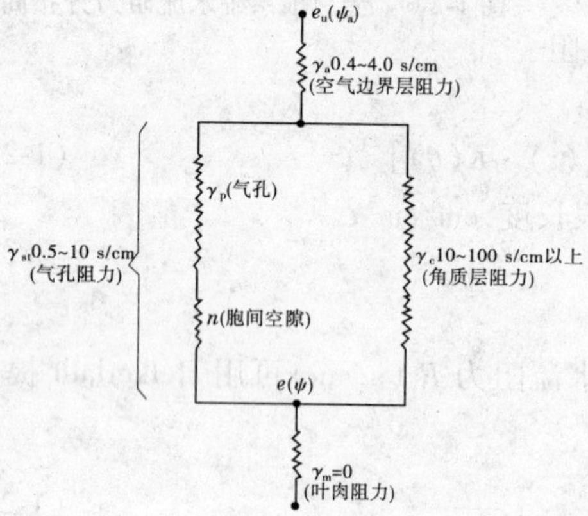

图1-2-7 叶－气系统水流阻力分布图

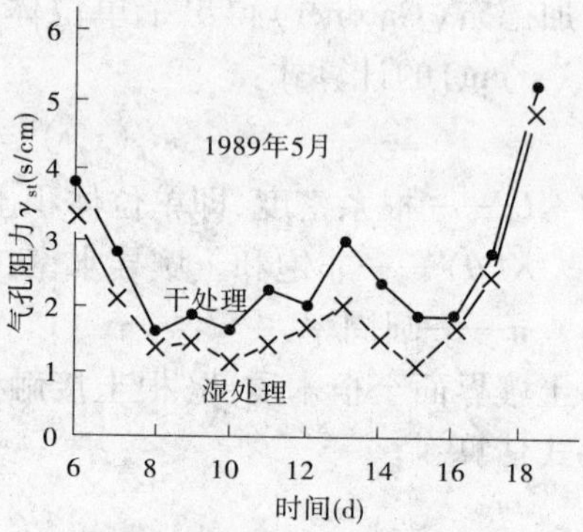

图1-2-8 冬小麦气孔阻力日变化过程

生长在田间的玉米、高粱、芝麻、豇豆植株叶片气孔阻力日变化趋势主要取决于光照,有光则气孔张开,无光则气孔关闭。如日出后,气孔开放,气孔阻力急剧降低;白天虽有波动,但气孔阻力维持在较低水平;傍晚光照减弱,气孔阻力增大;天黑后,气孔关闭,气孔阻力急剧增加。干旱处理叶片 γ_{st} 值均在白天高于灌水处理的。豇豆干旱处理叶片 γ_{st} 值与灌水处理差值最大,表明在干旱条件下豇豆气孔开度比玉米、高粱和芝麻的小,以防止水分过多损失。在研究水分胁迫对光合影响时,曾发现豇豆在较高水势下,气孔关闭,光合作用急剧降低。这些可能是豇豆在干旱条件下存活能力较强的一种原因,在田间条件下轻度缺水,在午后叶水势降至－1.4 MPa左右,而气孔阻力仍然很低,这与冬小麦不同。

气孔阻力 γ_{st} 变化在0.5~10 s/cm,对于同一种作物在某一生育阶段的气孔阻力与天气条件和土壤基质势密切相关。气孔阻力与气象因素的关系中与光照强度 I_c 最密切,与饱和差 D 次之,然后是净辐射和气温,引起气孔开张的光照强度不高。芝麻、豇豆在光照为50~80 μmol/(m^2·s)时,气孔阻力 γ_{st} 已很低。冬小麦、玉米、高粱在光照为400 μmol/(m^2·s)时,气孔阻力已急剧降低。

在土壤供水受限制(非充分灌溉)时,作物根系吸水满足不了蒸腾需求,作物体内水分平衡失调,保卫细胞失水收缩,气孔开度减小,阻力增大。在水分胁迫条件下的作物气孔阻力 γ_{st} 与气象条件和土壤基质势 ψ_m 密切相关。

2)空气边界层阻力的计算

边界层阻力 γ_a 与冠层上方风速密切相关,从叶到大气的水汽扩散经过了从叶气孔到叶片层流边界层再向大气参加湍流交换的过程。因此在叶 - 气系统中水分扩散的总阻力由叶片层流边界层阻力 γ_{a1} 和植物冠层上方的湍流扩散阻力 γ_{a2} 串联构成。

对于 γ_{a1}(s/cm)的计算可采用蒙特斯公式,即:

$$\gamma_{a1} = 1.51\sqrt{\frac{l}{u_z}} \tag{1-2-31}$$

式中 l——沿风向的叶长,m;

u_z——1 m 高处的风速,m/s。

γ_{a1} 的计算还有不少研究者做过分析与研究,根据 Brown 与 Rosenberg(1973)的研究成果在美国内布拉斯加州 50 cm 高的甜菜地里 γ_{a1}(s/cm)为

$$\gamma_{a1} = 31.9u_{1.0}^{-0.96} \tag{1-2-32}$$

式中 $u_{1.0}$——作物冠层上方 100 cm 高处的风速,cm/s。

冠层上方的边界层阻力 γ_{a2},在中性层结条件下可采用 Thom 与 Liver(1977)公式确定,即认为边界层对热量、水汽和动量的扩散阻力相等,即

$$\gamma_{a2} = \gamma_{am} = 4.72\left[\frac{\ln\left(\frac{z-d}{z_0}\right)^2}{1+0.54u_z}\right] \tag{1-2-33}$$

式中 d——零平面位移,m;

z_0——冠层表面粗糙度,m;

z——风速测量高度,m;

u_z——z 高度处的风速,m/s。

d 与 z_0 可采用 Stanhill(1969)和 Szeicz(1969)公式确定,即

$$\lg d = 0.979\lg H - 0.154 \tag{1-2-34}$$

$$\lg z_0 = 0.997\lg H - 0.883 \tag{1-2-35}$$

式中 H——作物冠层高度,m。

叶 - 气系统水流阻力的两部分,其相对重要性与冠层净辐射、叶 - 气温差、空气饱和差和风速、植株高度等因素有关。净辐射强、叶 - 气温差大,则气孔阻力占的比重大;反之,则边界层阻力占的比重大。一般在 06:00 ~ 11:00,γ_a 占的比重较大,12:00 到 15:00,γ_{st} 占的比重较大。两者基本上是同一数量级。

三、SPAC 中的水流通量的变化规律

在稳定流条件下,SPAC 中水流通量在各个部分是相同的。此处主要叙述从叶气孔到大气的水流通量(即蒸腾速率)的变化规律。蒸腾速率的大小主要与天气条件、气孔开度和土壤基质势有关。

(一)蒸腾速率与气象因素的关系

SPAC 中水分蒸腾速率具有明显的日变化规律,早、晚小,白天较大,12:00 至

15:00 蒸腾速率又降低,这种降低的程度与天气条件和土壤水分状况有关。晴天空气饱和差大,中午的蒸腾速率降低明显。阴天空气湿度高,中午的蒸腾速率降低不明显(见图 1-2-9)。

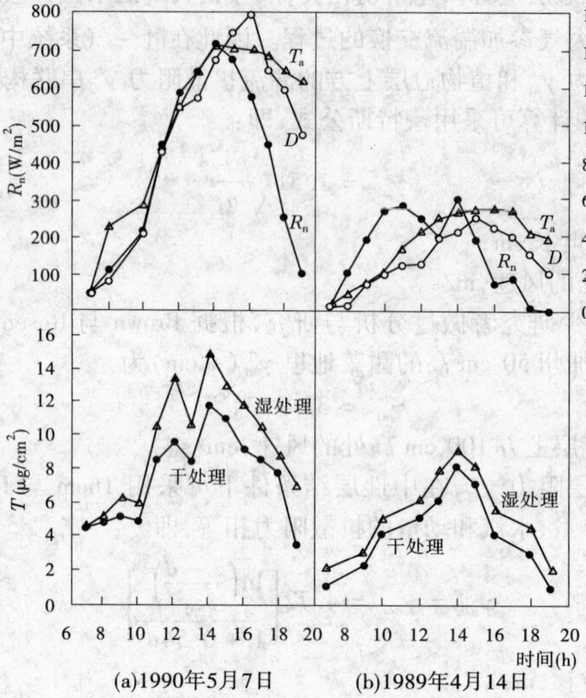

图 1-2-9　冬小麦蒸腾速率的日变化过程线

(二)蒸腾速率与气孔阻力和叶－气系统水势差的关系

蒸腾速率受气孔开度的控制,因此与气孔阻力密切相关。气孔阻力越大,蒸腾速率越小。蒸腾速率随叶水势降低而增加。几种作物蒸腾速率与气孔阻力及叶水势的相关系数如表 1-2-1 所示。

表 1-2-1　4 种作物蒸腾速率与气孔阻力和叶片水势间的相关系数

作物	高粱		玉米		芝麻		豇豆	
处理	灌水	干旱	灌水	干旱	灌水	干旱	灌水	干旱
气孔阻力 γ_{st}	-0.602 3*	-0.613 2*	-0.630 5*	-0.666 0*	-0.751 2*	-0.712 1*	-0.648 7*	-0.727 4*
叶水势 ψ_l	-0.888 2**	-0.968 2**	-0.832 2**	-0.851 7**	-0.706 8**	-0.932 1	-0.922 3	-0.914 1**

注:* 为 0.05 显著水平,** 为 0.01 显著水平。

SPAC 中水分运移试验结果表明:在一定范围内蒸腾速率随叶－气系统水势差增加而增加,但当叶－气系统水势差达 80 MPa 之后,蒸腾速率不再随叶－气系统水势差 $\Delta\psi_{la}$ 增加而增加,甚至部分结果出现下降趋势,这是因为 $\Delta\psi_{la}$ 超过一定值后,蒸腾大于根系吸水,体内水分平衡失调,保卫细胞失水收缩,叶气孔开度减小,此为调节叶片水分平衡而造成的。

(三)蒸腾速率与土壤基质势的关系及土壤水分有效性评价

蒸腾速率除与气象因素有关外,还与土壤基质势 ψ_m 密切相关,ψ_m 愈高,土壤水分传导率愈大,即水流阻力愈小,则根系愈能从土壤中吸取水分,以满足蒸腾要求。由于蒸腾受多种因素的影响,因此很难将各种天气条件下的实际蒸腾速率与 ψ_m 点绘在同一坐标图上看出它们的变化趋势。为此,宜分析相对蒸腾速率 T/T_p 与 ψ_m 的关系,即从各种土壤水分处理中选取充分供水条件下的处理测定其蒸腾速率,记为 T_p(或写作 T_m),计算其他处理的实际蒸腾速率 T 与 T_p 的比值,把同一天气条件下测得的 T/T_p 与 ψ_m 对应起来分析。西北农业大学的试验结果(见图 1-2-10)表明:在一定的 ψ_m 范围内,T/T_p 相对稳定,直到 ψ_m 降低至某临界值后,T/T_p 才随 ψ_m 的降低而迅速降低。在不同天气条件下的同一 ψ_m 所对应的 T/T_p 不同,T_p 较高时的 T/T_p 较小,T_p 较低时的 T/T_p 较大。在不同天气条件下,T/T_p 随 ψ_m 降低而迅速降低时的界限值 ψ_m 不同,天气晴朗、蒸发力大,T_p 较大时,相对蒸腾速率在 ψ_m 较高时就迅速降低;相反,蒸发力小,T_p 较小时,要在 ψ_m 降低至相对较低的值时,才开始迅速降低。

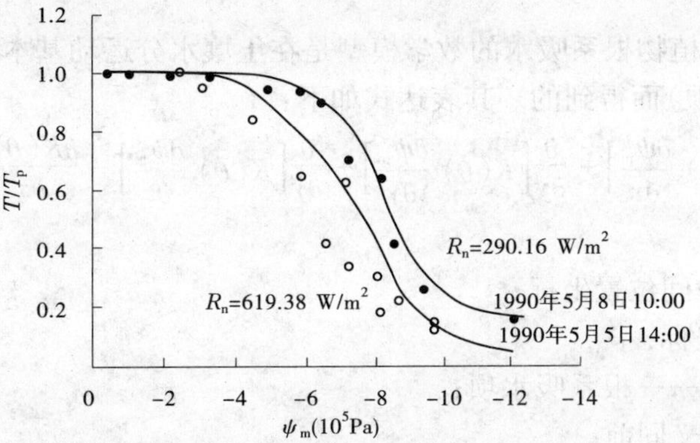

图 1-2-10　冬小麦相对蒸腾速率 T/T_p 与土壤基质势 ψ_m 的关系

图 1-2-10 中的 $T/T_p \sim \psi_m$ 的关系曲线,可以理解为土壤水分对植物有效性的动态过程线,其结果表明了某一范围的土壤水分对作物的有效性在不同天气条件下是不同的。因此,土壤水分有效性评价应从土壤基质势和天气条件诸方面加以综合考虑。在一定的土壤水分条件下,作物是否缺水还与气象条件、根系伸展状况等因素有关。

这种流动近似为平面轴对称问题。土壤水流运动的基本方程为

$$C\frac{\partial \psi_m}{\partial t} = K\frac{\partial \psi_m}{\partial \gamma^2} + \frac{K}{\gamma}\frac{\partial \psi_m}{\partial \gamma} + \frac{\partial K}{\partial \gamma}\left(\frac{\partial \psi_m}{\partial \gamma}\right)^2 \quad (\gamma_a \leqslant \gamma \leqslant \gamma_s) \tag{1-2-36}$$

式中　ψ_m——土壤基质势,Pa;

C——比水容,即土壤水分特征曲线上切线斜率的倒数;

其余符号意义同前。

假定根组织是半透膜,细胞与细胞壁之间的水势相平衡,则可用 Philip 分析细胞一维渗流的类似方法,导出柱坐标条件下植物根组织区水流的基本方程:

$$\frac{\partial \psi_t}{\partial t} = D_r \frac{\partial^2 \psi_t}{\partial \gamma^2} + \frac{D_r}{\gamma} \frac{\partial \psi_t}{\partial \gamma} \quad (\gamma_e \leqslant \gamma \leqslant \gamma_a) \tag{1-2-37}$$

式中　ψ_t——植物根组织的水势,Pa;

D_r——根组织的水分扩散系数,它可表示为根组织的导水率 K_r 与比水容 C_t 的比值,即 $D_t = \frac{K_t}{C_t}$。

已知土壤和根组织的各有关参数,由具体问题拟定定解条件,便可求解单根吸水时土壤—根径向流动的基本方程式(1-2-36)和式(1-2-37)。

上述根系吸水的微观模型,用于分析根吸水的机制、根水势和土水势的关系以及蒸腾时土壤和根水势的变化特点,是有一定作用的。但从微观模型在田间应用方面来看,它具有局限性,不宜用于研究整个土-根系统中的水流问题,解决实际问题的途径宜建立在宏观水平上,并借助于半理论半经验的方法建立合理的根系吸水模型。

第三节　植物根系吸水的宏观模型

用宏观法研究植物根系吸水的数学模型是在土壤水分运动基本方程的右边加上一个根系吸水项(源汇项)而得到的。其表达式如下:

$$\frac{\partial \theta}{\partial t} = \frac{\partial}{\partial x}\left[K(\theta) \frac{\partial \psi_m}{\partial x}\right] + \frac{\partial}{\partial y}\left[K(\theta) \frac{\partial \psi_m}{\partial y}\right] + \frac{\partial}{\partial y}\left[K(\theta) \frac{\partial \psi_m}{\partial z}\right] - \frac{\partial K(\theta)}{\partial z} - S_r(x,y,z,t) \tag{1-2-38}$$

式中　x,y,z——空间位置坐标;

t——时间坐标;

$S_r(x,y,z,t)$——根系吸水项;

其余符号意义同前。

根据 $K(\theta) = D(\theta)\frac{d\theta}{d\psi_m}$ 的关系,可把上式化为以 θ 为因变量的偏微分方程,即扩散方程:

$$\frac{\partial \theta}{\partial t} = \frac{\partial}{\partial x}\left[D(\theta) \frac{\partial \theta}{\partial x}\right] + \frac{\partial}{\partial y}\left[D(\theta) \frac{\partial \theta}{\partial y}\right] + \frac{\partial \theta}{\partial z}\left[D(\theta) \frac{\partial \theta}{\partial z}\right] - \frac{\partial K(\theta)}{\partial z} - S_r(x,y,z,t) \tag{1-2-39}$$

不断变化着的大气条件,作物根系的错综复杂分布,以及土壤质地和结构的非均匀性等,使得作物根系吸水条件下的田间土壤水分运动的研究十分困难。为此,必须对实际问题进行简化。若假定田间土壤水分在平面上分布均匀,则只需考虑垂直方向的一维流动:

$$\frac{\partial \theta}{\partial t} = \frac{\partial}{\partial z}\left[K\left(\theta \frac{\partial \psi_m}{\partial z}\right)\right] - \frac{\partial K(\theta)}{\partial z} - S_r(z,t) \tag{1-2-40}$$

或

$$\frac{\partial \theta}{\partial t} = \frac{\partial}{\partial z}\left[D(\theta) \frac{\partial \theta}{\partial z}\right] - \frac{\partial K(\theta)}{\partial z} - S_r(z,t) \tag{1-2-41}$$

许多学者发展和改进了宏观模型,实质上是提出和修改根系吸水项 $S_r(z,t)$,具有代表性的根系吸水模式有以下几种。

一、Gardner(1964)模型

$$S_r = B(\psi_r - \psi_m - z) \cdot K(\theta) \cdot L_v(z) \tag{1-2-42}$$

式中 B——常数；

$L_v(z)$——根系长度分布函数，cm；

其余符号意义同前。

二、Molz - Remmson(1970)模型

$$S_r = \frac{T \cdot L_v(z) \cdot D(\theta)}{\int_0^{z_r} L_v(z) \cdot D(\theta)\mathrm{d}z} \tag{1-2-43}$$

式中 T——蒸腾速率，指单位时间在单位面积土壤上的作物所蒸腾的水量；

z_r——作物根系层深度；

其余符号意义同前。

式(1-2-43)的物理意义反映了作物不同深度层次的根系吸水对蒸腾的贡献，其比例系数$\frac{L_v(z) \cdot D(\theta)}{\int_0^{z_r} L_v(z)} \cdot D(\theta)\mathrm{d}z$反映了蒸腾在土壤剖面上的分配状况。

三、Nimah - Hanks(1973)模型

$$S_r = \frac{K(\theta) \cdot R_{DF}(z)[H_r + (P_r \cdot z) - H(z,t) - O(z,t)]}{\Delta x \cdot \Delta z} \tag{1-2-44}$$

式中 H_r——地表处根系内的有效水压力，cm；

P_r——运动水流在单位深度上的压力损失，cm；

$H(z,t)$——以等效水头表示的土壤水压力，cm；

$O(z,t)$——以等效水头表示的渗透压，cm；

$R_{DF}(z)$——Δz 深度内的有效根和总有效根的比率；

Δx——吸水项计算点植物的根间距离，cm；

Δz——深度增量，cm；

其余符号意义同前。

式(1-2-44)的物理意义类同于式(1-2-42)，其基本的框架类似于描述非饱和土壤水流运动的达西(Darcy)公式，其根系吸水与势梯度成正比，与导水率有关。总的根系吸水量在土壤剖面不同深度层次的分配与 $R_{DF}(z)$有关。因此，该模式与前述两种模式相比，有两个优点：其一是考虑了深度对根系吸水影响；其二是用 $R_{DF}(z)$比用 $L_v(z)$更为客观地反映了根系吸水的分配特征。

四、Hillel(1976)模型

$$S_r = \frac{\psi_s - \psi_r}{R_s - R_r} \tag{1-2-45}$$

式中 ψ_s——土水势，是土层深度的函数；

ψ_r——植物根系水势；

R_s——土壤对水流的阻力；

R_r——根系阻力，吸收阻力与依赖于深度的传导阻力之和。

式(1-2-45)是以 Van den Honert 模式为基础的，从理论上没有问题，但要确定 ψ_r 和 R_r 的变化规律较困难。

五、Herkelrath(1977)模型

$$S_r = \frac{\theta}{\theta_{sat}} \cdot \rho_r \cdot L_v(z) \cdot (\psi_s - \psi_r) \tag{1-2-46}$$

式中 ρ_r——单位根长的根透性；

其余符号意义同前。

式(1-2-46)的物理意义类同于式(1-2-45)，只是用 θ/θ_{sat} 考虑土－根接触作用的校正因素。

以上是几种主要的根系吸水模型。从数学角度考虑，宏观模型的边界条件容易确定和控制，它允许蒸腾和水分吸收过程存在相互作用。宏观模型能比较方便地考虑植物生长发育对水分吸收的影响，获得的结果能直接应用于田间水分动态的研究。

第四节 植物根系吸水的动态模拟

前述植物根系吸水的宏观模型中的大部分是以欧姆定律比拟为基础的。需要知道作物根系的分布密度、土壤与作物之间水的传导性或阻力等。然而，这些因素往往随着土壤类型、气候因素及时间而变化。因而，用这种方法会遇到许多困难。

若不考虑估计根系的分布，而直接估算作物的根系吸水率，如果可行，则将更加直接、更实用。

由有根系吸水条件下的土壤水分运动基本方程式(1-2-39)可得作物根系吸水项的表达式：

$$S_r(x,y,z,t) = \frac{\partial}{\partial x}\left[D(\theta)\frac{\partial\theta}{\partial x}\right] + \frac{\partial}{\partial y}\left[D(\theta)\frac{\partial\theta}{\partial y}\right] + \frac{\partial}{\partial z}\left[D(\theta)\frac{\partial\theta}{\partial z}\right] - \frac{\partial K(\theta)}{\partial z} - \frac{\partial\theta}{\partial t} \tag{1-2-47}$$

若仅考虑一维垂向水流问题，则有：

$$S_r(z,t) = \frac{\partial}{\partial z}\left[D(\theta)\frac{\partial\theta}{\partial z}\right] - \frac{\partial K(\theta)}{\partial z} - \frac{\partial\theta}{\partial t} \tag{1-2-48}$$

由于根系吸水的动态表达式是非线性、非齐次的偏微分方程，不能用解析法求其精确解，只能用数值方法求其近似解。一般采用有限差分法求解。将所要求解的矩形区域用两簇互相正交的直线分成矩形网格。沿 z 方向将深度 z_r 分为等间距的 n 个单元，节点编号为 $i(i=0,1,2,\cdots,n)$，步长为 Δz；将时间坐标划分成时间步长为 Δt 的时段，时段节点编号为 $j(j=0,1,2,\cdots,m)$。

显式差分格式的稳定性和收敛状况在很大程度上决定了时间步长和深度步长的大小。Van Keulen 和 Van Beek (1971)认为显式差分法所取的时间步长必须相当小,以避免不收敛。这个步长条件是:

$$\Delta t \leqslant \frac{(\Delta z)^2}{D(\theta)} \tag{1-2-49}$$

要满足上述条件,一般只有靠缩短深度步长 Δz 实现,Δz 稍大则计算结果不稳定,太小则计算次数太多。隐式差分格式对于时间步长和距离步长都是无条件稳定,因而一般采用隐式差分格式。

将方程式(1-2-48)离散化为差分方程,即用该点函数的差商代替函数的微商,有:

$$S_i^{j+\frac{1}{2}} = \frac{D_{i+\frac{1}{2}}^{j+1}(\theta_{i+1}^{j+1} - \theta_i^{j+1}) - D_{i-\frac{1}{2}}^{j+1}(\theta_i^{j+1} - \theta_{i-1}^{j+1})}{\Delta z^2} - \frac{K_{i+1}^{j+1} - K_{i-1}^{j+1}}{2(\Delta z)} - \frac{\theta_i^{j+1} - \theta_i^j}{\Delta t} \tag{1-2-50}$$

其中:$i=0,1,2,\cdots,n-1,n;j=0,1,2,\cdots,m-1,m$。$i=0$ 与 $i=n$ 为边界点,$j=0$ 与 $j=m$ 为边界点,其余为内节点。差分方程中出现的土壤水分扩散率不是节点处的值,而是两节点之间的参数值。

由于土壤水分扩散率随含水量的变化较大,且一般不是线性关系,因此有几种近似取值的方法。一般 $D_{i+\frac{1}{2}}^{j+1}$ 与 $D_{i-\frac{1}{2}}^{j+1}$ 可在空间上取上下两节点扩散率的几何平均值,即

$$D_{i+\frac{1}{2}}^{j+1} = (D_i^{j+1} \cdot D_{i+1}^{j+1})^{\frac{1}{2}} \tag{1-2-51}$$

$$D_{i-\frac{1}{2}}^{j+1} = (D_i^{j+1} \cdot D_{i-1}^{j+1})^{\frac{1}{2}} \tag{1-2-52}$$

在式(1-2-45)中,若已知土壤水分运动参数 $D(\theta)$ 与 $K(\theta)$ 的表达式,以及不同时刻土壤剖面的含水量分布,即可由土壤含水量实测资料求得(反推)任意时段内土壤剖面上各深度处的根系吸水率 $S_i^{j+\frac{1}{2}}$。

对于二维或三维情况亦能采用类似的步骤对作物根系吸水过程进行动态模拟。

依据根系吸水模型,如根据在西北农业大学所进行的动态模拟结果,得到的冬小麦根系吸水规律表明,在土壤剖面充分湿润时,不同深度的根系吸水率 S_{z0} 与表面的最大根系吸水率 $S_{\max}$ 的比值,和相对土层深度 z/z_r 近似呈指数关系,即

$$\frac{S_{z0}}{S_{\max}} = 0.904\,6e^{-1.80\frac{z}{z_r}} \tag{1-2-53}$$

忽略冬小麦体内贮水量的微小变化,且不考虑蒸腾相对于根系吸水的滞后作用,则

$$T_p = \int_0^{z_r} S_{z0}(z,t)\,dz \tag{1-2-54}$$

把式(1-2-53)代入式(1-2-54),则

$$T_p = \int_0^{z_r} 0.904\,6S_{\max} \cdot e^{\frac{-1.8z}{z_r}}\,dz \tag{1-2-55}$$

积分后有:

$$T_p = 0.904\,6S_{\max} \cdot (1 - e^{-1.8})\frac{z_r}{1.80} \tag{1-2-56}$$

于是:

$$S_{\max} = \frac{T_p}{0.904\,6} \cdot \frac{1.80}{(1 - e^{-1.8})z_r} \tag{1-2-57}$$

把式(1-2-57)代入式(1-2-53),能得到土壤剖面充分湿润时的根系吸水模型:

$$S_{z0} = T_p \frac{1.8e^{-1.8\frac{z}{z_r}}}{(1-e^{-1.8})z_r} \tag{1-2-58}$$

式中　T_p——土壤充分供水时作物潜在蒸腾速率,mm/h;

e——自然对数的底;

其余符号意义同前。

若 z 与 z_r 均用 mm 为单位表示,则 S_{z0} 的单位是 h^{-1}。

当土壤含水量分布是非充分湿润时,作物根系吸水量与各层土壤水分状况有关,此外,当土壤含水量降低时,土壤水流阻力会增大,根系吸水率降低,此时的根系吸水率 $S_r(z,t) < S_{z0}$ 应考虑土壤水分的修正,即

$$S_r(z,t) = T_p \frac{1.8e^{-1.8\frac{z}{z_r}}}{(1-e^{-1.8})z_r}\left(\frac{\theta_z - \theta_{wp}}{\theta_f - \theta_{wp}}\right)^A \tag{1-2-59}$$

式中　θ_z——z 深度的土壤含水量,cm^3/cm^3;

θ_f——田间持水量,cm^3/cm^3;

θ_{wp}——凋萎含水量,cm^3/cm^3;

A——由试验资料确定的经验系数,据西北农业大学灌溉试验站试验资料分析得冬小麦生育期,$A = 0.696\ 7$。

建立作物根系吸水模型的目的,在于研究田间水分的动态变化,因此可利用所建立的作物根系吸水模型代入有根系吸水条件下的土壤水分运动基本方程,通过预测田间土壤水分的动态变化来检验根系吸水模型的可靠性。

对于其他作物,也可采用与上述类似的方法和步骤求得根系吸水模型。

第三章　作物需水量和灌溉制度

第一节　作物需水量

作物需水量内容在《灌溉排水工程学》教材中已有较详细讲解，在此不做过多的赘述。

用彭曼－蒙特斯法计算 ET_0 公式为

$$ET_0 = \frac{0.408\Delta(R_n - G) + \gamma \dfrac{900}{T + 273} u_2 (e_s - e_a)}{\Delta + \gamma(1 + 0.34u_2)} \tag{1-3-1}$$

式中　ET_0——FAO Penman－Monteith 法计算参考作物腾发量，mm/d；

R_n——作物表面的净辐射量，MJ/(m^2·d)；

G——土壤热通量，MJ/(m^2·d)；

T——平均日或月气温，℃；

u_2——2 m 高处风速，m/s；

e_s——饱和水汽压，kPa；

e_a——实际水汽压，kPa；

Δ——饱和水汽压曲线坡度，kPa/℃；

γ——湿度常数，kPa/℃。

具体各项参数的计算方法见《灌溉排水工程学》"习题二　春小麦灌溉制度设计"。

第二节　节水灌溉条件下的最优灌溉制度

研究节水型的农田灌溉技术，从工程措施如渠道防渗，喷灌、滴灌等节水型灌水方法和技术方面着手，以期减少水量的损失，无疑是很重要的。另外，从过去充分满足作物丰产灌溉用水的旧观念中走出来，而由灌溉制度等方面研究缺水条件下农田灌溉的经济用水问题，使得我们能在向农田供给总灌溉水量一定的条件下，通过灌溉水量的合理分配，获得最大的效益，即使单位灌溉水量的产值最大。或者当获得效益一定时使耗费的灌溉水量最小，这也是节水型灌溉农业研究中不可缺少的部分。特别在我国水资源比较缺乏，经济基础又比较薄弱，建设资金有限，如何通过加强管理技术措施，提高灌溉水的利用效益方面显得尤为重要。本节将通过实例介绍节水灌溉条件下灌溉水量最优分配的数学模型及方法。

传统的灌溉水量分配做法是：按毛灌溉用水量或灌溉面积等确定向各用水单位的配水比例。实际配水时，已知渠首引水量或引水流量后，无论引水量或引水流量是否满足灌溉用水的要求，均按这一固定的配水比例向各单位进行配水。这种配水方式，以全灌区各用水单位均衡受益、平均增产为原则，在灌溉水量不足、出现水量竞争的情况下，它既没有直接考虑用水单位之间灌溉效益的差别，也不计供水部门的经济效益。这无疑很难保证按作物的需水规律供水，从而降低了灌溉用水效益，减少了灌区经济效益。

节水灌溉条件下灌溉水量最优分配，是指如何在整个灌溉季节，将有限的灌溉水量在时空上进行合理的分配，使全灌区总的灌溉净增产值最大或减产值最小。其内容包括节水灌溉条件下农作物的最优灌溉制度、农作物的最优种植比例、农作物间灌溉水量最优分配、灌溉渠系最优水量分配及地区间灌溉水量最优调配等。

一、节水灌溉最优灌溉制度的含义

农作物的灌溉制度是指作物播种前及全生长期内的灌水次数，每次灌水的日期、灌水定额以及灌溉定额。在不考虑灌水成本，仅就使作物增产来说，传统的充分灌溉条件下的最优灌溉制度是指适时、适量地对农作物进行灌溉，即当土壤含水量（或田间水层）达到某一允许的下限值（即适宜土壤含水量或田间水层下限）时，则进行灌溉，灌溉上限值一般应使土壤含水量（或田间水层）达到田间持水率（或田面适宜水层上限）。其目的是使作物生长条件得到最大限度的满足，从而获得高产。

当分配给某片土地上某种作物的总灌溉水量（灌溉定额）已经确定，并且小于该作物整个生育期的总灌溉需水量，那么应当如何将总灌溉水量分配到作物的各生长阶段，即各阶段的配水量应是多少，使得在此供水不足的条件下获得最佳的产量。这就是在一定的总灌溉定额（节水灌溉）下求最优灌溉制度，即一定的总灌溉水量在农作物生长期内的最优分量不可能全部得到满足，这将不可避免地引起农作物不同程度的减产。由对作物水分生产函数讨论可知，作物减产的程度随着不同作物、不同生长阶段的缺水程度而异。在这种情况下，合理的灌溉应是在弄清作物在不同生长阶段缺水减产情况的基础上实行限额灌溉，寻求分配给该作物的总灌溉水量在其生育阶段的最优分配，使整个生长期的总增产值最大。也就是在一定的总灌溉水量控制条件下，确定灌水次数、灌水日期、灌水定额及土壤水分的最优组合。由每个阶段的灌水决策所组成的最优策略就是农作物的最优灌溉制度。必须指出，这里所谓最优策略，是指整体决策的整体效果达到最优，并不是指某个阶段的决策最优，这与用传统方法研究灌溉制度有本质的区别。

充分供水条件下灌溉制度的设计方法已在《灌溉排水工程学》中介绍，不需赘述。这里分别介绍如何采用动态规划法和模糊优化法进行节水灌溉制度的优化设计。

二、节水灌溉制度优化设计的动态规划法

（一）作物水分生产函数

确定节水型的优化灌溉制度，必须以能体现作物各阶段水量对产量产生影响的水分生产函数为依据，节水型优化灌溉制度的确定，是作物水分生产函数最基本的用途。将1992 年、1993 年河北唐海站中稻（北方典型稻区）及广西桂林双季晚稻（南方典型稻区）Jensen 模型中的敏感指数 λ_i 及相关系数 R 列于表 1-3-1。

表 1-3-1　水稻各生育期敏感指数 λ_i

稻类	年份	分蘖	拔节孕穗	抽穗开花	乳熟	相关系数 R
北方中稻	1992	0.209 2	0.553 8	0.676 3	0.177 8	0.997
北方中稻	1993	0.154 3	0.350 9	0.602 2	0.064 8	0.999
南方晚稻	1992	0.209 0	0.702 5	0.219 9	0.152 3	0.996
南方晚稻	1993	0.386 1	0.589 8	0.288 9	0.120 4	0.999

试验中，将水稻全生育期划分为返青、分蘖、拔节孕穗、抽穗开花、乳熟、黄熟 6 个生育阶段，由于返青期有泡田余水，黄熟排水落干有利于水稻成熟，故只选中间 4 个生育阶段建立模型，其阶段编号为 1 ~ 4。

由表 1-3-1 可知，北方中稻缺水敏感期为抽穗开花期，敏感指数 λ_i 从高到低排列的阶段顺序为抽穗开花→拔节孕穗→分蘖→乳熟；南方双季晚稻缺水敏感期为拔节孕穗期，λ_i 从高到低排列的阶段顺序：1992 年为拔节孕穗→抽穗开花→分蘖→乳熟。1993 年为拔节孕穗→分蘖→抽穗开花→乳熟。南方双季晚稻的 λ_i 值排列第 2 位的生育阶段两年不一致，但差别不大，这表明双季晚稻除拔节孕穗对缺水最敏感外，分蘖期和抽穗开花期对缺水的敏感程度相仿，以上结论与水稻的水分生理特性及灌溉实际经验是相吻合的。

（二）有效降雨量

农作物灌溉制度与其生育期的有效降雨量的大小及其时空分布有极大的关系。对于稻田，其深层渗漏量的大小也将直接影响到稻田的耗水及其灌溉制度。下面先介绍一下有效降雨量的确定方法。

1. 稻田有效降雨量

节水灌溉或非充分灌溉条件下，稻田水分状况一般是从土壤含水量占饱和含水量的 80% 至田面有约 20 mm 深的水层。降雨后为增加雨水利用量，一般采取深蓄措施，其允许回蓄深度上限与一般常规灌溉相同。一次降雨不超过田面允许水深上限的降雨量均为有效降雨量，超过部分为排水量。用公式表示为

$$P_0 = \begin{cases} P & P \leqslant H_{max} - H_0 \\ H_{max} - H_0 & P > H_{max} - H_0 \end{cases} \tag{1-3-2}$$

式中　P_0——次降雨的有效降雨量，mm；

P——次降雨量，mm；

H_0——次降雨开始时田面水层深度，mm；

H_{max}——田面允许最大蓄水深度，mm。

节水灌溉条件下，由于平时田面水层较浅，在相同的允许蓄水上限 H_{max} 条件下，降雨时能比常规灌溉回蓄更多的降雨量，因此其有效降雨量比常规灌溉大。

2. 旱地有效降雨量

对于旱地而言，有效降雨量 P_0 是指降雨后存留在根系层内能被作物吸收利用的入渗水量。

根系层以下的深层渗漏及地表径流均为无效降雨量，即

$$P_0 = P - P_d - P_s \tag{1-3-3}$$

式中 P_d——地面产水量,mm;

P_s——深层渗漏量,mm;

其余符号意义同前。

影响旱作物有效降水量的因素很多,而且相当复杂,凡是对渗透、径流和蒸发蒸腾起作用的因素,都影响有效降雨量的大小。如降水总量、降水强度和历时、温度、辐射、相对湿度、风速等气象因素;地形坡度、土壤结构、密实度、有机质含量等土壤质地因素;还有耕作方式、降雨前土壤含水量、地下水埋藏深度、根系层深度、地面覆盖等。在诸多因素中,对于特定地区而言,降雨时土壤初始含水量、根系层深度是影响旱作物有效降水量大小的主要因素。

旱作物有效降水量可根据降水前后实测的土壤含水量差值进行计算,即

$$P_0 = 10\sum_{i=1}^{n}\gamma_i H_i(S_{i2} - S_{i1}) \tag{1-3-4}$$

式中 γ_i,H_i——第 i 个天然土层的土壤干容重,kg/m^3 及厚度,m;

S_{i1},S_{i2}——降雨前后第 i 个天然土层的土壤含水量,以占干容重的百分数计(%);

n——天然土层数。

表 1-3-2 是根据某灌溉试验站的观测资料,利用上式得到的 40 cm、60 cm、80 cm 第三个根层内次有效降雨量 P_0 和降雨量 P 之间的关系。

表 1-3-2 某试验站不同根系层 $P_0 \sim P$ 关系式

计划湿润层厚度(cm)	$P_0 \sim P$	相关系数 R
0~40	$P_0 = P$ $(0 \leqslant P \leqslant 4.8\ mm)$	1.0
	$P_0 = 0.835\ 8P + 0.781\ 5$ $(4.8\ mm < P \leqslant 15\ mm)$	0.943 7
	$P_0 = 21.497\ 5\ln P - 44.985$ $(15\ mm < P \leqslant 100\ mm)$	0.841 4
0~60	$P_0 = 0.995\ 6P - 0.096\ 2$ $(0 \leqslant P \leqslant 42.8\ mm)$	0.997 8
	$P_0 = 30.689\ 6\ln P - 72.693\ 2$ $(42.8\ mm < P \leqslant 100\ mm)$	0.917 1
0~80	$P_0 = P$ $(0 \leqslant P \leqslant 61.3\ mm)$	1.0
	$P_0 = 0.331\ 2P + 40.975\ 6$ $(61.3\ mm < P \leqslant 100\ mm)$	0.911 8

(三)数学模型

某种农作物最优灌溉制度的设计过程,可以看成是一个多阶段决策过程,用动态规划的数学模型描述如下。

1. 阶段变量

根据农作物的生长过程,将其全生长期划分为 N 个不等长的生长阶段,阶段变量为 $n = 1,2\cdots,N$,其编号与阶段初编号一致。

2. 决策变量

决策变量为各生长阶段的实际灌水量 m_i 及实际腾发量 $(ET_a)_i$,$i = 1,2,\cdots,N$。应当指出的是,实际腾发量是土壤含水量、作物及气象条件的函数,由于该函数十分复杂,难以

预先确定,这里将其作为决策变量处理,是一种近似方法。

3. 状态变量

状态变量为各阶段初可用于分配的灌溉水量 q_i 及计划湿润层内可供农作物利用的土壤水量 S_i,S_i 是土壤含水量的函数,即

$$S_i = 10\gamma H(\theta - \theta_\omega) \tag{1-3-5}$$

式中 S_i——土壤含水量,mm;

γ——土壤干容重,kg/m³;

H——计划湿润层深度,m;

θ——计划湿润层内土壤平均含水量,以占干土重的百分数计(%);

θ_ω——土壤含水量下限,约大于凋萎系数,以占干容重的百分数计(%)。

4. 系统方程

系统方程是描述系统在运动过程中状态转移的方程,由于本系统有两个状态变量,系统方程也有两个:

其一是水量分配方程,若对第 i 个生长阶段采用决策 m_i 时,可表达为

$$q_{i+1} = q_i - m_i \tag{1-3-6}$$

式中 q_i、q_{i+1}——第 i 及第 $i+1$ 阶段初系统可用于分配的水量(换算成单位面积水深,下同),mm;

m_i——第 i 阶段的灌水量,mm。

其二是土壤计划湿润层内的水量平衡方程,可写成:

$$S_{i+1} = S_i + m_i + P_i + CK_i - (ET_a)_i - K_i \tag{1-3-7}$$

式中 S_i、S_{i+1}——第 i、第 $i+1$ 阶段初土壤中可供利用的水量,mm;

CK_i——第 i 阶段的渗漏量,mm;

$(ET_a)_i$——第 i 阶段的实际腾发量,mm;

P_i——第 i 阶段的有效降雨量,mm;

K_i——第 i 阶段的渗漏量,mm。

5. 目标函数

采用 Jensen 提出的在供水不足条件下,水量和农作物实际产量的连乘模型,目标函数为单位面积的实际产量 Y_a 与最高产量 Y_m 的比值最大,即

$$F = \max\left(\frac{Y_a}{Y_m}\right) = \max\prod_{i=1}^{n}\left(\frac{ET_a}{ET_m}\right)_i^{\lambda_i} \tag{1-3-8}$$

6. 约束条件

1)决策约束

$$0 \leqslant m_i \leqslant q_i \quad , \quad i = 1,2,\cdots,N \tag{1-3-9}$$

$$\sum_{i=1}^{N} m_i = Q \tag{1-3-10}$$

$$(ET_{mm})_i \leqslant (ET_a)_i \leqslant (ET_m)_i \quad , \quad i = 1,2,\cdots,N \tag{1-3-11}$$

式中 Q——全生长期单位面积上可供分配的水量,mm;

$(ET_m)_i$、$(ET_{mm})_i$——第 i 阶段的最大及最小腾发量,mm。

2）土壤含水量约束

$$\theta_{\omega} \leqslant \theta \leqslant \theta_{f} \tag{1-3-12}$$

式中　θ_f——田间持水量，以占干土重百分数计（%）。

7. 初始条件

（1）假定作物播种时的土壤含水量为已知，即

$$\theta_1 = \theta_0 \tag{1-3-13}$$

则有：

$$S_1 = 10\gamma H(\theta_0 - \theta_{\omega}) \tag{1-3-14}$$

（2）阶段可用于分配的水量为农作物全生长期可用于分配的水量，即

$$q_1 = Q \tag{1-3-15}$$

以上数学模型是根据旱地写出的，如对水稻田，则有些地方稍作改动即可，具体为：

（1）状态变量改为各阶段初可用于分配的灌溉水量 q_i 及初始田面蓄水深度 h_i。稻田处于非饱和状态时，h_i 也是土壤含水量的函数，可由根系层平均土壤含水量与饱和含水量之差折算成相应的水深，定义饱和状态水深为零，则此时水深 h_i 为负数，即

$$h_i = 10\gamma H(\theta - \theta_s) \tag{1-3-16}$$

式中　θ_s——土壤饱和含水量，以占干土重的百分数计（%）；

其余符号意义同前。

（2）第二个系统方程改为田间水量平衡方程，即

$$h_{i+1} = h_i + P_i + m_i - (ET_a)_i - C_i - K_i \tag{1-3-17}$$

式中　h_i、h_{i+1}——第 i、第 $i+1$ 阶段初田面水层深度，mm；

C_i——第 i 阶段排水量，mm；

其余符号意义同前。

（3）土壤含水量约束改为田面水深 h_i 的约束，即

$$(H_{\min})_i \leqslant h_i \leqslant (H_{\max})_i \tag{1-3-18}$$

式中　$(H_{\max})_i$、$(H_{\min})_i$——第 i 阶段田面水深的上、下限，mm。

$(H_{\max})_i$ 的值可根据实际灌溉经验确定，$(H_{\min})_i$ 则根据根系层土壤平均含水量下限值（根据试验确定，一般取饱和含水量的 80%）及根系层深度确定，一般为负值。

（4）第一个初始条件改为初始田面水深，即

$$h_1 = h_0 \tag{1-3-19}$$

式中　h_0——插秧后稻田保持的水深，一般取 20 mm。

（四）数学模型的求解方法

本模型是一个具有两个状态变量及两个决策变量的二维动态规划问题，可用动态规划逐次渐近法（DPSA）求解，其步骤为：

第一步，把各生长阶段初土壤中可供利用的水量 S_i 作为已知的虚拟轨迹，以每阶段可供分配的水资源量 q_i 为第一个状态变量，并将其离散为 NT 个水平，相应地将决策变量 m_i 离散，则该问题就变成一维的资源分配问题，可用常规动态规划求解。采用逆序递推，顺序决策计算，其递推方程为

$$f_i^*(q_i) = \max\{R_i(q_i, m_i) \cdot f_{i+1}^*(q_{i+1})\} \quad (i = 1, 2, \cdots, N-1) \tag{1-3-20}$$

$$R_i(q_i,m_i) = \left(\frac{ET_{\mathrm{a}}}{ET_{\mathrm{m}}}\right)_i^{\lambda_i} \quad (i = 1,2,\cdots,N-1) \tag{1-3-21}$$

$$f_N^*(q_N) = \left(\frac{ET_{\mathrm{a}}}{ET_{\mathrm{m}}}\right)_N^{\lambda_N} \quad (i = N) \tag{1-3-22}$$

式中 $R_i(q_i,m_i)$——在状态 q_i 下，作决策 m_i 时所得本阶段效益；

$f_{i+1}^*(q_{i+1})$——余留阶段的最大效益。

通过择优计算，可求得给定初始条件下的最优状态序列 $\{q_i^*\}$ 及最优决策序列 $\{m_i^*\}$，$i=1,2,\cdots,N$。

第二步，将第一步的优化结果 $\{q_i^*\}$ 及 $\{m_i^*\}$ 固定下来，在给定的初始条件下，寻求土壤可利用水量 S_i 和各生长阶段的实际腾发量 ET_{a} 的优化值。将第二状态变量 S_i 离散成 NT_1 个水平，决策变量 $ET_{\mathrm{a}i}$ 不离散，以免内插，其递推方程为

$$f_i^*(S_i) = \max_{ET_{\mathrm{a}i}}\{R_i(S_i \cdot ET_{\mathrm{a}i}) \cdot f_{i+1}^*(S_{i+1})\} \quad (i = 1,2,\cdots,N-1) \tag{1-3-23}$$

$$R_i(S_i,ET_{\mathrm{a}i}) = \left(\frac{ET_{\mathrm{a}}}{ET_{\mathrm{m}}}\right)_i^{\lambda_i} \quad (i = 1,2,\cdots,N-1) \tag{1-3-24}$$

$$f_N^*(S_N) = \left(\frac{ET_{\mathrm{a}}}{ET_{\mathrm{m}}}\right)_N^{\lambda_N} \quad (i = N) \tag{1-3-25}$$

式中 $R_i(S_i,ET_{\mathrm{a}i})$——在状态 S_i 下，作决策 $ET_{\mathrm{a}i}$ 时所得本阶段效益；

$f_{i+1}^*(S_{i+1})$——余留阶段的最大效益。

再优化计算，可得最优的状态序列 $\{S_i^*\}$ 及决策序列 $\{ET_{\mathrm{a}i}^*\}$，$i=1,2,\cdots,N$。

第三步，比较第一步和第二步的优化结果，如果第二步优化结果 $\{S_i^*\}$ 与第一步的虚拟轨迹 $\{S_i\}$ 不同，则应以 $\{S_i^*\}$ 为初始试验轨迹，重复以上的优化过程，直到对两个状态变量进行最优化计算都得到相同的目标函数值（在拟定的精度范围内）和相同决策序列及状态序列。

对于水稻田，只需将初始土壤含水量 S_i 改为初始田面水深 h_i 即可。动态规划逐次渐近法（DPSA）把一个两维的动态规划问题分解为两个一维动态规划问题，节省了计算机内存及运算时间，但不能保证在任何情况下都收敛到真正的最优解。因此，可用不同的初始试验轨迹进行验算，如果都能收敛到同一最优解，这说明本模型及算法所求出来的解是真正的最优解。

用动态规划逐次渐近法（DPSA）求稻田优化灌溉制度程序流程见图 1-3-1。

三、模糊优化法

这种方法是将作物腾发条件下计划湿润土层含水量的消长函数概化为线性和非线性两部分，以作物生育阶段为时间变量，以不同生育阶段的灌溉水量为模糊决策变量，在作物腾发量产量相乘模型的基础上建立产量隶属函数，构成了多阶段决策动态规划模型。现结合某灌区的实际情况，予以介绍。

（一）节水灌溉条件下农田土壤含水量的变化

作物任一生长阶段，其腾发量随土壤含水量变化，根据水量平衡原理得

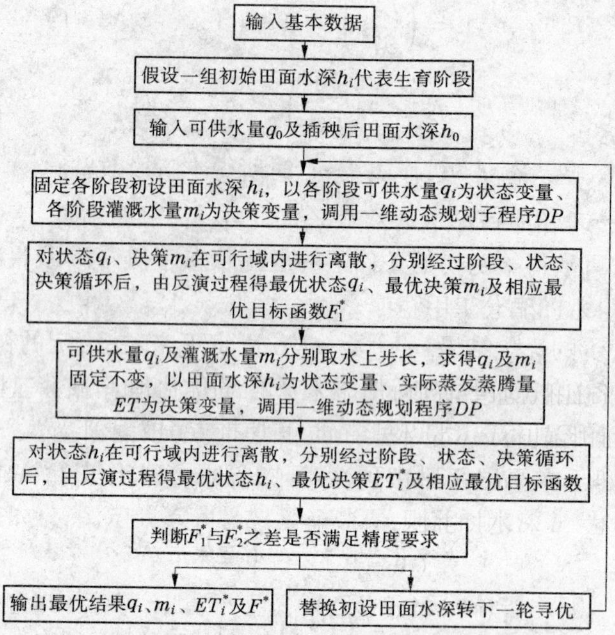

图 1-3-1　用 DPSA 法求优化灌溉制度程序流程

$$ET_i = WZ_i + P_i + K_i + X_i - (W_i - W_{i-1}) \quad (i = 1,2,\cdots,N) \tag{1-3-26}$$

式中　ET_i——作物第 i 生长阶段实际腾发量；

WZ_i——作物第 i 生长阶段由于计划湿润层增加而增加的水量；

P_i——第 i 生长阶段有效降雨量；

K_i——第 i 生长阶段的地下水补给量；

X_i——第 i 生长阶段的灌溉水量；

W_i、W_{i-1}——第 i 阶段末和第 $i-1$ 阶段末计划湿润土层含水量；

N——作物生长阶段总数。

式(1-3-26)中，各变量单位均以 mm 计，灌水量 X_i 为决策变量。如果灌溉后，$ET_i = (ET_m)_i$，则为充分灌溉；如果 $ET_i < (ET_m)_i$，则为非充分灌溉。$(ET_m)_i$ 为供水充分灌溉条件下作物第 i 阶段最大腾发量。

在非充分节水灌溉条件下，作物腾发过程可分为两个时段，见图 1-3-2。

例如第 i 生长阶段，可分为 ab 和 bc 两时段。

(1)在 ab 时段，作物计划湿润土层含水量始终大于适宜含水量下限，因此作物实际腾发强度 $ET_a = ET_m$，土壤含水量(W_t)随着作物腾发的消耗而线性减少，其函数关系为

$$W_t = W'_a + P_{at} + X_{at} + R_i(t-a) + WZ_i(t-a) - ET_m(t-a) \tag{1-3-27}$$

当 $WX_t \leqslant W_t \leqslant WA_t$ 时，$W_t = WA_t$

$$D_t = W'_a + P_{at} + X_{at} + R_i(t-a) + WZ_i(t-a) - ET_m(t-a) - WA_t \tag{1-3-28}$$

当 $W_t > WA_t$，作物腾发总水量为

$$ET_{ab} = ET_m(b-a) \tag{1-3-29}$$

式中　t——某时间；

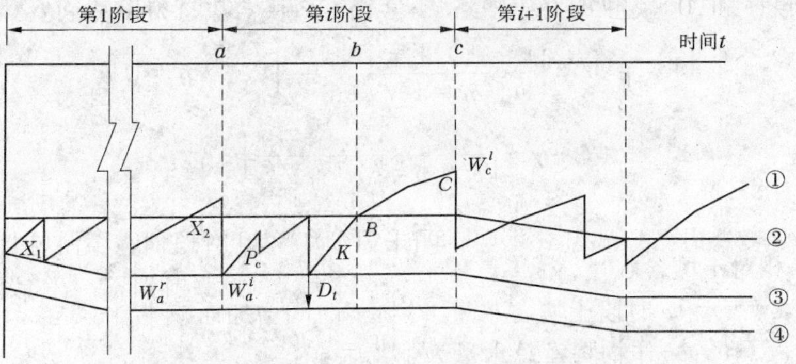

①—计划湿润层含水量过程线;②—计划湿润层适宜含水量下限;

③—计划湿润层适宜含水量上限;④—计划湿润层最大含水量

图 1-3-2　非充分灌溉条件下土壤含水量变化示意图

W_a^r——a 时刻(右侧)计划湿润土层含水量,mm;

P_{at}——t 时间 a 时刻有效降雨量,mm;

X_{at}——t 时间 a 时刻灌溉水量,mm;

R_i——第 i 阶段地下水补给强度,mm/d;

WZ_i——第 i 阶段由于计划湿润层增加而增加的水量,mm/d;

ET_m——第 i 阶段最大腾发强度,mm/d;

WX_t——t 时间计划湿润层适宜含水量下限,mm;

WA_t——t 时间计划湿润层最大含水量,mm;

D_t——t 时间排水量,mm。

(2)在 bc 时段,作物计划湿润土层含水量小于适宜含水量下限,因此作物实际腾发强度 $ET_a < ET_m$,土壤含水量随时间按非线性函数关系变化。线型的选择,国内外学者曾提出多种方法,一般认为,bc 段曲线 W_t 应满足下述条件:

①W_t 与 KB 直线在 B 点光滑连接,其关系为

$$\left.\frac{\mathrm{d}W}{\mathrm{d}t'}\right|_{t'=0} = -et_m \tag{1-3-30}$$

其中,$t' = t - b$。

②当 $t' \to 0$,在 bc 时段,t 时间趋近 b 时,土壤含水量 W_t' 接近 WX_b,即 $t \to b$ 时,$W_t' \to WX_{b0}$。

③当 $t' \to +\infty$ 时,在 bc 时段,t 时间无限大时,土壤变干,土壤含水量 W_t' 减少到零(不能供腾发耗用),$W'_t \to 0$。

④作物实际腾发强度随土壤含水量非线性递减,即

$$\frac{\mathrm{d}W_{t'}}{\mathrm{d}t'} = -et_m\left[\frac{W_{t'}}{WX_b}\right]^{\eta} \quad (0 < t' < +\infty, \eta > 1) \tag{1-3-31}$$

式中　WX_b——bc 时段初 b 时刻计划湿润层适宜含水量下限,mm;

η——经验指数,受土质、作物种类、生育阶段等因素影响,可由试验确定。

满足上述条件的函数为指数型函数簇，经积分得任一 t'时刻土壤含水量为

$$W_{t'} = WX_b\left[\frac{WX_b}{et_{\mathrm{m}}(\eta - 1)t' + WX_b}\right]^{\frac{1}{\eta-1}} \quad (\eta > 1) \tag{1-3-32}$$

令

$$\gamma = \left[\frac{WX_b}{et_{\mathrm{m}}(\eta - 1)t' + WX_b}\right]$$

则

$$W_{t'} = WX_b\gamma^{\frac{1}{\eta-1}} \tag{1-3-33}$$

式中 γ——相对土壤含水量，$\gamma < 1$。

式(1-3-33)表示 bc 时段土壤含水量 W'_t 随 t'时间增加而减少。

故 bc 段($t' = c - b$)作物腾发总水量为

$$ET_{bc} = WX_b - W_c^l + R_i(c - b) + WZ_i(c - b)$$

$$= WX_b - WX_b\left[\frac{WX_b}{et_{\mathrm{m}}(\eta - 1)(c - b) + WX_b}\right]^{\frac{1}{\eta-1}} + R_i(c - b) + WZ_i(c - b) \tag{1-3-34}$$

式中 W_c^l——c 时刻(左侧)计划湿润土层含水量；

其余符号物理意义同前。

当 bc 时段有降雨时，可对式(1-3-33)、式(1-3-34)作相应修正。

(二)作物生育阶段灌溉水量模糊动态规划模型

1.阶段变量

选择作物生育阶段 i 为阶段变量($i = 1,2,\cdots,N$)，N 为作物生育阶段总数。

2.模糊决策变量

灌溉定额在生育期的分配本质上属资源分配问题，由于作物各生育阶段灌溉对产量影响的模糊性，决定了决策变量的模糊属性，故选择各生育阶段灌溉水量作为模糊决策变量$\widetilde{X}_i$($i = 1,2,\cdots,N$)。各生育阶段的模糊决策构成了一个模糊策略：

$$\widetilde{X} = (\widetilde{X}_1, \widetilde{X}_2, \cdots, \widetilde{X}_N)^{\mathrm{T}} \tag{1-3-35}$$

同时满足：

$$W_{\mathrm{g}} = \sum_{i=1}^{N}\widetilde{X}_i \quad (\widetilde{X}_i \geqslant 0) \tag{1-3-36}$$

式中 W_{g}——作物全生育期能提供的灌溉定额。

设各阶段允许模糊决策集合为$\widetilde{XX}_i$，则 $\widetilde{X}_i \in \widetilde{XX}_i$，$X\widetilde{X}_i$ 为$[0, W_{\mathrm{g}}]$区间的任意实数($i = 1,2,\cdots,N$)。

3.模糊状态变量

选择某阶段以前(包括该阶段)各阶段的累计灌溉水量和作为该阶段模糊状态变量，则 i 阶段模糊状态变量为

$$\left.\begin{aligned} \widetilde{S}_i &= \sum_{j=1}^{i}\widetilde{X}_j \quad (i = 1,2,\cdots,N) \\ 0 &\leqslant \widetilde{S}_i \leqslant W_g \end{aligned}\right\} \tag{1-3-37}$$

由于在$[0, W_{\mathrm{g}}]$区间内取值，分析过程中将区间离散化，取：

$$\widetilde{S}_i = j \cdot \Delta \quad (j = 1,2,\cdots,m; \Delta \cdot m = W_{\mathrm{g}}) \tag{1-3-38}$$

设各阶段允许模糊状态集合为 $S\widetilde{S}_i$，由 $\widetilde{S}_i$ 的定义可知 $S\widetilde{S}_i$ 也是 $[0, W_g]$ 区间的任意实数 $(i=1,2,\cdots,N)$。

4. 状态转移方程

$$S_i = \widetilde{S}_{i-1} + \widetilde{X}_i \quad (i = 1,2,\cdots,N) \tag{1-3-39}$$

5. 边界条件

边界条件包括第一阶段初和第 N 阶段末的土壤水分状况以及状态变量的取值。

初始阶段（第一阶段初）：

$$W_0 = W_{初},\ \widetilde{S}_0 = 0 \tag{1-3-40}$$

式中 $W_{初}$——第一阶段初计划湿润土层含水量，由播前降雨或灌溉情况确定；

$\widetilde{S}_0$——初始状态变量。

终止阶段（第 N 阶段末）：

$$W_N > W_P,\ \widetilde{S}_N = W_g \tag{1-3-41}$$

式中 W_P——凋萎含水量。

6. 递推方程

根据作物腾发对产量影响的相乘模型（Jensen 模型）：

$$Y_a = Y_m \prod_{i=1}^{N} \left(\frac{ET}{ET_m}\right)_i^{\lambda_i} \tag{1-3-42}$$

选择各阶段灌溉关于“产量最优”的隶属函数为

$$\mu_i(\widetilde{X}_i) = \begin{cases} 0 & (ET_i \leqslant 0) \\ \left(\dfrac{ET}{ET_m}\right)_i^{\lambda_i} & (0 < ET_i \leqslant (ET_m)_i; i = 1,2,\cdots,N) \\ 1 & (ET_i > (ET_m)_i) \end{cases} \tag{1-3-43}$$

式中 λ_i——作物第 i 生长阶段缺水敏感指数；

Y_a——作物实际产量；

Y_m——作物最大产量；

$\mu_i(\widetilde{X}_i)$——第 i 阶段的产量隶属度。

由于 ET_i 受灌溉水量 $\widetilde{X}_i$ 的影响，故 $\widetilde{X}_i$ 应满足：

$$\widetilde{X} = X \mid \max_{\widetilde{X}_i \in X\widetilde{X}_i} \{\mu_1(\widetilde{X}_1), \mu_2(\widetilde{X}_2), \cdots, \mu_N(\widetilde{X}_N)\} \tag{1-3-44}$$

即

$$\widetilde{X}_i = X \mid \max_{\widetilde{X}_i \in X\widetilde{X}_i} N_i(\widetilde{X}_i) \quad (i=1,2,\cdots,N) \tag{1-3-45}$$

式(1-3-45)等价于

$$\widetilde{X} = X \mid \max_{\widetilde{X}_i \in X\widetilde{X}_i} \prod_{i=1}^{N} \mu_i(\widetilde{X}) \quad (i=1,2,\cdots,N) \tag{1-3-46}$$

作为以时间为序列的多阶段模糊决策过程，依据动态规划的最优性定理，得最大隶属度顺时针递推方程为

$$\mu\mu_i^*(\tilde{S}_i) = \max_{\tilde{X}_i \in X\tilde{X}_i, \tilde{S}_i \in S\tilde{S}_i} \{\mu_i(\tilde{X}_i)\mu\mu_{i-1}^*(\tilde{S}_i)\} \quad (i = 1,2,\cdots,N) \tag{1-3-47}$$

式中 $\mu\mu_i^*(\tilde{S}_i)$——第 i 阶段初至第 i 阶段末最优隶属度。

$$\mu\mu_i^*(\tilde{S}_i) = \max_{\tilde{X}_i \in X\tilde{X}_i} \mu_i(\tilde{X}_i) \quad (i = 1) \tag{1-3-48}$$

系统递推过程见图 1-3-3。

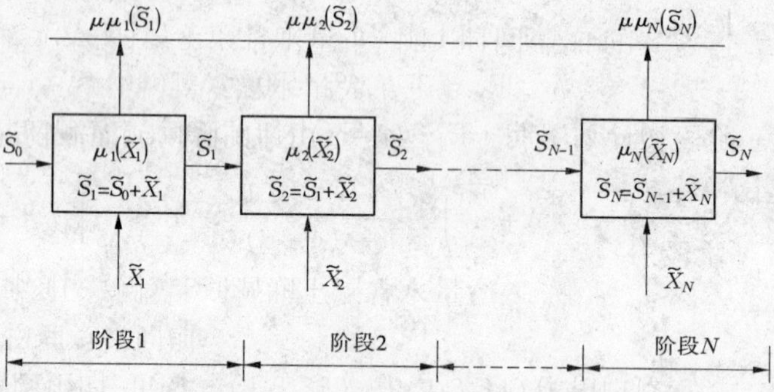

图 1-3-3　模糊动态系统递推过程

依据递推方程,逐时段进行递推分析,则可求得灌溉定额 W_g 一定情况下作物各生育期水量的最优分配 $\tilde{X}_i$ 及相应的模糊隶属度。

(三)灌水时间和灌水定额的确定

设作物第 i 阶段分配水量为 $\tilde{X}_i$(见图 1-3-2),根据式(1-3-26)和式(1-3-27)逐日分析,可计算 i 阶段的灌水时间和每次灌水的灌水定额。

1. 灌水时间

当 i 阶段分配水量 $\tilde{X}_i$ 大于 $t_i = a$ 时土壤含水量上限 WS_a 减最低土壤含水量 W_a^l(土壤有效含水量),即 $\tilde{X}_i > WS_a - W_a^l$ 时,则该阶段有多次灌溉,各次灌水的起始时间分别为

$$\left.\begin{aligned}
t_1 &= a \\
t_2 &= \frac{WS_{t_1} - WX_{t_2} + P_{t_1-t_2} - \sum_{t=t_1}^{t_2} D_t}{(ET_{\mathrm{m}})_i - R_i - WZ_i} + t_1 \\
t_3 &= \frac{WS_{t_2} - WX_{t_3} + P_{t_2-t_3} - \sum_{t=t_2}^{t_3} D_t}{(ET_{\mathrm{m}})_i - R_i - WZ_i} + t_2 \\
t_j &= \frac{WS_{t_{j-1}} - WX_{t_j} + P_{t_{j-1}-t_j} + \sum_{t=t_{j-1}}^{t_j} D_t}{(ET_{\mathrm{m}})_i - R_i - WZ_i} + t_{j-1}
\end{aligned}\right\} \tag{1-3-49}$$

式中 WS_{t_1}、WX_{t_2}——t_1 时间计划湿润层适宜含水量上限(如 $t_1 = a$,则为 WS_a)和 t_2 时间计划湿润层适宜含水量下限,其余类推;

W_a^l——a 时刻(左侧)计划湿润层含水量(最低含水量);

j——第 i 阶段灌水次数。

当 i 阶段分配水量 $\widetilde{X}_i$ 小于等于 $t_1=a$ 时刻土壤含水量上限 WS_a 减最低土壤含水量,即 $\widetilde{X}_i \leqslant WS_a - W_a^l$ 时,则该阶段仅有一次灌溉,灌水起始时间为

$$t_1 = a \tag{1-3-50}$$

2. 灌水定额

当 $\widetilde{X}_i > WS_a - W_a^l$ 时:

$$\left.\begin{aligned} m_{i1} &= WS_a - W_a^l \\ m_{ij} &= WS_{tj} - WX_{tj} \quad (j=2,3,\cdots,J-1) \\ m_{ij} &= \widetilde{X}_i - \sum_{R=1}^{J-1} m_{iR} \quad (j=J) \end{aligned}\right\} \tag{1-3-51}$$

当 $\widetilde{X}_i \leqslant WS_a - W_a^l$ 时:

$$m_{ij} = \widetilde{X}_i \tag{1-3-52}$$

式中 m_{ij}——第 i 阶段第 j 次灌水的灌水定额。

上面各式是根据图 1-3-2 第 i 生育阶段所示情况导出的。对其他情况,分析原理相同,不再赘述。

(四)模糊决策计算方法

(1)按播前灌溉定额确定计划湿润层初始含水量(边界条件)

$$W_0 = x_0 + 10H\theta_0\gamma \tag{1-3-53}$$

式中 x_0——播前灌溉定额,mm;

H——播种至苗期计划湿润层深度,mm;

θ_0——初始土壤含水量(占孔隙百分数);

γ——H 土层的土壤孔隙率。

(2)按式(1-3-35)~式(1-3-38)分析第一阶段模糊状态变量离散值 $\widetilde{S}_{1j}(j=1,2,\cdots,m)$,以及模糊决策变量离散值 $\widetilde{X}_{1R}(R=1,2,\cdots,n)$,第一阶段 $n=m$,其他阶段 $m \leqslant n$。

(3)据式(1-3-26)~式(1-3-34)和式(1-3-49)~式(1-3-52)计算第一阶段各次灌水的灌水日期和灌水定额,第一阶段末计划湿润土层含水量和第一阶段作物实际腾发量。

(4)据递推方程求第一阶段的最优隶属度 $\mu\mu_1(\widetilde{S}_{1j})$ 及最优模糊决策变量 $\widetilde{X}_{1R}$。

(5)假设不同的模糊状态变量离散值 $\widetilde{S}_{ij}(i=2,3,\cdots,N;j=1,2,\cdots,m)$,按第 2 步至第 4 步的同样方法分析 i 阶段不同状态 $\widetilde{S}_{ij}$ 下最优模糊决策 $\widetilde{X}_{iR}$ 和相应的灌水次数、日期和灌水定额以及最优隶属度 $\mu\mu_i(\widetilde{S}_{ij})$ 等,将计算结果(中间结果)存储于相应的数组变量中。

(6)当 $i=N$ 时,可求得全局最优模糊水平 $\mu\mu_N(\widetilde{S}_N)$ 及相应的第 N 阶段最优决策 $\widetilde{X}_N^*$。

(7)反演算求各阶段最优状态及最优决策。

根据上述数学模型和求解方法,可编制非充分灌溉制度模糊动态优化设计电算程序。该程序以生育阶段为控制时段,逐日进行土壤水分消长的模拟分析,能给出供水量受限制条件下作物全生育期的最优灌溉制度,作物实际腾发量及最优产量模糊水平等信息,直接用以指导水资源的优化管理及节水、高效型灌溉管理。

第三节　多种作物间灌溉水量最优分配

在一个灌区内,往往种植有几种作物,且各种作物在不同生育阶段对缺水引起的减产敏感程度不同,在水源不足的情况下,如何安排每一种作物的种植面积,才能使全灌区获得最大的经济效益,这就是一定水量在几种作物之间的最优分配问题,也就是最优种植比例问题。同时,在作物种植面积已定的情况下,各农作物之间在全生长期及生长期内的各个时段也存在对水量的竞争,因而也有水量的最优分配问题。

系统分析方法中的许多优化技术,都可用于求解上述两类水量分配问题,下面列举的数例,只是为了说明数学模型的建立及求解,以揭示水量分配问题的实质,至于采用何种优化技术,则不受此限制。

一、农作物最优种植比例——线性规划模型

某地区拟种植3种作物(冬小麦、棉花、夏玉米),对于一个特定的年份,由于灌溉水量的限制,不能随意安排3种作物的种植面积,可建立如下的线性规划模型,寻求一定水量在3种作物之间的最优分配。

(一)目标函数

以灌区纯收入最大作为择优准则,可写成:

$$F = \max(B - C) \tag{1-3-54}$$

式中 F——最大纯收入,万元;

B——毛收入,万元;

C——灌溉费用及其他农业费用,万元。

1. 毛收入

对于K种作物而言,其农业毛收入可用下式表示:

$$B = \sum_{i=1}^{K} (P_i + P'_i L_i) Y_i \frac{X_i}{Q_i} + \sum_{i=1}^{K} (P_i + P'_i L_i) Y_{oi} A_{oi} \tag{1-3-55}$$

即

$$B = \sum_{i=1}^{K} (P_i + P'_i L_i) \left(Y_i \frac{X_i}{Q_i} + Y_{oi} A_{oi} \right) \tag{1-3-56}$$

式中 P_i——第i种作物的实物单价,元/kg;

P'_i——第i种作物的秸秆单价,元/kg;

L_i——第i种作物单位面积上秸秆产量与实物产量的比值;

Y_i——第i种作物单位面积上的实物产量,kg/hm^2;

Y_{oi}——第i种作物不灌水条件下的单位面积产量,kg/hm^2;

A_{oi}——第 i 种作物不灌水部分的种植面积，hm^2；

X_i——第 i 种作物分得的有效灌水量，m^3；

Q_i——第 i 种作物单位面积灌水量，m^3/hm^2；

K——作物种类数。

2. 费用

费用一般包括两项：其一为不变费用，即农业的基本投入，包括种子、化肥、农药、中耕除草等项费用，它不随灌水量而变化；其二是可变费用，如灌水费用、劳工费用以及由于灌溉而增加的农业费用等，可用下式表示：

$$C = \sum_{i=1}^{K} (P_{\omega i} Q_i + V_{ci} Y_{ci} + F_{ci} + F_{oi}) \frac{X_i}{Q_i} + \sum_{i=1}^{K} F_{oi} A_{oi} \tag{1-3-57}$$

式中 $P_{\omega i}$——第 i 种作物每立方米灌水的水费（井灌条件下含灌水费用及抽水动力费），元/m^3；

V_{ci}——第 i 种作物单位产量的费用，元/kg；

Y_{ci}——第 i 种作物单位面积上的产量，kg/hm^2；

F_{ci}——第 i 种作物单位面积上由于灌溉而增加的农业费用，假定与灌溉增产量呈直线关系，元/hm^2；

F_{oi}——第 i 种作物单位面积上的基本投入（不变费用），元/hm^2。

其中：

$$P_{\omega i} = P_{\omega i1} + P_{\omega i2} \tag{1-3-58}$$

$$F_{ci} = C_i (Y_i - Y_{oi}) \tag{1-3-59}$$

$$V \cdot Y_{ci} = K_i \left[\frac{Q_i}{50} + E_i \frac{Y_i - Y_{oi}}{250} \right] \tag{1-3-60}$$

将式(1-3-58)～式(1-3-60)代入式(1-3-57)，则有：

$$C = \sum_{i=1}^{K} \left\{ (P_{\omega i1} + P_{\omega i2}) Q_i + K_i \left[\frac{Q_i}{750} + E_i \frac{Y_i - Y_{oi}}{250} \right] \right\} + C_i (Y_i - Y_{oi}) + F_{oi} \frac{X_i}{Q_i} + \sum_{i=1}^{K} F_{oi} A_{oi} \tag{1-3-61}$$

式中 $P_{\omega i1}$、$P_{\omega i2}$——第 i 种作物每立方米灌水的费用和抽水电费，元/m^3；

$Q_i/750$——单位面积浇地用工数（这里假定每公顷地灌水 750 m^3 用 15 个工日），d；

E_i——第 i 种作物收 250 kg 产品所需工日数，d；

K_i——单位工日价格，元/d；

C_i——由农作物单位增产而增加的农业费用，调查求得，元/kg。

（二）约束条件

1. 水量平衡约束

$$\sum_{i=1}^{K} X_i = v \tag{1-3-62}$$

式中 v——该系统可用于灌溉的有效水量，m^3。

2. 政策约束

对于粮食作物，若政策要求必须满足粮食生产能自给自足，如按人均口粮 400 kg 计，则有：

$$Y_i \frac{X_i}{Q_i} + Y_{oi}A_{oi} \geqslant TPN \times 400 \cdot \gamma_i \quad (i = 1,2,\cdots,K) \tag{1-3-63}$$

$$\gamma_1 + \gamma_2 + \cdots + \gamma_{K1} = 1 \tag{1-3-64}$$

式中 TPN——系统内人口数量；

γ_i——第 i 种粮食作物的权重；

K_1——粮食作物种类。

若对于经济作物，也应控制在一定范围之内，即有：

$$\frac{X_i}{Q_j} + A_{oj} \leqslant A_j \quad (j = K_1 + 1, K_1 + 2, \cdots, K) \tag{1-3-65}$$

式中 X_j——分配给第 j 种经济作物的灌溉水量，m^3；

Q_j——单位面积上第 j 种经济作物的灌溉水量，m^3/hm^2；

A_j——第 j 种经济作物的最大种植面积，hm^2；

A_{oj}——第 j 种经济作物在不灌水条件下的种植面积，hm^2。

3. 前后期连种作物的面积约束

对于接茬作物，后期的种植面积不应大于前期的种植面积，可以写成：

$$\sum_{T=1}^{K_T}\left(\frac{X_T}{Q_T} + A_{oT}\right) \leqslant \sum_{L=1}^{K_L}\left(\frac{X_L}{Q_L} + A_{oL}\right) \tag{1-3-66}$$

式中 K_T、K_L——接茬作物种类，角标 L 和 T 分别表示前期作物和后期作物。

4. 耕地面积约束

任何时候，各种作物同时种植面积之和不应大于总耕地面积，即

$$\sum_{i=1}^{K_1}\left(\frac{X_i}{Q_i} + A_{oi}\right) + \sum_{j=K_1+1}^{K}\left(\frac{X_j}{Q_j} + A_{oj}\right) \leqslant A \tag{1-3-67}$$

式中 A——系统总耕地面积，hm^2。

对于这样一个多农作物的优化配水模型，由于 X_i、X_j 及 Q_i、Q_j 均为未知量，实质上是一个非线性规划问题。可设法将其变换成一系列线性规划问题，再用修正单纯形法分别求解。

二、灌溉水量在多种作物生育期内的最优分配

假定灌区种植有多种作物，且各种作物的种植面积已定，在灌溉季节开始，要做灌溉水量的最优分配方案，使之产生最大的经济效益。

（一）概述

模型结构见图 1-3-4，模型在灌区总灌溉水量不足的条件下，应将有限的水量最优地分配给不同的作物。各种作物在获取一定灌溉水量后，又应将它在不同生育阶段进行合理分配，从而确定水源的最优配水过程，以使灌区总效益最大。这个灌溉水的优化分配问题，可分解为多种作物在全生长期及生长期内的各个时段进行水量分配的两级分配问题。其中，不同作物之间的配水属于整个灌区总系统的优化，而作物各生育阶段之间的配水属

于每个作物子系统的优化，将作物子系统作为第一层，灌区总系统作为第二层，通过分配给每种作物的供水量将两层联系起来，则成为一个具有两层谱系结构的大系统，很适合用大系统分解协调模型求解。第一层(单作物优化)为建立在作物水分生产函数基础上，求解单作物非充分灌溉条件下优化灌溉制度的动态规划模型，其作用是把由第二层(全灌区多作物协调)模型分配给第 K 种作物的净灌溉水量 Q_k，在该作物的生育期内进行最优分配；第二层模型为求解水源缺水时多种作物之间水量最优分配的动态规划模型，其作用是利用第一层反馈的效益指标 $F(Q_k)$(最大相对产量)，把有限的总灌溉水量 V_0 在 M 种作物之间进行最优分配。模型运行时，首先由第二层分配给第一层每个独立子系统(每种作物)一定水量 Q_k，每个子系统在给定 Q_k 后，各自独立优化，得最优灌溉制度及最优效益 $F(Q_k)$，并将 $F(Q_k)$ 反馈给第二层。第二层根据反馈的 $F(Q_k)$ 计算全系统效益 G，同时，改变上次分配的 Q_k 返回第一层再优化，得到一组新的效益函数 $F(Q_k)$ 及全系统效益 G，如此反复进行，直至得到全系统最优效益 G_{max}。此时，可得出各种作物相应的最优配水量及优化灌溉制度，亦可得水源最优配水过程(假设以旬为时段做过程)。上述模型，通过分解协调，将由 M 个子系统进行协调，从而降低了问题的维数，使之便于求解。

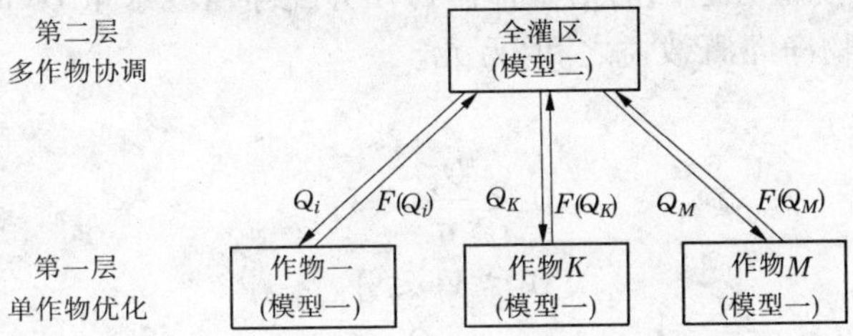

图 1-3-4　灌区水量优化分解协调模型

(二)数学模型

1. 单作物优化灌溉制度模型——模型一

单作物灌溉制度的优化，是以作物水分生产函数为依据，用动态规划求解灌溉水量在作物各生育期的最优分配，数学模型如前所述，此处不再赘述。

2. 多种作物之间水量最优分配模型——模型二

此模型可以用线性规划、非线性规划或动态规划求解。但由于灌水与其体制改革产生的效益之间的非线性关系较为复杂，有时甚至只能用离散的表格形式表示效益函数，本教材用动态规划模型求解模型二。引入“时间”因素，每种作物为一个用水单位，看作一个阶段，把同时对多种作物进行水量最优分配问题，包括各作物灌溉期相互重叠及不重叠情况，看作分阶段依次对各种作物进行水量分配问题。

1)阶段变量

以每种作物为一个阶段，设有 M 种作物，则阶段变量 $k=1,2,\cdots,M$。

2)状态变量

状态变量为各阶段(每种作物)可用于分配的总水量 V_k(毛水量)。

3)决策变量

决策变量为分配给每种作物的净灌溉水量 Q_k。

4)系统方程

各作物之间水量分配平衡方程：

$$V_{k+1} = V_k - \frac{Q_k}{\eta} \tag{1-3-68}$$

式中 V_k、V_{k+1}——第 k、$k+1$ 种作物可用于分配的总水量，m^3；

Q_k——分配给第 k 种作物的净灌溉水量，m^3；

η——灌溉水有效利用系数。

5)目标函数

以各种作物净效益之和 G 最大为目标，即

$$G^* = \max\{\sum_{k=1}^{M} F(Q_k) \cdot A_k \cdot YM_k \cdot PR_k\} \tag{1-3-69}$$

式中 A_k——第 k 种作物的种植面积，万 hm^2；

YM_k——第 k 种作物的丰产产量，kg/hm^2；

PR_k——第 k 种作物的单价，元/kg；

$F(Q_k)$——由模型一返回的第 k 种作物在分配净灌溉水量 Q_k 时的最大相对产量；

G——各种作物净灌溉效益之和，万元。

6)约束条件

$$0 < \frac{Q_k}{\eta} \leqslant V_k \tag{1-3-70}$$

$$0 \leqslant V_k \leqslant V_0 \tag{1-3-71}$$

$$0 \leqslant \sum \frac{Q_k}{\eta} \leqslant V_0 \tag{1-3-72}$$

式中 V_0——灌区总的可供水量，m^3。

7)初始条件

$$V_1 = V_0 \tag{1-3-73}$$

8)递推方程

采用逆序递推，顺序决策计算，递推方程为

$$G_k^*(V_k) = \max_{Q_k}\{R(V_k, Q_k) + G_{k+1}^*(V_{k+1})\} \quad (k = 1,2,\cdots,M-1) \tag{1-3-74}$$

$$R(V_k, Q_k) = F(Q_k) \cdot A_k \cdot YM_k \cdot PR_k \quad (k = 1,2,\cdots,M-1) \tag{1-3-75}$$

$$G_M^*(V_M) = \max_{Q_m}\{F(Q_M) \cdot A_M \cdot YM_M \cdot PR_M\} \quad (k = M) \tag{1-3-76}$$

式中 $R(V_k, Q_k)$——在状态 V_k 下，作决策 Q_k 时所得本阶段效益；

$G_{k+1}^*(V_{k+1})$——余留阶段的最大效益。

第四节 节水灌溉的内涵及其范畴

一、节水灌溉的内涵

节水灌溉是根据作物需水规律及当地供水条件，为了有效地利用降水和灌溉水，获取

农业的最佳经济效益、社会效益、生态环境效益而采取的多种措施的总称。

在我国，人们习惯用“节水”这一提法，更确切的提法应当是“高效节水”，国外多用后者。节水是相对的概念，不同的水源条件、不同的自然条件和社会经济发展水平，对节水灌溉有不同的要求。因此，不同国家、不同地区、不同历史发展阶段，有不同的节水标准。

节水灌溉，主要是对符合一定技术要求的灌溉而言。由于灌溉是补充天然降水的不足，从而促使作物高产高效，节省灌溉用水，当然首先要提高天然降水的利用率，因此“节水灌溉”仅仅理解为节约灌溉用水是不全面的，应当在考虑灌溉的同时，还要把各种可以用于农业生产的水源，如地面水、地下水、天然降水、灌溉回归水、经过处理以后的污水、“废水”以及土壤水等都充分、合理地利用起来，并采用各种节水措施提高水的有效利用率。节水灌溉不仅包括灌溉过程中的节水措施，还包括与灌溉密切相关、提高农业用水效率的其他措施，如雨水蓄集、土壤保墒、渠井结合、渠系水优化调配、农业节水措施、用水管理措施等。广义的节水灌溉包含了农业高效用水的大部分内容。

灌溉通过给农田补充水分来满足作物需水要求，创造作物生长的良好环境条件，以获得较高的产量，从水源到形成作物产量要经过以下 4 个环节：

(1)通过渠道或管道将水从水源输送至田间；

(2)将引至田间的灌溉水，尽可能均匀地分配到所指定的面积上转化为土壤水；

(3)作物吸收、利用土壤水，以维持它的生理活动；

(4)通过作物复杂的生理过程，形成经济产量。

前两个环节主要取决于工程技术条件和管理水平。从水源引水至田间，需修建渠道(或管道)和必要的水工建筑物；同时需要一定的管理组织和管理技术。由于包括自然的、管理的和工程技术等原因，有一部分甚至一半以上的水在沿途损失了。据有关资料分析，灌溉输水损失水量在美国约占总引水量的47%、苏联为50%、日本为40%、我国平均为50%。这种水量损失程度可用渠系水利用系数来反映。渠系水利用系数一般根据流量计算，为了反映水量损失情况，在管理上也有以水量计算的，即从灌区的末级固定渠道供给田间的毛水量和与同一时期渠首引进水量(不含非灌溉用水量)之比。因此，灌溉水从水源输送至田间沿程水量损失越大，渠系水利用系数越低。实践证明，通过工程和管理措施可以显著地减少这一环节中的水量损失，提高渠系水利用系数。引入田间的灌溉水在转化为土壤水过程中也有水量损失，如深层渗漏和地面径流等损失。以水量计算的田间水利用系数可以反映田间灌溉水的损失程度，它是指同一时期内田间实际灌水面积计划湿润层内土壤中得到净水量与灌区末级固定渠道供给田间毛水量的比值。田间灌溉水损失越大，田间水利用系数越小，田间灌溉水有效利用程度与田间工程、土地平整以及所采用的灌水方法和技术有密切关系。例如，根据陕西省洛惠渠管理局的统计，实行小畦灌溉比大水漫灌可降低灌溉定额的17% ~35%，又据文献报道，在半干旱地区用塑料软管代替水沟进行长畦分段灌溉，比一般的长畦灌溉可省水 40% ~60%，微灌时水的利用率更高，一般要比地面灌溉省水 30% ~50%，也比喷灌省水 15% ~25%。

由水源引水到田间灌水这个环节，都不与农作物吸收和消耗水分的过程直接发生关系。但是，在这两个环节中的节水潜力比较大，措施比较明确，是当前节水灌溉的重要方面。

在后两个环节中进行节水，一是靠减少作物棵间蒸发量，二是靠减少作物蒸腾量。作物全生育期棵间蒸发量占作物总需水量的40%～60%。这部分水量对改善作物生长环境有一定作用，不完全属于浪费水量。但从现有试验资料看，适当减少棵间蒸发量并不一定会影响作物产量，如覆盖保墒和局部灌溉技术均可大幅度减少棵间蒸发量，但对产量不产生影响。至于减少作物蒸腾量会不会影响作物生产发育和产量，目前尚存在一些理论问题有待解决。近年来的许多节水灌溉或非充分灌溉试验研究表明，在一定条件下，适当减少作物植株蒸腾量，也不会导致减产。

综上所述，节水灌溉应从整个灌溉过程上着手，凡能减少灌溉水损失、提高灌溉水使用效率的措施、技术和方法均属节水灌溉范畴。事实上，从水源引水到形成作物产量的每一环节中，都存在着节水潜力。一般情况下，节水应是减少灌溉水的无益消耗，不减少作物正常的需水量，不使作物减产；在水资源短缺情况下，为了解决供需矛盾，也采用低于作物正常需水量标准进行灌水，即采用非充分灌溉，这时不再追求单位面积上产量最高，而是以有限的水资源量，使整个区域上获得最高总产量的经济效益为目标。节水农业是以节水为中心的农业类型，在充分利用降水的基础上采取农业和水利措施，合理开发利用与管理农业水资源，提高水分利用效率和效益；同时通过治水、改土、调整农业生产结构，改革耕作制度与种植制度，发展节水、高产、优质、高效农业，最终实现农业持续稳定发展。农业节水措施包括极其丰富的内容：农学范畴的节水（作物生理、农田调控）、灌溉范畴的节水（灌溉工程、灌溉技术）和农业管理节水（政策、法规与体制）。节水农业的中心问题是提高降水和灌水的利用效率，用水有效性无疑成为判断节水措施的效果与潜力的指标，包括水的利用率和水分利用效率，其中水的利用率包括渠道水利用率、渠系水利用率、田间水利用率和灌溉水利用率；水分利用效率包括了群体、个体、单叶、细胞等不同层次，以及自然降水、灌溉水、作物用水等不同范畴。

节水农业是一项农业、水利技术紧密结合，水、土、作物资源综合开发的宏大的系统工程，只有将其作为系统问题来对待，才能做出全面的节水对策。

农田用水的水源有降水和灌水，从水源到形成作物产量，在降水、地下水、地上水、土壤水、植物水转换和运行中有三个环节：第一，灌水或降水转化为土壤水；第二，由土壤水转化为作物水；第三，通过作物生理过程形成经济产量。每个环节都会有水的损失，探讨各环节的节水措施及其潜力，以求达到全面节水。第一个环节不与作物生理过程直接相关，靠水资源合理利用和节水工程与管理来提高水的利用率，这一环节的节水可称为技术节水。后两个环节中，土壤水部分蒸发进入大气，另一部分为根系吸收，其中仅1%成为生物水，其他为蒸腾所消耗，蒸散直接与作物生产相联系，其节水可称为基础节水，宜用节水农业措施，旨在提高作物对水的利用效率。

在节水农业研究中，界面研究将成为其研究中心。界面上活跃着物质、能量和信息的交换，其中最重要的参数是水分。与节水有关的水文过程——蒸发、下渗、根系吸水、蒸腾等均发生在土壤－地下水、土壤－大气、植物－土壤、植物－大气等界面上，加强界面研究，调控界面上的水分通量，可以达到节水的目的。SPAC系统的研究是水文多界面过程与系统耦合的研究之一，已受到广泛重视，相继发展了多种模型，如 SWEAT、SWIM、SVAT、SWAP 和 WAVES 等，这些模型所涉及的水文过程大致相同。

农业用水有效性低，原因是以上各环节无效损失较大，具体表现在：一是输水损失大，水的利用率低，井灌区 0.6 左右、渠灌区 0.35 左右，较先进国家低 0.2 ~ 0.4；二是作物水分利用效率较低；三是农业用水管理水平低，利用不合理，浪费严重。针对当前农业用水中存在的问题，相应的农业节水系统见图 1-3-5。

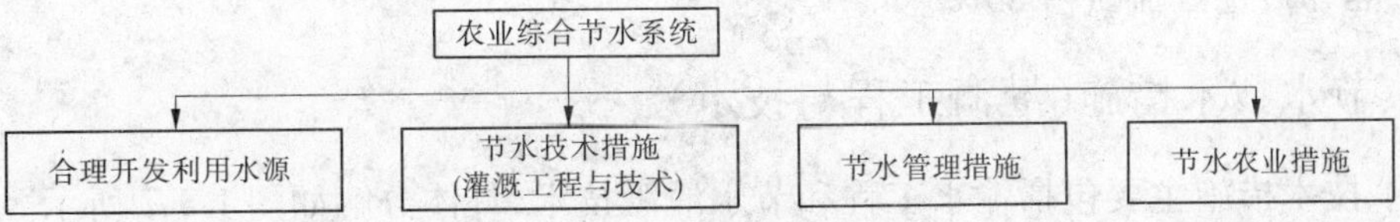

图 1-3-5　农业节水系统的主体框架

二、合理开发利用水源

降水、地表水、土壤水、地下水及其蒸散发是一个彼此紧密联系的水循环整体，只有进行系统研究，才能提出合理的水资源的配置方案，维持四水转化的良性循环。水源的合理开发利用包括以下几个方面（见图 1-3-6）。

（一）降水的有效利用

降水是旱地农业的最重要水源，在灌溉农业中，灌溉水也只是补充性的，因此应充分重视对自然降水的有效利用。农作物生育期间有效雨量是降雨总资源的一个分量，属农业水资源之一，有效降雨的形成主要靠水分在土体中的垂直入渗和土壤保水性，其中垂直入渗与地下水埋深密切相关，由河北临西灌溉试验站资料证明，地下水埋深 4 ~ 6 m 为降雨入渗补给土壤水和地下水的适宜深度，而土壤保水性决定土体的蓄水能力，取决于土体结构和有机质含量。据计算，黄河以北平原年有效降雨为 423 mm，黄河以南为 510 mm。海、滦河流域有效雨量占年雨量的 50% ~ 70%，降雨入渗深度一般不超过 0.6 m，正是作物根系最活跃层，利于供水。

在华北、西北地区主要通过调蓄措施来充分利用降水，区域内降水集中，供水时间和数量都难以满足作物不同生育时期的需水要求，应因地制宜地建立不同类型的水库（地上、土壤、地下水库）。地表水缺乏的地区，应对雨水资源化研究予以重视，通过雨水集流系统，减少水分垂向交换的消耗，提高水源存贮能力，对降水有效利用意义重大。

（二）地表水、地下水联合运用

地表水和地下水联合运用是水资源合理开发的根本途径。在易涝与盐碱化地区，地表水与地下水联合运用过程中，技术关键是合理调控地下水埋深，协调统一旱与涝、灌与排、采与补的矛盾。

旱季适当开采浅层地下水，不仅给作物供水，而且有效调控地下水埋深，形成地下水库，拦蓄汛期降雨，减少地面径流，促使降雨转换为土壤水和地下水，提高水资源的可利用量。

井渠结合的灌溉方式是华北平原及西北地区地表水和地下水联合运用的重要方式。

该区大部分是井灌区，地下水连年超采，出现了一系列生态环境问题，必须严格控制开采深层地下水，尤其在地下水漏斗区，适当利用浅层地下水，保持其采补平衡，重视利用雨水和地面水补源。

（三）劣质水的开发利用

劣质水（污水、微咸水）经适当处理和配备使用也是一种有用的农业水源，其合理利用是农业节水中有待探索的新路子。据农业部统计，目前我国污灌面积达 333.3 万 hm^2，其中黄、淮、海、辽四流域占 85%。

三、节水技术措施（灌溉工程与技术）

节水技术措施主要包括输水工程和节水灌溉技术，具体分解如图 1-3-7 所示。

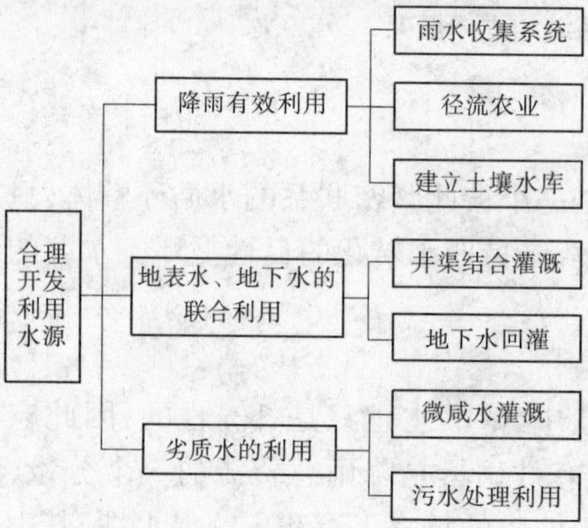

图 1-3-6　水源的合理开发利用

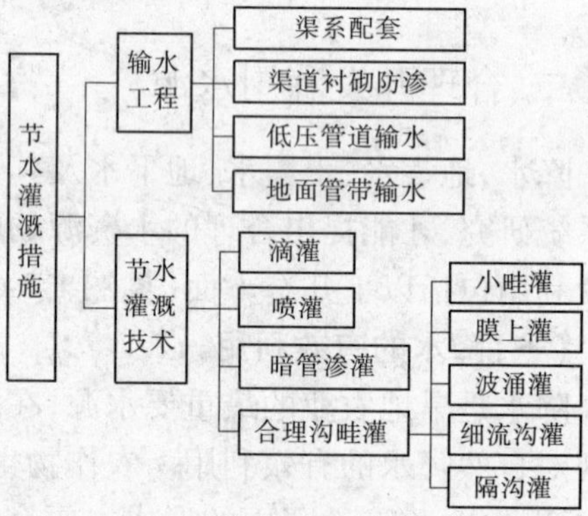

图 1-3-7　节水技术措施系统框图

（一）输水工程

输水系统的水分损失是灌溉用水总损失量的主要部分（见表 1-3-3）。

表 1-3-3　输水系统水分损失对比的统计

地区	以色列	美国	日本	巴基斯坦	苏联	中国		
						黄淮海	河套	平均
输水损失量（%）	<10	22	39	42	50	55	57	50

表 1-3-3 说明输水工程中的节水潜力巨大，输水损失绝大部分消耗于渠系渗漏，这一环节的节水措施主要包括渠系配套、渠道防渗技术、低压管道输水技术。

我国不少灌区“重建轻管”，渠系配套程度低，田间水的利用率低。例如，海河流域灌区，完成二级配套的有 50% ~60%，四级配套的仅有 25%，而且渠系老化失修，若对渠系进行改造，则水利用率可以提高 0.1，节水 20 亿 m^3/年。应将渠系配套技术作为农业节水的一项重要任务，使现有工程的效益得到充分发挥。

渠道防渗是减少输水损失、控制地下水位的重要措施。目前全国防渗渠道已达 50 万 km，根据国内外实测结果，渠道渗漏损失的 75% 可通过衬砌技术保存下来，防渗渠道一般可使渠系水的利用率由0.5提高到0.7(见表1-3-4)。

表1-3-4 华北平原各级渠道利用系数

衬砌程度	地区	渠灌区					井灌区
		干渠	支渠	斗渠	渠系	灌系	土垄沟
现状	山区	0.7	0.8	0.85	0.88	0.42	0.80
	平原	0.70~0.89	0.83~0.88	0.86~0.90	0.86~0.93	0.45~0.55	0.80
全部衬砌	山区	0.83	0.88	0.90	0.94	0.62	0.97
	平原	0.85~0.95	0.90~0.96	0.90~0.94	0.95~0.99	0.65~0.75	0.97

低压管道输水灌溉技术优点突出,近年来,许多国家特别是发达国家出现了管道代替明渠的发展趋势。美国20世纪50年代较广泛应用,使输水效率达97%;苏联管灌面积由50年代的不足总灌溉面积的1%发展到63%,节水30%~40%;日本现已有30%左右农田实现了管道排灌;我国从60年代中期开始研究,据统计,各种形式的低压管道输水灌溉面积已超过200万hm^2,约占纯井灌面积的30%,主要分布在华北地区。管道输水利用率均在0.9左右,比土渠、砌石渠道、混凝土板衬砌渠道分别多节水约30%、15%和7%。

(二)节水灌溉技术

传统的地面灌溉灌水浪费严重,大力推广应用先进的节水灌溉技术势在必行。我国20世纪50年代初开始喷灌试验,到1984年面积达77.6万hm^2;滴灌技术于60年代初最早始于以色列,现已有灌溉面积的1/3实现滴灌化,我国于1974年引进滴灌技术。喷灌、滴灌技术的节水潜力很大,尤其是滴灌属局部灌溉,节水更多。现有资料表明,三种灌溉方式的用水量的大致比例为1∶0.5∶0.3;微灌还有一定的增产效果,据各地试验资料,与地面灌溉相比,小麦喷灌节水44%~69%,增产10%~30%;山楂微喷节水50.6%,增产60%;苹果滴灌省水68.1%,增产26.7%;柑橘雾灌省水50%,增产30%~50%。可见先进灌水技术的节水增产效果是可观的,然而这些技术除设备本身问题外,一次性投资大,按目前我国的经济水平,仅宜在果树、经济作物及山坡地、严重缺水地区重点推广,因此应充分重视实用技术的应用,现已发展多种改进的沟畦灌方式。资料表明,在长20 m、宽3 m的小畦灌,灌溉定额低而用水效益高;波涌灌与普通自流灌溉相比,节水10%~40%;膜上灌克服了深层渗漏,可节水72%以上,而且利于作物吸收,抑制棵间蒸发。试验表明,小麦节水30%,棉花节水50%;隔沟灌试验,隔沟灌、每沟灌灌溉定额分别为147 mm和294 mm,不灌的、隔沟灌、每沟灌的玉米亩产分别为209.15 kg、401.95 kg和467.3 kg,尽管隔沟灌略有减产,但灌溉效益较高。间歇灌包括间歇沟灌、间歇畦灌,分别节水38%和26%,主要是减少了深层渗漏和尾水损失。

四、节水农业措施

灌溉用水约有50%消耗在田间,如何做好田间节水,抑制土壤蒸发和奢侈的作物蒸腾,提高作物水分利用效率,既是节水农业的重要方面,也是今后节水农业发展的潜力所在。作物水分利用率的提高需要借助于一系列的农业技术措施,如图1-3-8所示。

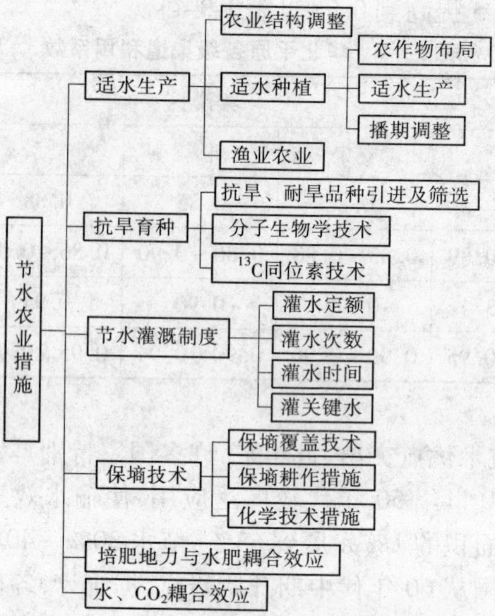

图 1-3-8　节水农业措施系统分解

(一)适水生产

(1)农业结构的调整。不同的农业结构有不同的用水需求,应充分考虑当地的水资源条件来安排。按水资源和自然条件合理调整产业结构,适当压缩耗水多的种植业的比例,增加林牧业的比例,多种产业结构有利于抗御水旱等自然灾害。

(2)适水种植。节水农业主要是适水的生产,对种植业来说,就是适水种植。按降雨时空分布特征、地下水资源、水利工程现状,合理调整作物布局,选用作物需水与降水耦合性好、耐旱、水分利用率高的作物品种,以充分利用当地水资源。

不同作物耗水量与有效降水量的时空分布的耦合程度存在显著差异,这成为研究适水种植的依据。调整播种期,使得作物生育期的耗水与同期有效降水量相耦合,是提高作物对降水的有效利用,避免干旱的重要途径。

(二)抗旱育种

现代节水育种是使生物适应干旱环境,以生物机能提高作物产量和水分利用率(WUE)。一般认为,水分利用率是品种抗旱增产的典型性状,是可遗传的,可以通过引种或选育具有高水分利用率的抗旱品种来达到节水的目的。

引种或不同基因型的抗旱筛选试验是目前简单而且行之有效的方法,然而节水育种的重大突破需要借助于新技术的应用。由于 CO_2 同化方式的差异,C_4 作物的 WUE 比 C_3 作物的高出 2.5 ~3 倍,现正在尝试用分子生物技术来转变 C_3 作物的碳代谢途径,然而实现这种遗传工程难度很大。现代抗旱育种工作中,十分必要发展并完善一种简易快速识别抗旱品种的筛选方法,国外已做了大量研究,已形成比较成熟的 ^{13}C 同位素理论。得出重要结论,即 ^{13}C 同位素丰度(Δ)与 WUE 呈显著的负相关,作为抗旱育种的筛选因子,Δ 有很大潜力,然而 Δ 测定需要昂贵的质谱仪设备,限制了其广泛应用。试验证明,比叶面积(SLA)与 Δ 密切相关,而且 SLA 测定快速简便,耗资低,有其实际应用价值。^{13}C 同位素丰度理论的发展，为抗旱育种工作提供了新的思路方法。

（三）节水灌溉制度

根据作物需水过程确定节水灌溉制度是农业节水的重要内容。节水型灌溉制度是以产量、WUE 和经济效益三者高水平的有效统一为目标。产量与灌溉水量呈非线性关系，灌溉到一定程度后，产量增加缓慢甚至降低。按边际分析和考虑经济效益的综合评判可得最佳灌溉定额。最佳灌溉定额的确定在水源缺乏地区尤为重要，放弃只追求高产、扩大灌溉面积来获得大面积的全面增产。

作物不同生育时期需水不同，而且需水与同期有效降雨的吻合程度因时期而异，因此作物产量不但取决于灌水量，更与之分配有关，尽管供水有限，只要运用合理，就能提高灌水有效性，获得较高的产量和 WUE。确定最优灌水组合的方法一般包括减产系数法、边际分析法和动态规划法。

近年发展起来的有限水分亏缺效应和有限灌溉的理论与实践给节水灌溉注入了新的内容。水分亏缺不总是降低产量，早期适度水分亏缺在某些作物上有利于增产。水分亏缺对各生理过程影响不同，先后顺序为：生长—蒸腾—光合—运输。因此，应避免在营养生长旺盛期和授粉受精期使作物遭受严重的水分亏缺，而苗期和生长后期可忍受相当程度的干旱而不致严重减产，苗期干旱锻炼可增强作物忍受后期更为严重干旱的能力，这在我国北方栽培实践中已积累了极其丰富的经验，作物灌浆过程的适度干旱会促进灌浆过程，提高作物的经济系数。

（四）保墒技术

土壤棵间蒸发是农田节水中可以调控利用的潜在水量。减少蒸发是节水农业的重要环节之一。采取措施一般包括覆盖技术、耕作措施和化学节水措施，其中秸秆覆盖节水增产效果最为显著。

农田覆盖技术是用人工方法改善土壤——作物水分条件，是一项既节水又增产的栽培技术，到 1991 年，全国覆盖农田面积已达 333.33 万 hm^2。用砾石覆盖改善土壤保水性能，是传统的保水耕作法，已在西北干旱地区广泛应用。地膜覆盖已成功地用于作物生产，抑制蒸发、蓄水保墒作用十分明显。

耕作保墒是一种最传统的抑制土壤蒸发的技术，技术简单、易于推广，节水效果也很显著，是农业节水技术中的一个重要方面。深耕深松，扩大土壤蓄墒库容，拦截伏秋雨水，据测定，深翻能将 90% 以上的雨水保蓄在土壤中，秋翻地翌春土壤表墒明显高于对照 10.2% ~12.0%。雨后及时耙耱可减少蒸发，5 ~ 30 cm 土层土壤含水量比对照提高 1.7%；少耕免耕是北方农区的一种保护性耕地措施，有明显的保蓄水分效果，免耕地块日失墒率比秋耕翻地块减少 0.3 mm；旱春顶凌耙耱可防止蒸发，提高土壤含水量 1.2% ~ 1.7%；山西实行的立体耕作有截流保墒作用，WUE 可提高 30%；虚实并存耕作也是一种有效的保墒措施，南皮试区的试验结果表明，虚实并存耕作可使地表径流减少 12.3% ~ 25%，土面蒸发降低 20%。

化学节水措施是近几年才发展起来的，应用还不够广泛，抑制土壤蒸发的包括保水剂、吸水剂和抗旱剂，还有抑制蒸腾的抗蒸腾剂——黄腐酸。据试验测定，使用吸水剂会明显提高土壤吸水、保水能力，WUE 提高 18.3% ~25.8%。

（五）培肥地力与水肥耦合效应

增施肥料培肥地力，核心是增加土壤有机质含量，可以改善土壤物理性状，建设高效土壤水库，实现以肥调水、以水促根、以根抗旱。增施肥料，可以促进作物根系生长，充分利用土壤深层贮水，是提高产量和水分利用率的有力措施。然而实践中过多的或不合理的施肥会降低肥料的利用率，研究水肥交互作用求出其合理配比及肥料的优化组合，对充分发挥资源潜力、减少浪费具有实际意义，尤其对农业发展受水资源限制的黄淮海地区更有特殊的价值。

（六）水、CO_2 耦合效应

CO_2 浓度倍增条件下，一般认为暖干的组合使蒸散量增加，造成作物水分胁迫日趋严重。然而，于沪宁、康绍忠等认为，CO_2 浓度增加可以抑制作物蒸腾，有一定的节水效应。这种观点还未引起人们的广泛注意，更未对光合作用和蒸腾作用的耦合机制进行深入探索，而弄清作物耗水与 CO_2 的关系在基础节水的研究中具有重要意义。

五、节水管理措施

灌溉节水潜力的50%在于管理，也只有科学的管理，才使其他节水措施得以顺利实施（见图1-3-9）。

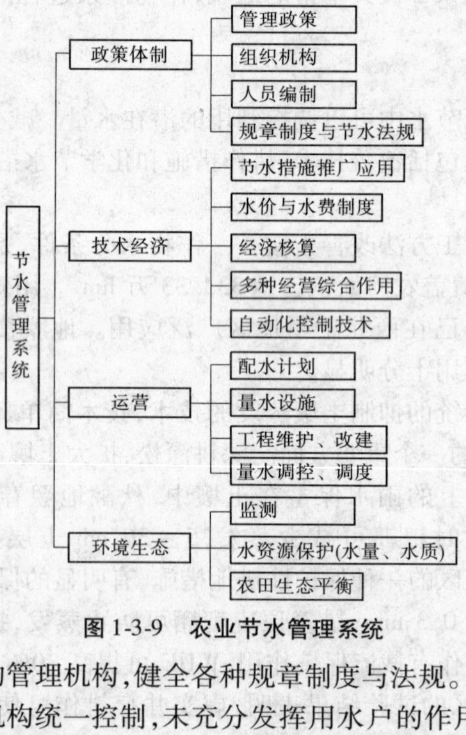

图1-3-9　农业节水管理系统

建立以流域为主体的管理机构，健全各种规章制度与法规。目前，华北平原的水资源管理主要是由国家管理机构统一控制，未充分发挥用水户的作用。成立农民自己的水管理组织，使其为水资源管理自觉地承担义务。与国家水管理组织互相监督、配合，加强节水农业管理技术培训，提高管理人员和农民的技术水平和工作能力。

农业节水的各种工程技术的实施需要有投入，在政策上应予支持，确保水资源的合理开发与保护。树立水的商品观念，才能真正促进水资源的合理利用。目前我国水价过低，不利于节水措施的实施，建立合理的水费征收制度，按用水量或用水时间来征收水费，分步达到按水成本收费，将水费的征收、使用和管理权力移交给农民用水管理组织，使节水的意识深入人心。水费征收标准原则上要使水费能平衡水利工程的投资、维护、运行等项的支出，做到以水养水，形成水利投资的良性循环。提高水费与提高用水效益关系一致，是解决水源不足、实现节约用水的一个最基本的措施。

因地制宜地大力推广现有的科技成果和先进的实用技术，这是科学水管理的内容之一。单用纯自然科学的方法不可能处理好水的问题，应配合技术手段、经济手段及政府行为的干预，当代的水管理已从单纯技术转为综合管理。在技术上，努力实现计算机集中管理自动控制，以提高管理的效率。

对灌区水资源进行统一管理和调度，以灌溉净效益年值最大为目标函数，以灌区各时段可供水量为决策变量，实现对灌区水资源的优化调度，优化配水技术是用系统分析方法将可用水量经济合理地分配给各种作物并获得整体最佳效益。

第五节 SWAP 模型简介

SWAP(Soil - Water - Atmosphere - Plant) 模型是由荷兰瓦赫宁根大学与研究中心 (Wageningen University and Research Center) 的 A. R. Feddes、J. C. Van Dam 等研发的，是 SWAP 系统水分、盐分和热量运移模拟模型的典型代表，在世界不少地方，尤其在欧洲得到了应用，取得了较好效果，受到了较广泛的接受和认可。该模型由详尽完善的土壤水运动、溶质迁移、热量传输、土壤蒸发、作物腾发和作物生长子模块组成，在相互作用基础上综合模拟田间尺度下饱和与非饱和土壤的水分、溶质和热量运移及作物生长。可应用于灌溉制度制定、田间灌溉水有效性评价、作物实际蒸腾量和土壤蒸发量确定、土壤盐渍化防治、化肥农药淋洗、地下水动态变化、作物产量预测、排水系统设计以及实验室和田间试验分析等农业灌溉水管理和生态环境保护领域常遇到的复杂应用和科学研究问题。

图 1-3-10 为 SWAP 模型中所定义的 SWAP 系统示意图。SWAP 模型的上边界设在作物冠层上方，而下边界位于地下水系统的上部，分别考虑大气环境和地下水变化对系统中

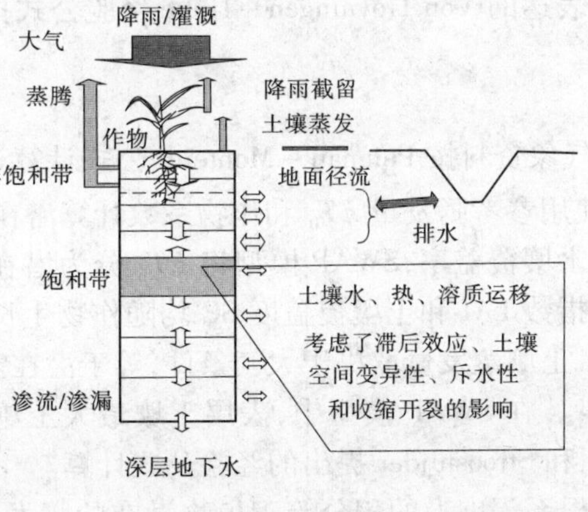

图 1-3-10 SWAP 模型所描述的水文过程示意图

各个运移过程的影响。在上下两边界之间,各个运移过程均按垂向运动考虑,将垂向土柱分为若干单元,同时求解水分、滞后性和空间变异性的影响,且土壤水分与侧向不同级别的灌溉渠道和排水沟的水量交换也可予以计算。由于作用机制不同,SWAP 模型将土壤蒸发量和作物腾发量分别进行计算。

一、土壤水分、溶质和热量运移

SWAP 模型采用含有吸水项的 Richard 方程描述土壤水流运动。土壤含水量、土壤水压力水头和非饱和导水率之间的关系采用 Van Genuchten 提出的土壤水分特征曲线解析函数和非饱和导水率解析函数表达,也可采用土壤实测数据表达。土壤水分特征曲线的滞后效应和土壤空间变异性分别用 Scott 的线性标定模型和 Miller 相似介质标定模型予以考虑。根系层不同深度处的根系吸水率依据潜在作物蒸腾量、根长密度和可能的水分与盐分胁迫影响计算。

溶质运移采用由溶质对流—弥散—扩散通量方程和单元体溶质守恒方程导出的溶质运移方程描述,其中含有非线性吸附、一阶降解和作物根系吸收项。弥散系数用弥散长度与孔隙水速率的乘积表示。可模拟常见农药、盐分等溶质的运移,包括盐分对作物生长发育的影响。

热量运移采用由热通量方程和单元体热量守恒方程导出的热量传输方程描述。土壤温度影响地表能量平衡、土壤水力特性、根系生长和溶质降解。热导度和热容按土壤质地和水、气体积比计算。当前版本的 SWAP 模型只考虑了土壤温度对溶质降解速率的影响。

二、上边界条件

在 SWAP 模型中上边界条件包括降雨量、蒸发蒸腾量、灌溉制度和地表温度。

(一)降雨量

降雨量可以采用日降雨量或实际降雨强度。短时段降雨资料可以用来计算地面径流和土壤优先流。有效降雨量为从毛降雨量中扣除植物冠层降雨截留量。植物冠层降雨截留量采用由叶面积指数表达的 Von Hoyningen – Hüne 经验公式描述。对于溶质运移需给出降雨的溶质浓度。

(二)蒸腾蒸发量

SWAP 模型用基本气象资料按 Penman – Monteith 公式计算逐日 ET_p。如有必要或缺少气象资料,可以直接使用参考腾发量 ET_0 和作物系数计算潜在作物腾发量。

根据叶面积指数或土壤覆盖率,SWAP 模型将 ET_p 分为潜在作物蒸腾量和潜在土壤蒸发量两部分。叶面积指数 LAI 和土壤覆盖度 SC 均随作物生长发育阶段变化。

当土壤湿度较大时,土壤蒸发量取决于大气条件,等于潜在土壤蒸发量。当土壤较干燥时,土壤蒸发量将减少。在 SWAP 模型中,表层土壤最大土壤蒸发量可按达西定律计算,也可用 Black,Bosten 和 Stroosnijder 提出的经验公式计算。

潜在根系吸水率在根系深度上的积分等于植物潜在的腾发率,而潜在腾发率与当地的大气条件密切相关。在一定土壤深度的潜在根系吸水率的大小取决于该处的植物根长密度,按该处根长密度所占根长密度在根系深度内积分值的比例计算。由于土壤干旱或过湿及盐渍化导致作物受到水分和盐分胁迫而使潜在根系吸水率减少。在 SWAP 模型中,对于水分胁迫实际根系吸水率,用一个关于土壤水压力水头且取值范围在 0 ~ 1 之间无量纲水分胁迫函数与潜在根系吸水率的乘积表达;对于盐分胁迫,实际根系吸水率采用 Maas 和 Hoffman 提出的取值范围在 0 ~ 1 之间的盐分响应函数与潜在根系吸水率的乘积表达。为了简化参数率定和现有数据引用,在 SWAP 模型中,水盐联合胁迫采用水分胁迫函数和盐分响应函数与潜在根系吸水率的乘法式表达。

(三)灌溉制度

在 SWAP 模型中,灌溉可用固定灌溉制度和制定灌溉制度两种形式描述。对于固定灌溉制度,灌溉时间和灌溉水量要预先给定。对于制定灌溉制度,SWAP 模型按灌水时间指标和灌水水深指标计算出灌溉时间和灌溉水量。对于溶质运移需给出灌溉水的溶质浓度。

灌水时间标准用于确定灌水时间,有以下 5 项内容可供选择:

(1)容许日水分胁迫程度;

(2)容许耕作层易效水分消耗量;

(3)容许耕作层有效水分消耗量;

(4)容许耕作层水分消耗量;

(5)耕作层一定深度处的临界土壤含水量或临界土壤水压力水头。

灌水水深标准用于确定灌溉水量。灌水深度标准有两个:使根层土壤达到田间持水量和固定灌水深度。对于前者,如果需要淋洗盐分,可额外增加灌水量;而如果预报近期将有降雨,可减少灌水量。

灌水时间标准和灌水水深标准均可动态变化,在作物不同生长发育阶段采用不同的标准。对一种作物固定灌溉制度和制定灌溉制度可混合使用,但固定灌溉制度优先。如果某天已给定了灌水量,SWAP 模型将不会重新进行计算。SWAP 模型的灌溉制度选择灵活多样,可对不同的灌溉方案进行比较评价,选择出优化灌溉制度。

(四)地表温度

地表温度用地表日平均温度表示。

三、下边界条件

土壤水流运动系统的底部可以位于土壤非饱和区或饱和区。下边界条件可以用压力水头(Dirichlet 条件)、水流通量(Neumann 条件)或二者的关系式(Cauchy 条件)描述。由这些下边界条件可建立起土壤非饱和带与饱和带的联系,这样能够考虑引起地下水埋深波动的各种灌溉水管理措施所造成的影响,例如作物腾发量的变化、灌溉、降雨等可以用 SWAP 模型进行模拟。将潜水水位视为一个内部的动态边界,就可实现土壤非饱和区与饱和区两个系统的耦合。

在土壤水流运动系统的底部,下边界条件有多种实用方式来描述,如实际观测的随时间变化的地下水位、半承压含水层的流量计算式、地下水位与底部补给流量的经验指数关系或不透水层的零流量、地下水位较深时的自由排水。这些可供选择的实用下边界条件也是 SWAP 模型的突出优点。

四、田间排水

在土壤剖面的饱和区,SWAP 模型将侧向排水通量和底部水流通量分为两部分考虑。侧向排水通量是指流入当地排水系统或从当地排水系统流进的通量。而底部水流通量是指通过土壤剖面底部的水流通量,一般是由区域地下水引起的。侧向排水流量可用三种方法计算,即地下水位与排水量的线性关系、实测地下水位与排水量表格关系和 Hooghoudt 排水公式。

五、作物生长

作物生长采用 WOFOST 模型模拟。从作物出苗到成熟逐日模拟作物的生长发育过程,最后给出作物叶、茎、果和根的生物量。模拟过程包括作物发育速率,辐射截留,二氧化碳同化,生物量积累和生物量在叶、茎、果和根之间的分配。SWAP 模型考虑了水分、盐分胁迫对二氧化碳同化速率的影响。如果不需要模拟作物生长,叶面积指数、作物高度和根系长度需要给出,以计算潜在作物腾发量。

六、SWAP 模型的输入与输出

SWAP2.0 模型由模拟计算程序和图形用户界面(GUI)两部分组成。图形用户界面用于输入数据、运行模型和查看与分析输出结果。输入数据分为气象、灌溉、作物、土壤、水分、溶质和热量等 7 类,有的向下分为几个子类。各类数据通过图形界面填写相应标有数据名称的数据表格进行输入,并可分别存储在不同的文件中。有些数据表格具有运算功能,用于单位换算或参数求解。有些数据表格还具有图示功能,可直观查看输入数据。由于输入文件均以 ASCII 格式存储,也可通过该模型的默认或其他文本编辑器输入或编辑。

SWAP 模型用一个扩展名 Key 的文件,按拟求解的问题组织所需的数据文件和由用户给定输出文件名称,并通过选择该文件运行模型进行模拟运算。

SWAP 模型的输出结果,包括文配、2 维图形和 3 维图形三种形式。输出结果有累计水量平衡分量(灌水量、有效降雨量、潜在与实际蒸发量、潜在与实际蒸腾量、底部水流通量、侧向排水量、土壤储水量)与地下水位、逐日水量平衡分量、溶质平衡分量、土壤温度、逐时段(最短为 1 d)土壤物理量(含水量、土壤水压力水头、溶质、温度)的剖面分布等,并分别存储在各自的输出文件(以预先给定的文件名为主文件名,按输出类别自动添加默认扩展名)中。由于输出文件以 ASCII 格式存储,可通过该模型默认或其他文本编辑器查看,也可引入到 Excel 电子表格进行查看与分析。

第四章　灌水方法

第一节　地面灌溉

地面灌溉是古老的田间灌水技术，但它目前仍是世界上，特别是发展中国家广泛采用的一种灌水方法，约占全世界灌溉面积的90%。我国则有98%以上的灌溉面积依然采用传统的地面灌溉技术。

鉴于我国水资源与能源短缺，经济实力不足，广大农村地区的技术管理水平较低的现实，大面积推广喷、微灌等先进灌水技术还受到很大的限制，因此在今后相当长的一段时间内，我国仍须加大田间工程的建设力度，大力研究和推广节水型地面灌水技术。

平整土地是提高地面灌水技术和灌水质量，缩短灌水时间，提高灌水劳动效率和节水增产的一项重要措施，也是农田水利基本建设。结合土地平整，进行田间工程改造，划长畦（沟）为短畦（沟）、改宽畦（沟）为窄畦（沟），设计合理的畦沟尺寸和入畦（沟）流量，可大大提高灌水均匀度和灌水效率。

改进传统的地面灌溉全部湿润方式，进行隔沟（畦）交替灌溉或局部湿润灌溉，不仅减少了棵间土壤蒸发占农田腾发量的比例，使田间土壤水的利用效率得以显著提高，而且可以较好地改善作物根区土壤的通透性，促进根系向土壤深层发展，有利于根系利用深层土壤储水，兼具节水和增产双重特点，值得大力推广。

第二节　田间灌溉系统评价

一、评价田间系统性能的指标

（一）灌水均匀度 D_u

考虑一具有均匀坡度的土壤和作物密度的田块灌水后，其入渗深度的纵向分布，如图1-4-1所示。均匀度的定义较多，可以用全线多点测量入渗值 $Z_i(i=1,2,\cdots,n)$，用下式求均匀系数 D_u 的值。

$$D_u = 1 - \frac{\Delta Z}{\overline{Z}} \tag{1-4-1}$$

式中　ΔZ——入渗水深的平均离差；

$\overline{Z}$——入渗水深的平均值。

从横向分布看，如图1-4-2所示，入口处（$x=0$），横向分布较均匀，但入渗量超过需要水量。在 $x=0.8L$ 处，平均入渗量接近需要的入渗量，但横向均匀度稍低。$x=L$ 处均匀系数小，主要是由于均值减小，偏差值增大的缘故。

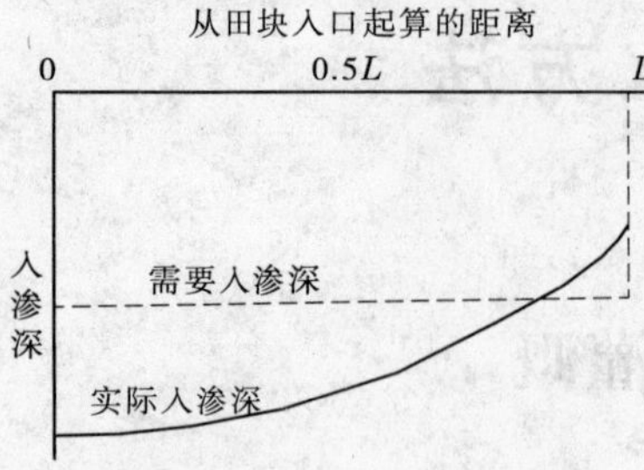

图 1-4-1　入渗的纵向分布

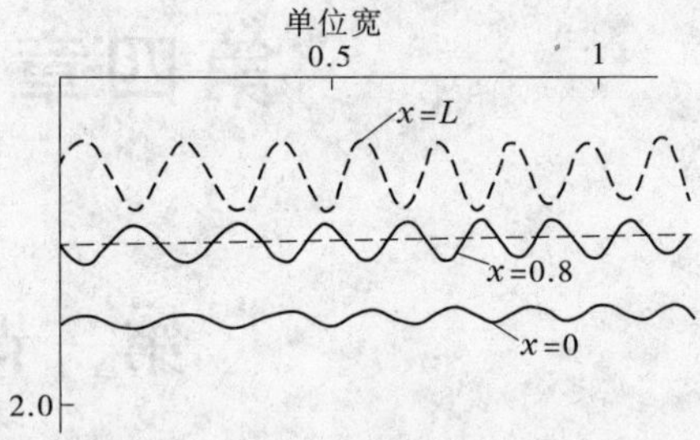

图 1-4-2　入渗的横向分布

（二）灌水效率 E_a

灌水后，根系贮水层内增加的平均水深与灌水至田块的平均水深之比，称为灌水效率。

$$灌水效率 = \frac{根系贮水层内增加的平均水深}{灌水至田块的平均水深} \tag{1-4-2}$$

表 1-4-1 是关于 x、D_u、E_a 一次试验资料。

表 1-4-1　x、D_u、E_a 一次试验资料

x	0	0.8L	L	平均
D_u	0.98	0.93	0.75	0.89
E_a	0.62	0.98	1	0.89

可见，田块首部受水时间长、均匀度高，但灌水效率由于入渗深度超过需要入渗深度，视为无效，而使灌水效率值下降。本次试验平均 E_a 值为 0.71。严格说，E_a 中包含了局部超灌造成的深层损失，尾部跑水损失，以及局部欠灌造成需水不能满足的损失，因此可用三个附加指标加以说明。

（1）深层渗漏率 DPR：

$$DPR = \frac{深层渗漏的平均水深}{灌水的平均水深} \tag{1-4-3}$$

（2）尾水率 TWR：

$$TWR = \frac{田块跑水的平均水深}{灌水的平均水深} \tag{1-4-4}$$

（3）需水满足率 E_r

$$E_r = \frac{根层贮水量的平均水深}{土壤实际贮水量的平均水深} \tag{1-4-5}$$

田块末端可能出现欠灌、超灌或刚好等于需要的入渗水深这三种情况。当欠灌时，尾水损失较少，深层渗漏损失亦少，但产量可能受影响；超灌时则相反。末端入渗水深的标准通常由用户凭经验来掌握。

二、田间系统性能的评价

(一)沟灌系统的评价

沟中某一点的累计入渗量可由下式计算:

$$Z_i = K[t_r - (t_a)_i]^a + f_0[t_r - (t_a)_i] \tag{1-4-6}$$

式中 t_r——退水时间,min;

$(t_a)_i$——推进至 i 点的时间,min。

显然式中忽略了退水时间沿程的变化,$t_r - (t_a)_i$,近似为第 i 点受水时间。如果忽略退水时间,则可用断水时间 t_{c0} 代替 t_r。

全沟总的入渗量为

$$V_z = \frac{L}{2n}(Z_0 + 2Z_1 + 2Z_2 + \cdots + Z_n) \tag{1-4-7}$$

式中 L——沟长,m;

Z_i——第 i 点的累计入渗量,m^3/m;

n——等分沟长的段数。

当尾部欠灌时,应分两段计算入渗量:

$$V_z = V_{za} + V_{zi} \tag{1-4-8}$$

式中 V_{za}——超灌部分的入渗量;

V_{zi}——欠灌部分的入渗量。

(1)入渗量恰好满足需要或超灌时:

$$E_a = \frac{Z_{req} \cdot L}{Q_0 \cdot t_{c0}} \tag{1-4-9}$$

$$DPR = \frac{V_z - Z_{req} \cdot L}{Q_0 \cdot t_{c0}} \times 100 \tag{1-4-10}$$

$$TWR = 100 - E_a - DPR \tag{1-4-11}$$

$$E_r = 100\% \tag{1-4-12}$$

(2)部分欠灌时:

$$E_a = \frac{Z_{req} \cdot x_d + V_{zi}}{Q_0 \cdot t_{c0}} \times 100 \tag{1-4-13}$$

$$DPR = \frac{V_{za} - Z_{req} \cdot x_d}{Q_0 \cdot t_{c0}} \times 100 \tag{1-4-14}$$

$$TWR = 100 - E_a - DPR \tag{1-4-15}$$

$$E_r = \frac{Z_{req} \cdot x_d + V_{zi}}{Z_{req} \cdot L} \times 100 \tag{1-4-16}$$

式中 Q_0——入口处流量,m^3/min;

Z_{req}——需要的入渗深度;

x_d——由田块入口算起至实际入渗线与 Z_{req} 线交点的距离。

(二)畦灌系统的评价

取畦的单位宽度,与沟灌相似,但过水断面为矩形。当末端为自由排水时,与沟灌的计算相同,但消退和退水过程的入渗必须计入。

从畦口入水开始至水流推进至畦末,称推进时间 t_L;允许继续进(畦成池产生自由排水)直至畦口断水时间 t_{c0};然后水面开始消退,直至畦首地面露出,称消退时间 t_d,继而末端地面水全部退完,称退水时间 t_{r0}。如图 1-4-3 说明消退阶段和退水阶段。

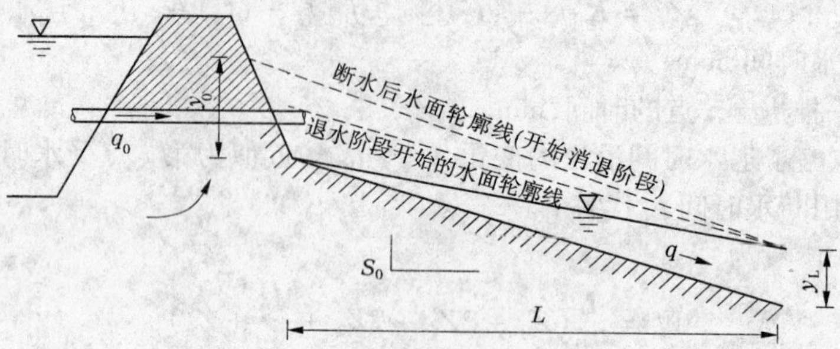

图 1-4-3 断水后畦灌时的消退阶段和退水阶段示意图

用曼宁公式估算畦入流处的水深 y_0,它是入畦流量 q_0 的函数。

消退时间 t_d 用下式确定:

$$t_d = t_{c0} + \frac{y_0 L}{2q_0} \tag{1-4-17}$$

可以推算出退水时段如下式:

$$t_r - t_d = \frac{0.095 n^{0.475\,65} S_y^{\ 0.207\,35} L^{0.682\,9}}{I^{0.524\,35} S_0^{0.237\,85}} \tag{1-4-18}$$

其中:

$$S_y = \frac{y_L}{L} = \frac{\left[\dfrac{(q_L n)}{60\sqrt{S_0}}\right]^{0.6}}{L} \tag{1-4-19}$$

$$q_L = q_0 - IL \tag{1-4-20}$$

$$I = \frac{ak}{2}\left[t_d^{a-1} + (t_d - t_L)^{a-1}\right] + f_0 \tag{1-4-21}$$

一旦 t_d、t_r 确定,可用式(1-4-9)~式(1-4-12)估算 E_a、DPR、TWR 和 E_r 值。

(三)淹灌系统的评价

通常格田淹灌时,地面坡度很小,尾部亦无出流,完成推进阶段后即成池,水面趋于水平,所以总入渗量相当于推进阶段的入渗量加成池后的地面积水深。

断水后的地面水深用水量平衡方法确定。

$$q_0 t_{c0} - \frac{Z_0 + Z_L}{2} L = \frac{y_0 - y_L}{2} L \tag{1-4-22}$$

其中:

$$Z_0 = K t_{c0}^{a} + f_0 t_{c0} \tag{1-4-23}$$

$$Z_L = K(t_{c0} - t_L)^{a} + f_0 (t_{c0} - t_L) \tag{1-4-24}$$

式中 y_0、y_1——地块首、末的地面水深;

Z_0、Z_L——地块首末的入渗水深;

t_L——推进时间。

假定水面是水平的，地面坡度为 S_0，则：

$$y_L = y_0 + S_0L \tag{1-4-25}$$

代入水量平衡式，得：

$$y_0 = \frac{q_0t_{c0}}{L} - \frac{Z_0 - Z_L}{2} - \frac{S_0L}{2} \tag{1-4-26}$$

最终的入渗量、地块首部为 y_0 加 Z_0，尾部为 y_L 加 Z_L，再用式(1-4-9)～式(1-4-12)求 E_a、DPR 及 E_r，此处 TWR 为零。

第三节　畦沟的灌水技术

确定畦灌的灌水技术。根据式(1-4-27)、式(1-4-28)提出了两项基本要求：

(1)灌水时间 t_1，渗入土壤内的水量 H_{t1} 应等于计划的灌水定额：

$$m = H_{t1} = \frac{i_1}{1-\alpha}t_1^{1-\alpha} = i_0 \cdot t_1^{1-\alpha} \tag{1-4-27}$$

$$t_1 = \left(\frac{m}{i_0}\right)^{\frac{1}{1-\alpha}} \tag{1-4-28}$$

式中　t_1——灌水时间，实际上应指地面灌溉的水流在畦田田面流动时对土壤具有的入渗历时。

(2)进入畦田的总灌水量应能沿整个畦长 l 方向分布均匀，即各处都能达到灌水定额 m 的所需水量：

$$3.6qt_2 = m \cdot l \tag{1-4-29}$$

式中　t_2——灌水延续时间，实际上应指畦田进口处的放水时间。

很长时间以来，在决定畦灌的灌水技术要素时曾认为 $t_1 = t_2 = t$，并由此来决定相应的灌水技术要素的相互关系，如：

$$3.6q\left(\frac{m}{i_0}\right)^{\frac{1}{1-\alpha}} = m \cdot l \tag{1-4-30}$$

使人认为只要设计确定了 m 值，由土壤入渗试验求得了 i_0，α 则可根据不同的 q 设计畦长。实际上仅根据一个方程式(1-4-30)，不能解两个未知数(q,l)，又由于 q 与 l 的共轭关系，则存在一组$\dfrac{l}{q}$的组合最优问题——使水量分布达到均匀，由此必须附加约束条件。应该认识到 $t_1 \neq t_2$ 所指的物理概念完全不同，由于地面灌溉薄层水流在具有一定坡度的畦田流动时，一般很难做到畦田沿 l 方向各处的土壤入渗时间 t_1 正好等于畦首放水时间 t_2；式(1-4-29)的关系也仅仅只是水量平衡的一种分配要求，实际在水流沿 l 流动过程由于许多复杂的因素，沿畦长 l 方向各点的积水时间不同，也就使各点的入渗时间不同，最终使真实的水量分配并不均匀。因此，依据式(1-4-27)、式(1-4-29)去决定畦田灌水技术要素只能是一种要求，关键在于如何能做到使流动水层在畦田上各点停留的时间相同，才能使畦田上各点土壤湿润均匀(或达到一定的均匀度)，此问题的解决主要是在掌握流动水层的水流推进原理后，通过管理技术加以具体实现，即给以一定的附加条件(约束)，使灌水质量达到最佳,并实现"节水、增产、适量、高效"的目标。

一、水流推进曲线(原理)

地面(畦、沟)灌水过程薄层水流的时空分布称水流推进曲线,对于封闭型畦(沟),一般由三个阶段的动态过程组成(见图1-4-4)。

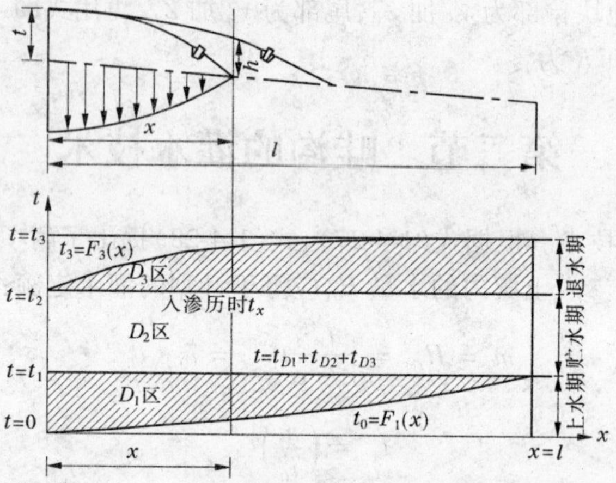

图1-4-4　地面灌溉水流推进曲线

(一)第一阶段(上水期)

畦(沟)从 $t=0$ 开始,水流推进锋开始进水,在 $t=t_1$ 时到达畦尾端 $x=l$ 处,推进曲线的时空关系为曲线:$t_a=F_1(x)$ 曲线与 $t=t_1$ 所包围 D_1 区内任一点 x 处的垂线高度,表示 x 点的受水历时 t_{D1},也称积水历时,即产生入渗土壤的时段历时。

(二)第二阶段(贮水期)

从畦田放水推进到达畦尾开始 $t=t_1$ 直到 $t=t_2$ 停水(关闭畦口),全部畦田田面均具有积水并同时下渗土壤。

(三)第三阶段(退水期)

虽然畦首已停止放水(关闭畦口),但从 $t=t_2$ 以进入畦田的水量仍将继续边流动边下渗,直到全部下渗(不产生泄水)为止 $t=t_3$,此时水流推进曲线全部消退,该曲线的时空关系为曲线:$t_b=F_3(x)$。此曲线与 $t=t_3$ 所包围 D_3 区内任一点 x 处的高度,表示退水过程各点(x 处)的受水历时 t_{D3}。显然任一点 x 总受水历时 $t_x=t_a+t_2+t_b$,即 $t_x=[F_3(x)-F_1(x)]=F_2(x)$。水流推进曲线 $t_a=F_1(x)$,$t_b=F_3(x)$ 的数学模型一般表征为幂函数曲线。

进水:　　$t=b_1x^{\psi_1}$　　或　　$x=a_1\cdot t^{\psi_1}$

退水:　　$t-t_2=b_2x^{\psi_2}$　　或　　$x=a_2(t-t_2)^{\psi_2}$

式中　$a_1(b_1)$,ψ_1——进水系数和指数;

　　　$a_2(b_2)$,ψ_2——退水系数和指数。

根据 $t_x=F_1(x)$ 就可求得沿畦(沟)长方向各点的受水历时(即入渗历时)t_x 与 x 关系曲线及累计入渗总水量 m_x 与 x 关系曲线。

$$m_x = \frac{a}{1-a}t_x^{1-\alpha} + bt_x \tag{1-4-31}$$

总面积(阴影部分)m 代表沿畦长内的入渗总水量 $W = \int_0^x m_x \mathrm{d}x$；每一点 x 的垂直高度 m_x 代表沿 l 方向水量分布的不均匀情况(见图 1-4-5)，并可用均匀系数 C_u 评价实际灌水的均匀性，用实际灌水应用效率 E_a 评价灌水量的利用程度。均匀系数(又称分布效率)：

$$C_u = 1 - \frac{|\Delta m|}{\overline{m}} \tag{1-4-32}$$

其中 $$\overline{m} = \frac{qt_x}{x};\ \Delta m = \frac{\sum_{i=1}^{n}|m_i - \overline{m}|}{n} \quad (i = 1, 2, \cdots, n)$$

式中 n——取样点数。

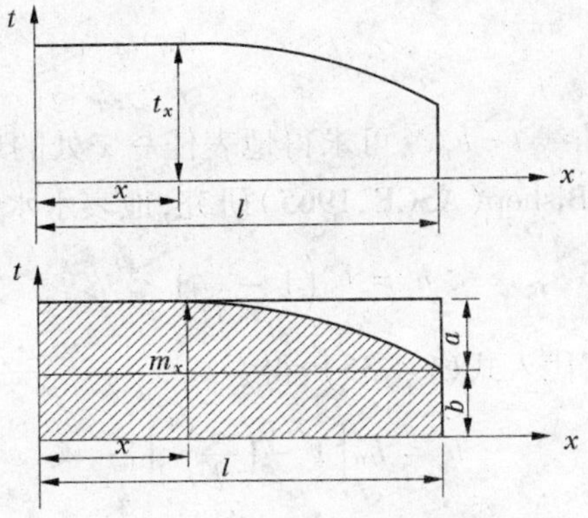

图 1-4-5　沿畦长方向的受水历时 $t \sim x$，入渗总水量 $m \sim x$ 分布关系

在发生田面泄水和深层渗漏情况下，由图 1-4-6 知，应用效率为

$$E_a = \frac{A_1}{A_1 + A_2 + A_3} \tag{1-4-33}$$

式中 A_1——计划层灌水定额(存贮水量)；

A_2——深层渗漏水量；

A_3——l 以外田面泄水量。

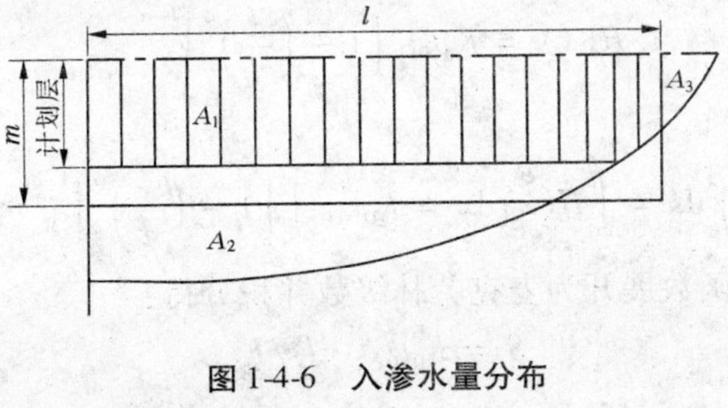

图 1-4-6　入渗水量分布

一般规定：$C_u \geqslant 0.8 \sim 0.85$；$E_a \geqslant 0.85$。

实现上述目标的关键,在于根据田间土壤的渗吸能力和水流推进曲线进行田间水管理控制,使沿畦(沟)田面各处(x)水层的下渗时间 t_x 接近相等,以满足 C_u 与 E_a 的要求。实际管理控制方法一般通过确定关口成数 $GK=\frac{x}{l}$ 使在一定的 q 与 l 条件下保持最优的 C_u 和 E_a,即当水流推进到 x 处即从畦口关闭进水,余下的田面积水在继续流动过程湿润下部土壤并达到均匀要求又不产生泄水。根据我国平原灌区的经验,一般规定 $GK=0.7\sim0.8$。

二、封闭畦(长畦)的灌水技术

设畦田地块均匀,即地面坡度 S_f、地面糙率 n、畦宽、土质、入渗特性不随地块空间变异;畦田首部入畦量 q 恒定,有正常水深 h。水量平衡方程:

$$qt_0 = V + S \tag{1-4-34}$$

式中 V——地面积水量;

S——土壤入渗量。

利用已知的水流推进曲线 $t=b_1x^{\psi}$ 可求得地表任一 x 处的地面水流的推进水深 h。

根据 Yu - si Fox 和 A. Bishop(ASCE,1965)研究,地表水水面曲线方程可表示为

$$h = h_0\left(1 - \frac{t}{t_1}\right) \tag{1-4-35}$$

其中,$t=b_1x^{\psi}$,$t_1=b_1l^{\psi}$,将其代入式(1-4-35),得:

$$h = h_0\left[1 - \left(\frac{x}{l}\right)^{\psi}\right] \tag{1-4-36}$$

对式(1-4-36)积分,得地表积存水量:

$$V = \int_0^l h\mathrm{d}x = h_0\int_0^l\left[1 - \left(\frac{x}{l}\right)^{\psi}\right]\mathrm{d}x = \frac{\psi}{1+\psi}h_0 \cdot l \tag{1-4-37}$$

其中,$\psi=1\sim2$,故 $V=\left(\frac{1}{2}-\frac{2}{3}\right)h_0l$。也有人估计(A. N. Kostikov):$V=\left(\frac{2}{3}-\frac{5}{4}\right)h_0l$。

利用已知的入渗模型 $I=K_1\cdot t^{-\alpha}$ 可获任一 x 处的入渗历时 $\tau=t_1-t$,即

$$\tau = b_1l^{\psi} - b_1x^{\psi} = b_1l^{\psi}\left[1 - \left(\frac{x}{l}\right)^{\psi}\right] = t_0\left[1 - \left(\frac{x}{l}\right)^{\psi}\right] \tag{1-4-38}$$

因 x 点的入渗总水量 $H(x)=K_0\tau^{1-\alpha}$,将式(1-4-38)代入得:

$$H(x) = K_0t_0^{1-\alpha}\left[1 - \left(\frac{x}{l}\right)^{\psi}\right]^{1-\alpha} \tag{1-4-39}$$

土壤入渗总量为

$$S = \int_0^l\mathrm{d}s = \int_0^l H(x)\mathrm{d}x = K_0t_0^{1-\alpha}\int_0^l\left[1 - \left(\frac{x}{l}\right)^{\psi}\right]^{1-a}\cdot\mathrm{d}x \tag{1-4-40}$$

将式(1-4-40)被积函数展开为麦克劳林级数并积分得:

$$S = K_0t_0^{1-\alpha}\cdot l\cdot F \tag{1-4-41}$$

$$F = 1 - \frac{1-\alpha}{1+\psi} - \frac{\alpha(1-\alpha)}{2(1+2\psi)} - \alpha(1-\alpha)\sum_1^n\frac{(n+2)!}{(n+2)[1+(n+2)\psi]}$$

F 值与 α、ψ 两个参数有关，用计算机做成求解 F 的查算图，将式（1-4-37）、式（1-4-41）简化后代入式（1-4-34）得：

$$l=\frac{qt_0}{\frac{\psi}{1+\psi}h_0+FK_0t_0^{1-\alpha}} \tag{1-4-42}$$

式（1-4-42）即畦灌时水流推进的畦长技术要素的数学模型。当已知 q、K_0、α、h_0、ψ 后即可求得在入畦流量为恒定流条件下，任意放水历时 $t(x)$ 的水流推进长度 $l(x)$。

对于 n，美国水保局建议采用表 1-4-2。

表 1-4-2　n 值建议表

光滑裸地	小杂粮（纵向）	苜蓿（纵向）	密生草皮小杂粮（横向）
0.04	1.0	0.15	0.25

ψ 随单宽流量、地面坡度、土壤入渗特性及作物变化，当 $i=1/250\sim1/1\,000$、$q=2.9\sim9$ L/s 时，中等透水性土壤 $\psi=1.05\sim1.43$。

关口成数 GK 的控制，对于封闭畦，根据水量分配均匀的要求，$qt_0=ml$，$m=k_0t_0^{1-\alpha}$ 代入式（1-4-42）：

$$l(x)=\frac{ml}{\frac{\psi}{1+\psi}h_0+Fm}=\frac{l}{\frac{\psi}{1+\psi}\frac{h}{m}+F}=GK\cdot l \tag{1-4-43}$$

令

$$GK=\frac{1}{\frac{\psi}{1+\psi}\frac{h_0}{m}+F}$$

则求得：

$$GK=\frac{l(x)}{l} \tag{1-4-44}$$

$F\sim\psi\sim\alpha$ 关系如图 1-4-7 所示。由此可对关口成数 GK 给于定量计算（根据当地试验求得 ψ、h_0、m、F 后），并可利用上述关系在灌区实际已确定 l 的条件下，调节不同 q 值，反复计算（试错）l 和 GK 直到满足要求，再确定管理中的控制关口成数。

用上述简易方法可对节水灌溉中地面灌水技术要素的管理实施给予较严格的控制。

三、联通沟（长沟）的灌水技术

联通沟是沟尾不封闭的活水沟灌技术，适用于地面坡度较大，土壤透水性弱，解决沿沟长水量均匀分配的一种长沟先进灌溉。其水流推进过程见图 1-4-8。即在沟首保持恒定入沟流量 $q=\text{const}$ 条件下，当水流推进到沟尾（$x=l$）时仍继续向沟内恒定供水，则将在沟尾产生出流量 q'，此部分 q' 可进另一沟的首部，因而保持较长时间活水湿润土壤，达到长沟灌水均匀目标。

入流和出流过程线见图 1-4-9。$q\sim t$，$q'\sim t$ 可按其特性划分为以下四个区。

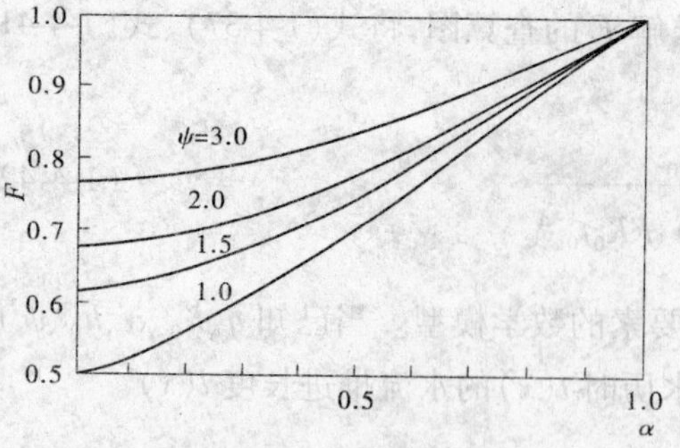

图 1-4-7　$F \sim \psi \sim \alpha$

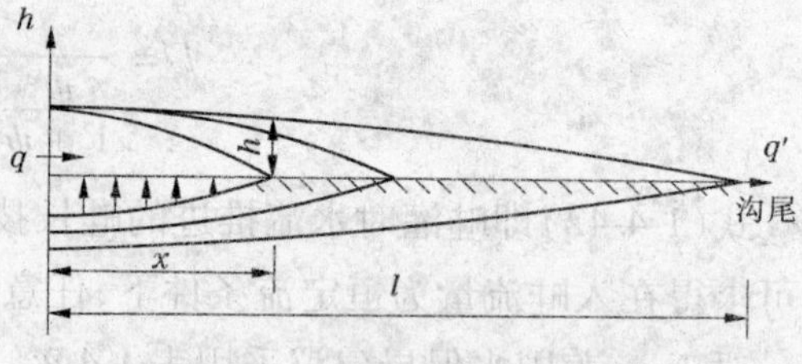

图 1-4-8　联通沟水流推进过程

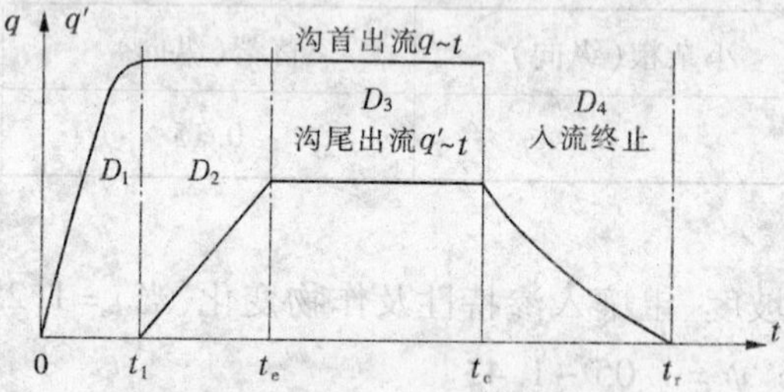

图 1-4-9　联通沟入流、出流过程线

D_1 区：$0 \sim t_1$ 时段。水流从 $x=0$ 开始推进到 $x=l$ 沟尾，入沟流量由放水到逐渐增大至 q 为非恒定、非均匀，此时入渗强度 $I=f(x,t)$ 也非恒定，称上水期。

D_2 区：$t_1 \sim t_e$ 时段。水流推进到达 l 后至开始稳定出流，此时沟首保持稳定入流 $q=\text{const}$，而沟尾出流量增大（或线性上升）流态属于非恒定、非均匀，虽然沟全部充水但入渗强度仍非恒定，$I=f(x,t)$。

D_3 区：$t_e \sim t_c$ 时段。从沟首入流恒定到突然关口停水，此时段内沟尾出流恒定 $q'=\text{const}$，此阶段由于沟内较长时间积水，土壤由非饱和流→饱和流使入渗强度 $I=\text{const}$。

D_4 区：$t_c \sim t_r$ 时段。从沟首停止入流到沟尾终止退水，沟内存在有的积水从沟尾逐渐退水，此时 q' 非恒定、非均匀，但沟内的入渗强度 $I=\text{const}$，称退水期。

假设：①忽略灌水期内沟水面蒸发；

②沟内土质均匀，S_f、n 相同，入渗特性不随空间变异。亦可按水量平衡方程写出联通沟的入沟流量关系为

$$qt_0 = V + S + V' \tag{1-4-45}$$

已知沟的平均宽度为 b，考虑到侧向入渗（由基质势引起）向沟坡两侧渗水的校正系数 γ（一般为 1.5 ~ 2.5），灌水沟的平均有效湿周为 P（或 B），$B=b+2\gamma h\sqrt{1+\varphi^2}$。

沿全沟长对 S 积分：

$$S = B\int_0^l H(x,t)\,\mathrm{d}x \tag{1-4-46}$$

对于任一点 x：　　$H(x,t) = H_x(t) = \int_0^t kt^{-\alpha}\mathrm{d}t$

令 $-\alpha=n$，有

$$H(t) = \int_0^{t_s} K t_s^n \mathrm{d}t = \frac{K}{n+1} t_s^{n+1} \tag{1-4-47}$$

设总工作时间 $t = t_s + t_e$（t_s 为入渗时间），所以 $t_s = t - t_e$，代入式(1-4-46)得：

$$S = B\int_0^l H(t_s)\mathrm{d}x$$

$$S = B\int_0^l H(t - t_e)\mathrm{d}l = B\int_0^l \frac{K}{n+1}(t - t_e)^{n+1}\mathrm{d}l \tag{1-4-48}$$

由推进曲线已知：$x = a_1 \cdot t^{\psi_1}$，得：

$$l = a_1 \cdot t_1^{\psi_1}\quad,\quad t_1 = \left(\frac{l}{a_1}\right)^{\frac{1}{\psi_1}}$$

代入式(1-4-48)：

$$S = B\int_0^l \frac{K}{n+1}\left[t - \left(\frac{l}{a_1}\right)^{\psi}\right]^{n+1} \cdot \mathrm{d}l = f(t) \tag{1-4-49}$$

将 $\left[t - \left(\frac{l}{a_1}\right)^{\psi}\right]^{n+1}$ 按二项式定律展开，取其前两项积分，其误差 <5%。令 $\left(\frac{l}{a_1}\right)^{\frac{1}{\psi_1}} = A$：

$$\left[t - \left(\frac{l}{a_1}\right)^{\frac{1}{\psi_1}}\right]^{n+1} = [t - A]^{n+1} = t^{n+1} - (n+1)A \cdot t^{n+1-1} = t^{n+1} - (n+1)t^n \cdot \left(\frac{l}{a_1}\right)^{\frac{1}{\psi_1}}$$

$$\int_0^l \left(\frac{l}{a_1}\right)^{\frac{1}{\psi_1}} = \frac{\psi_1}{\psi_1 + 1}\left(\frac{l}{a_1}\right)^{\frac{1}{\psi_1}} \cdot l = \frac{\psi_1}{\psi_1 + 1} t_1 \cdot l$$

式(1-4-49)变为

$$S = \frac{BK}{n+1}\left[t^{n+1} \cdot l - (n+1)t^n \frac{\psi_1}{\psi_1 + 1} t_e \cdot l\right] \tag{1-4-50}$$

各阶段灌水后土壤入渗量的计算，分别为

D_1 区：$x = l, t \leqslant t_1$，则：

$$S_1 = \frac{BKl}{n+1} t^{n+1}\left[1 - (n+1)\frac{\psi_1}{\psi + 1}\right] \tag{1-4-51}$$

D_2 区：$x = l, t < t_e$，则：

$$S_2 = \frac{BKl}{n+1} t^{n+1}\left[1 - (n+1)\frac{\psi_1}{\psi_1 + 1} \cdot \frac{t_e}{t}\right] \tag{1-4-52}$$

此时，$\frac{t_l}{t} < 1.0$。

D_3 区：$I = I_c = \text{const}\quad t_c, t_e$ 均 $> t_1$。总入渗量增大为 ΔS_3，$\Delta t = t_c - t_e$。

$$\Delta S_3 = BlI_c \cdot \Delta t \tag{1-4-53}$$

D_4 区：在退水过程，水流推进长度由 $l \to 0$ 在逐渐减小，总入渗量增大为 ΔS_4

$$\Delta S_4 = Bl^1 \cdot I_c \cdot \Delta t$$

其中：

$$l^1 = \frac{0 + l}{2} = \frac{1}{2}l$$

$$\Delta t = t_r - t_c \tag{1-4-54}$$

第四节　畦灌系统设计

畦灌系统设计类似沟灌，但有三点区别：第一，消退和退水过程比沟灌慢，因此这一阶段增加的入渗时间必须考虑；第二，由于水量覆盖整个畦田，所以有最小流量的约束条件，畦灌对地面的微地形变化较敏感；第三，尾水排出量大于沟灌。尾水更有利用的价值，如将尾部堵住，则相当于淹灌，于是断水时间误差将在尾端形成水池，使作物受损。

一、设计中常用参数的计算

（一）达到所需灌水深度 Z_{req} 时所需的入渗时间 τ_{req}

$$Z_{req} = K_{t_{req}}^{a} + f_0 \tau_{req} \tag{1-4-55}$$

式中　Z_{req}——单位长度需要的入渗量宽度在沟灌时为沟距，畦灌时为 1 m；

τ_{req}——需要的入渗时间，min。

通常 Z_{req} 由设计者确定，用式(1-4-55)反求 τ_{req}，由于式(1-4-55)是非线性的，需用牛顿法解，求解步骤如下：

(1)假设初值$(\tau_{req})_i$，i 为迭代次数；

(2)计算修正值$(\tau_{req})_{i+1}$：

$$(\tau_{req})_{i+1} = (\tau_{req})_i + \frac{Z_{req} - K(\tau_{req})_i^{\alpha} - f_0(\tau_{req})_i}{\dfrac{ak}{(\tau_{req})_i^{1-\alpha}} + f_0} \tag{1-4-56}$$

(3)设允许误差为 ε，则满足$(\tau_{req})_{i+1} - (\tau_{req})_i < \varepsilon$。

计算结束，否则以$(\tau_{req})_{i+1}$做初值，返回第(2)步计算$(\tau_{req})_{i+2}$。返复迭代，直至满足允许误差条件为止。

（二）完成推进阶段所需的时间 t_L

假设下列函数式描述水流断面参数间的关系：

$$A = \sigma_1 y^{\sigma_2}, WP = r_1 y^{r_2}, A^2 R^{1.33} = \rho_1 A^{\rho_2}$$

式中　A——水流断面面积，m^2；

y——水深，m；

WP——湿周，m；

R——水力半径，m。

σ_1、σ_2、r_1、r_2 和 ρ_1、ρ_2 为经验的形状系数，畦灌和淹灌时 $\sigma_1 = \sigma_2 = r_1 = \rho_1 = 1.0$、$r_2 = 0$、$\rho_2 = 3.333$，田块有坡度时，入口断面面积 A_0 假定为常数：

$$A_0 = C_1 \left(\frac{Q_0 n}{60 S_0^{0.5}} \right)^{c_2} \tag{1-4-57}$$

$$C_1 = \sigma_1 \left(\frac{r_1^{0.67}}{\sigma_1^{1.67}} \right)^{c_2}$$

$$C_2 = \frac{3\sigma_2}{5\sigma_2 - 2r_2}$$

或

$$A_0 = \left(\frac{Q_0^2 n^2}{3\ 600\rho_1 S_0}\right)^{\frac{1}{\rho_2}} \tag{1-4-58}$$

式中　Q_0——田块入流量,m^3/min/单宽;

S_0——田块纵坡。

田块为水平时,假定阻力坡等于入口处水深 y_0 与水流推进距离 x 之比,则:

$$A_0 = \left(\frac{Q_0^2 n^2 x}{3\ 600}\right)^{0.23} \tag{1-4-59}$$

从水量平衡式求出 t_L:

$$Q_0 t_L - 0.77A_0 L - \sigma_z K t_L^a L - \sigma_z' f_0 t_L L = 0 \tag{1-4-60}$$

σ_z 由 $\sigma_z = \dfrac{\alpha + \gamma^2(1-\alpha)+1}{(1+\alpha)(1+\gamma)}$计算,$\sigma_z' = \dfrac{1}{1+r}$,其中 r 是推进距离 x 与推进时间 t_a 关系式 $x = p(t_a)^r$ 中的指数。

水量平衡式中未知量为 t_L 和 r,可用田块中点和末点两点列出二式求解。

(1)初估 r_0 值。通常 $r_0 = 0.3 \sim 0.9$。

(2)算出 σ_z 和 σ'_z。

(3)计算推进时间 t_L:用牛顿－罗菲逊法。

①初估$(t_L)_i = 5.0(A_0 L/Q_0)$。

②$$(t_L)_{i+1} = (t_L)_i - \frac{Q_0(t_L)_i - 0.77A_0L - \sigma_z K(t_L)_i^a L - \sigma_z' f_0 (t_L)_i L}{Q_0 - \dfrac{aK\sigma_z L}{(t_L)_i^{1-\alpha}} - \sigma_z' f_0 L} \tag{1-4-61}$$

③比较$(t_L)_{i+1} - (t_L)_i < \varepsilon$,如是,则计算下一步;否则返回②,以$(t_L)_{i+1}$代入重算。要注意,如果入流 Q_0 对于地块长度而言较小,则计算将不会收敛,应增加 Q_0 或减小 L。

④计算 $t_{0.5L}$,方法同上。

⑤重算 r_{k+1}:

$$r_{k+1} = \frac{\ln 2}{\ln\left(\dfrac{t_L}{t_{0.5L}}\right)}$$

⑥比较 $r_{k+1} - r_k < \sigma$,如果是,则计算结束;否则返回②重算,直至符合精度要求。

二、设计方法

已知入渗函数中各参数 α、k、f_0,田块的地面坡降 S_0、长度 L、地表糙率 n,需要的入渗水量 Z_{req},供水总流量 Q_T,田块总宽度 W_f。设计步骤如下。

(一)计算单宽流量 Q_0

既不允许侵蚀土壤,又要能覆盖整个田面,其最大单宽流量 Q_{max} 和最小单宽流量 Q_{min} 由下式计算:

$$Q_{max} = \frac{0.010\ 59}{S_0^{0.75}} \tag{1-4-62}$$

$$Q_{min} = \frac{0.000\ 357L\sqrt{S_0}}{n} \tag{1-4-63}$$

式中 Q_0——单宽流量，$m^3/(min\cdot m)$；

Q_{max}——最大单宽流量，$m^3/(min\cdot m)$；

Q_{min}——最小单宽流量，$m^3/(min\cdot m)$。

（二）计算畦入口处水深 y_0

$$y_0 = \left(\frac{Q_0 n}{60S_0^{0.5}}\right)^{0.6} \tag{1-4-64}$$

式中 y_0——入口处水深，m。

畦埂高度应高于 y_0。

（三）计算需要的入渗时间 τ_{req}

（四）计算推进时间 t_L

（五）假定灌水刚好满足畦末的土壤贮水量，计算退水时间 t_r

$$t_r = \tau_{req} + t_L \quad (min)$$

（六）计算消退时间 t_d

（1）设 $T_1 = t_r$。

（2）入渗率 I：

$$I = \frac{ak}{2}[T_1^{a-1} + (T_1 - t_L)^{a-1}] + f_0$$

（3）水面坡降 S_y：

$$S_y = \frac{1}{L}\left[\frac{(Q_0 - IL)_n}{60S_0^{0.5}}\right]^{0.6}$$

（4）求 T_2：

$$T_2 = t_r - \frac{0.095n^{0.475\,65}S_y^{0.207\,35}L^{0.682\,9}}{I^{0.524\,35}S_0^{0.237\,85}}$$

（5）判断 $T_1 = T_2$，如果是，则 $t_d = T_2$，否则令 $T_1 = T_2$ 返回②，重算。

（七）计算畦入口入渗量 Z_0

$$Z_0 = kt_d^a + f_0 t_d$$

如果 $Z_0 \geqslant Z_{req}$，则灌水已完成；如果 $Z_0 < Z_{req}$，则欠灌。

（八）计算灌水效率 E_a

（1）若已完成灌水，则计算灌水效率 E_a

$$t_{c0} = t_a - \frac{y_0 L}{2Q_0}$$

$$E_a = \frac{Z_{req}L}{Q_0 t_{c0}}$$

（2）若未完成灌水，则必须增加 t_{c0}，令畦入口处的 $Z_0 = Z_{req}$，则：

①$t_{c0} = \tau_{req} - \dfrac{y_0 L}{2Q_0}$。

②$I = \dfrac{ak}{2}[\tau_{req}^{a-1} + (\tau_{req} - t_L)^{a-1}] + f_0$。

③计算 S_y。

④$t_r = \tau_{req} + \dfrac{0.095n^{0.47565}S_y^{0.20735}L^{0.6829}}{I^{0.52435}S_0^{0.237825}}$。

⑤$Z_L = k(t_r - t_L)^a + f_0(t_r - t_L)$。

⑥计算 E_a。

(九)计算畦宽 W_0(m)和畦的数目 N_b

$$W_0 = \frac{Q_T}{Q_0} \quad , \quad N_b = \frac{W_f}{W_0}$$

若畦宽不满足其他作业要求,N_b 不是整数等,则应调整单宽流量 Q_0 或系统总流量 Q_T。由于入渗率灌溉季节内下降,因此以后各次灌水的灌水畦数可增加。

第五节　沟灌系统设计

沟灌系统有三种情况:第一种为入流固定,且无尾水重复利用问题;第二种入流可变,先用大流量完成推进阶段,然后小流量浸泡;第三种是考虑尾水重复利用。

一般沟灌系统为入流固定,且尾部有排水。

(1)确定入沟流量 Q_0。

已知入田块总流量为 Q_T、田块宽度 W_f、沟距为 W,则田块内沟的数目 N_f 为

$$N_f = \frac{W_f}{W} \tag{1-4-65}$$

沟中允许的流速 $v_{max} = 8 \sim 13$ m/min,淤泥、易侵蚀土壤取较小数值;淤砂、黏性土壤等采用较大数值。由式(1-4-57)及 $Q_0 = A_0 v_{max}$ 可推出:

$$Q_0 = \left[v_{max} C_1 \left(\frac{n}{60 S_0^{0.5}} \right)^{c_2} \right]^{\frac{1}{1-c_2}} = Q_{max} \tag{1-4-66}$$

或由式(1-4-58)推出:

$$Q_0 = \left(v_{max}^{\rho_2} \frac{n^2}{3\,600 \rho_1 S_0} \right)^{\frac{1}{\rho_2 - 2}} = Q_{max} \tag{1-4-67}$$

Q_0 值应由沟的轮灌分组最后确定,轮灌组内沟的数目 N_f 应是整数。

(2)计算推进时间 t_L。

(3)计算需要的入渗时间 τ_{req}。

(4)计算断水时间 t_{c0}:

$$t_{c0} = \tau_{req} + t_L \tag{1-4-68}$$

(5)计算灌水效率 E_a。

$$E_a = \frac{Z_{req} L}{Q_0 t_{c0}} \tag{1-4-69}$$

减小入沟流量 Q_0,可以提高 E_a 值,但需保持轮灌组内沟数 N_f 为整数。

第六节　管道输水灌溉

一、管灌的基本概念

管灌是低压管道输水灌溉技术的简称。就我国目前情况下，它只是灌溉系统中的一种输水（地面或地下）灌溉技术，并非一种灌溉方法，是用管道代替灌溉渠、沟，将低压水流输送到田间，再用地面灌溉方法灌溉作物。其水力特征为：管道内水压力一般在 0.2 MPa 以下，在克服管道输水的压力损失后，管道出水口压力如直接向土渠供水，则压力为 0.002～0.003 MPa；如由给水栓连接下一级闸道系统，则压力为 0.02 MPa 左右。

管灌是介于传统地面自流灌溉与喷、微灌压力灌溉间的一种中间技术（也称实用技术），与我国当前国情结合得较好，起步容易，节水效果突出，据统计，已发展到 3 500 万亩（1990 年），已占我国井灌区面积的 1/5。

管灌的主要优点是：节水效果明显，比土渠输水可提高渠系水利用系数 0.3 左右，又能使灌水定额减少 20%，故比土渠节水 30% 以上；由于节水也实现节能，机电井灌区一般可节电 30%、节油 20%～30%，省地，比土渠可减少田间渠系和灌水垄沟占地，可省地 1%～3%；提高劳动生产率，由于输水速度加快，缩短输水轮灌周期，并减少了一部分劳动力；比喷灌、微灌技术还简单，亩投资也较小一些，因而在井灌区更易于推广。为减少末级灌水管移动次数，宜采用多孔灌水管。

管灌推广也是有条件的：投资水平与管道材质、配套和移动程度有关，最低投资为 70 元/亩，最多的超过 150 元/亩（实际上与微灌投资接近）；材料与设备的寿命质量；规划设计及管理水平。目前主要适用于输水系统层次小（1 级或 2 级）的小型灌区和井灌区，更广泛的应用时还有一些技术问题有待解决，如优质廉价的管材和管件的定型与系列化、管网系统的优化设计与施工方法，渠灌区的泥沙防淤，冻土层较深地区的适宜埋深，竖管适应冻拔结构和适宜材质，田间闸管系统的研制与应用等。

二、管网规划布置

完整的管道输水系统由水源工程（泵站）、固定的输水系统及田间移动软管（或输水沟）组成。根据水源类型、灌区形状和面积大小，地埋固定式管道可有干、支两级或毛渠等三级系统；如果地形条件有利，也可利用自然水头为管网提供自然压力，这是最经济的管灌系统。根据我国经验，一个地下管网系统的控制面积，井灌区以多眼井的出水量确定控制面积，一般为 1 000 亩以下，河流提水灌区为 1 000～3 000 亩；自流灌区一般以斗渠面积为改造单元。一般移动管道长不得超过 200 m，与移动管相联的给水栓，考虑了灌区原有畦长和便于灌溉管理，平原地区一般为 25～50 m。水库灌区的管网布置多为“树状”并可利用骨干渠道的天然水头。管道系统组成及断面图见图 1-4-10。

管网规划布置形式常见有以下 6 种。

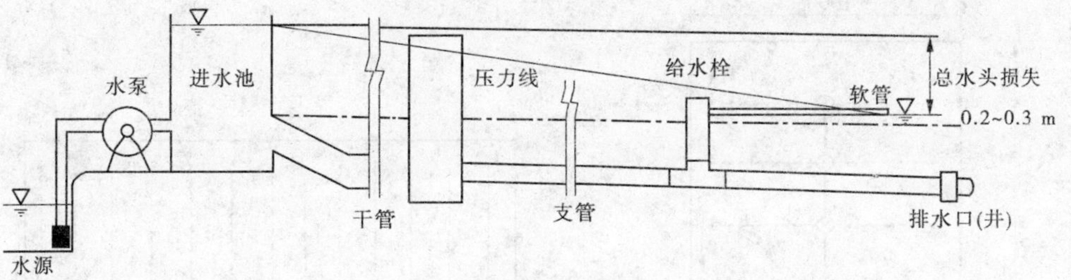

图 1-4-10　管道系统组成及断面图

(一)单井单管双向供水系统

机井在田块短边一侧中央、干管从机井处居地块中央竖向“|”字形布置并平行种植方向,每隔 40 ~ 50 m 设一给水栓,再接 75 m 长软管向两侧供水,实行退管浇地。内蒙古兴安盟科尔沁右翼旗 1 万亩试区共设计 160 眼井,平均单井出水量 Q = 46 t/h,控制面积 62. 5 亩/井。

(二)单井单管单向供水系统

机井在地块长边一侧中央、干管沿长边方向一侧布置并垂直于种植方向,每隔 30 ~ 40 m 设一给水栓,再接 150 m 长软管向一侧供水,实行退管浇地,退管长度一般为 25 m。

(三)“T”字形双向供水系统

井在地块长边一侧中央。

(四)“H”字形双向供水系统

井在地块中心,由井向一级干管和二级支管呈“T”字或两个“T”字组合形即“H”形,每隔 40 ~ 50 m 设给水栓向两侧双向供水。

(五)“L”形双向供水系统

机井设在地块一角,干管呈 L 形使工作管沿地块中央布置向两侧双向供水,实质上同“|”字形布置。

(六)宽间距形

在果园为适应果树管灌,采用宽间距每隔 50 m 设一给水栓,接 150 m 长软管,向果树根部坑灌,此时单井控制面积可达 134 亩/井。

管网布置详见图 1-4-11。

三、管材选型

管道是低压输水灌溉系统的主要组成部分,投资占总投资的 60% 以上,加上管件一般占投资 70% 以上,是规划设计中降低造价、提高效益的关键之一。低压输水管材虽然较多,但由于塑料管道具有柔韧性强,耐冲击力高,重量轻,管壁光滑,摩阻力小,运输安装维护方便等特点,所以成为主要选用管材之一,得到广泛应用。使用塑料管材较多的有聚氯乙烯(PVC)管、高密度或低密度聚乙烯(HDPE 或 LDPE)管(通称 PE 管)、聚丙烯(PP)管及其他材质。近年来我国研制的主要成果有薄壁 PVC 管,双壁波纹 PVC 管,内衬薄膜现浇管,一次和二次成型现浇管,PVC 管中联接件的配套开发和新制管机械与新施工工艺。

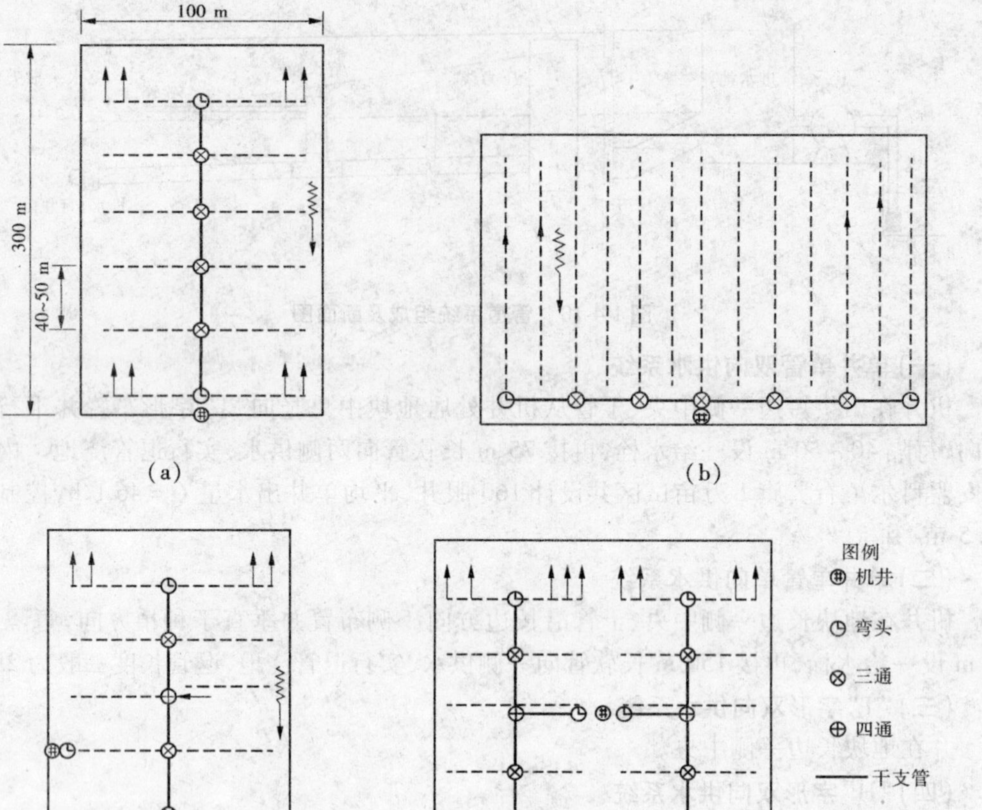

图 1-4-11　管网布置

(一)薄壁 PVC 管

过去生产和使用的国标 PVC 管(又称重型管)由于管壁厚、单价高、强度大,不适用于低压输水灌溉;薄膜 PVC 管最大允许工作压力达 0.2 MPa,满足管灌安全运行要求,比重型管减少用材量 40% 左右,降低造价 30% 左右。

(二)双壁波纹 PVC 管

双壁波纹 PVC 管是壁厚 $\delta = 1.3 \sim 1.5$ mm,由同时挤出的一层光滑内壁和一层外壁吹压熔结而成的新型管材。由于双壁波纹 PVC 塑料断面结构合理,具有管壁薄、用料少、刚度大(是薄壁 PVC 管的 3 ~ 7 倍)、输水性能好、机械性强的优点,是今后大直径硬塑料管发展方向。

(三)薄壁 PP 管每米造价比原得型管降低 30%

各种塑料硬管基本参数见表 1-4-3。

表 1-4-3　塑料硬管基本参数

管型	公称外径(mm)	壁厚公差(mm)	爆破压力(MPa)	近似质量(kg/m)	参考价格(元/m)
普通 PVC 管	110	3.2 +0.5	>2.7	1.67	14.5
薄壁 PVC 管	110	1.7 +0.5	2.7	0.96	8.5
双壁波纹 PVC 管	110	1.3 +0.5	1.5	0.85	7.5
薄壁 PP 管	110	2.7 +0.6	0.8 ~ 1.0	0.99	4.8
再生管(PVC)	110	3.5 +0.5	>7.0	2.13	6.4

各种塑料移动软管(地面灌水)及软管地埋基本参数见表 1-4-4。

表 1-4-4　塑料移动软管与软管地埋基本参数

管材	内径(mm)	壁厚(mm)	爆破压力(MPa)	造价(元/m)	折算价[元/(m·年·Φ100)]	估计使用年限(年)
改性聚乙烯软管	102	0.30	0.07	0.70	0.35	2
轻型维塑料管	100	1.50	0.04	5.00	1.00	5
橡塑软管	100	1.20	0.20	2.50	0.83	3
涂塑料软管	100	1.20	1.50	4.00	0.80	5
当地土地埋软管	115	软管 0.45	0.13	1.58	0.135	10
内衬软管外护瓦管	115	软管 0.30	>0.10	2.65	0.230	10
水浸密实灰土地埋塑料软管	115	软管 0.40,灰土 100	0.17	1.88	0.168	10
内衬塑膜橡胶管	160	软管 0.3,外护 25	>0.20	2.85	0.143	20

各种塑料管材低温使用及力学性能见表 1-4-5。

表 1-4-5　塑料管材低温使用及力学性能

材质	低温使用温度(℃)	拉伸强度 23 ℃(MPa)	伸长度 23 ℃	弹性模量 3 ℃(10^3 MPa)	线膨胀系数(℃ $\times 10^{-5}$)
PVC	0 ~ −5	45.7 ~ 59.8	3 ~ 35	2.8 ~ 4.0	5 ~ 7
HDPE	−40	19.0 ~ 29.5	60 ~ 150	0.84 ~ 0.95	12 ~ 16
LDPE	−20	11.2 ~ 14.1	>200	—	17 ~ 28
PP	0	32.3 ~ 38.7	>200	1.1 ~ 1.6	11 ~ 17

四、管道水力学计算

主要计算水力损失包含沿程损失 h_f、局部损失 h_j，从而求得泵站总水头（或称总扬程）H_t：

$$H_t = \sum h_f + \sum h_j + \Delta h + (Z_2 - Z_1) \tag{1-4-70}$$

$$\sum h_f + \sum h_j = h$$

式中　h——管路总损失水头，m；

Δh——作为灌溉时田面水深或管道末端出流时要求的水头，一般可取 0.2 ~ 0.3 m；

Z_1——枯水期机井动水位高程，m；

Z_2——出水口地面高程，m；

（一）确定 h_f

对硬塑料管求 h_f 一般采用哈森 - 威廉公式，或直接使用沿程水力损失公式：

$$h_f = \lambda \frac{L}{d} \frac{v^2}{2g} \tag{1-4-71}$$

硬质塑料管，内壁光滑、粗糙度小，管内经济流速一般不超过 2.0 m/s。当管内水流呈光滑紊流时，沿程阻力系数经验式为

$$\lambda = \frac{0.288}{Re^{0.226}} \tag{1-4-72}$$

式中　Re——雷诺数，$Re = \frac{vd}{\gamma_\omega}$；

γ_ω——水的运动黏滞系数，当温度为 10 ℃时，$\gamma_\omega = 1.3 \times 10^{-6}$ m²/s。将式(1-4-72)代入式(1-4-71)，可得我国硬塑管沿程水头损失公式：

$$h_f = 0.000\,915 \frac{Q^{1.774}}{d^{4.774}} L \tag{1-4-73}$$

对于新研制的 ϕ110 mm（内径 100 mm）双壁波纹管也可使用我国实测经验公式求沿程损失阻力系数：

$$\lambda = \frac{0.143\,5}{Re^{0.176\,9}} \tag{1-4-74}$$

在 $v = 0.53 \sim 2.299$ m/s 流速范围内，双壁波纹管的输水性能和普通光滑塑料管基本

相同，相对误差<5%，因而仍可广泛应用哈森－威廉公式。

对于移动软管，水力阻力因地形与置放、使用条件而异，沿程阻力系数可参考表1-4-6选择取用，也可利用哈森－威廉公式计算，并考虑边界条件影响，将地面影响系数 $K=1.2$ 乘以计算的 h_f 值。在相同流量下比硬塑管计算值大10%～20%。

表1-4-6　塑料软管 λ 值

高(低)密度PE软管		维伦塑料(粘胶管)	
ϕ(mm)	λ	ϕ(mm)	λ
76.2	0.014	58.0	0.016
1 010.6	0.022	63.5	0.025
203.0	0.026	101.6	0.027

(二)确定 h_j

可按传统方法，即根据各种不同管件的损失情况分别计算局部阻力系数 ξ 求 h_j

$$h_j=\zeta\frac{v^2}{2g}\tag{1-4-75}$$

也可按当量长度法折算为相当的沿程损失 h_j。

五、管道压力计算

(一)公称压力

过去称额定压力，一般仅指在连续受水压力作用下不致发生管破坏的瞬时最大压力(P_{max})，由于塑料是一种黏弹性材料，在长期外力作用下，有缓慢伸长的蠕变现象，材料强度会随外力作用时间增长而逐渐降低，故确定管材设计环应力不能仅考虑瞬时爆破压力，而应以长期静水压时使用50年寿命的强度 σ_E 为设计值并除以安全系数 f_1 求得允许设计应力[σ]，即

$$[\sigma]=\sigma_{设}=\sigma_E/f_1\tag{1-4-76}$$

式中 $f_1<1.0$，一般情况下 $f_1=0.4\sim0.5$，如有的国家(美)规定，[σ]值为管材环向拉应力的25%。

经过管内压力试验直至管材破坏，此时：

$$[\sigma]=\frac{P_n(d+\delta)}{2\delta}f_1\tag{1-4-77}$$

式中　P_n——公称压力，即考虑了 f_1 安全因素后破坏时最大内水压应力；

d——管内径；

δ——管壁厚度(或最小厚度)。

建议管灌中塑料管材允许设计应力有：国家标准 $[\sigma]_{GB}=10.5$ MPa，轻工部标准 $[\sigma]_{SG}=8.8$ MPa。

(二)工作压力

工作压力是指正常输水灌溉的常用压力(P_0)。只有 $P_n>P_0$，管道才能正常(安全)

运行，考虑到长期受静化影响，应使 P_n 与 P_0 相互匹配。

一般建议取安全系数 $f_2=2.5$，即使 $P_n \geqslant 2.5P_0$。由此可根据工作压力 P_0 确定管材公称压力 P_n，再核实管道适宜的 $D(d)$ 和 δ 值，从而确定选用管材规格型号。对于 PVC 管的 P_n 与安全系数关系一般如表 1-4-7 所示。

表 1-4-7　PVC 管公称压力（P_n）与安全系数关系

D	δ	P_n(MPa)	f_2
110	1.7+0.5	0.274	2.55
	2.0+0.5	0.323	
160	2.0+0.5	0.221	2.55
	2.5+0.5	0.277	

经过空管运行状态管道刚度复核及其他受力（如水击压力）和温度应力计算分析，则可进行经济分析或优化分析，完成管网的规划与设计。

低压管道灌溉设计与喷滴灌、地下水管道相同之处均在此省略。

六、管网工程设计的优化

管道灌溉工程的优化是在满足田间灌水效益的前提下，以管网布置和各级管道的管径为决策变量，以管网年费用最低为优化目标函数。现根据井灌区低压管网系统的组成及运行特点，提出管网优化设计数学模型。该模型同时考虑管网布置及各种管道的管径选择。将目前习惯称谓的移动式、半固定式、固定式三种形式统一于一体。对比较规则的矩形田块、单井管道系统使用该模型，可一次完成管网布置及管径的选择整体优化过程，对非规则地块进行简化处理后也可完成优化设计。

（一）决策因素与优化目标

管网优化设计，主要是优化管网布置与各级管道管径的选择，为此将管网布置要素（包括各级管道的位置、走向、间距、条数、长度、分水口数及位置、出水口个数及田间分布等）及各级管道的管径作为优化分析的决策因素。

影响管网系统费用的主要因素是系统的形式（固定式、半固定式、移动式）、布置方式（管道走向、间距……）、管材及管径等。投资由基建投资和运行费用两部分组成，当管网系统布置方式和管材一定时，管径增大，一般情况下基建投资增大，水头损失减小，能耗费用降低，从而减少了运行费用。反之，减小管径，基建投资减少，但水头损失增加，能耗费用增大，相应增加了运行管理费用。因此，在各级管道管径的多种组合中，必有一种最优管径的组合，使系统基建投资和运行管理费用总和最低。

优化设计是分析投入及产出大小的一种手段，可以采用不同的经济指标作为优化分析的目标，考虑到当前水利工程的效益受许多随机因素的影响，逐年产值难以预测。故将达到设计要求条件下，工程年效益作为常量考虑，而以工程年费用最小作为优化分析的目标。

（二）田间管网布置分析

1. 管网系统组成与特点

井灌区低压管网系统一般由井、机泵、各级输配水管道及其附属设施组成。系统形式可以分为移动式、半固定式和固定式三种。

在井灌区低压管网中，一般单井自成系统，固定管道只设干管、支管两级，末级移动管只设一级，多为单口出流，输水距离较短，压力一般不超过 0.2 MPa。

2. 三种管网形式的统一

若不考虑机泵是否固定，只考虑输配水管网，则可将三种形式概化为半固定式。认为移动式及固定式是半固定式的一种特例，即当半固定式系统中的末级移动管，由于布置方案的演化，使其移动管长度趋于零时，则系统全部转化为固定式。若固定管部分趋于零，则为移动式。故在建立数学模型时，可将三种形式统一于半固定式。

一般可将管网概化为三级，即干管、支管、末级移动管（输水入畦）。对于一个具体工程，任一级管道的长度均可能为零，但至少有一级管道长度不为零；否则，就不称之为管道输水灌溉系统。

3. 各级管道的布置方案

目前在管网优化设计过程中，环状布置较少，故只考虑枝状管网，对应于任一出水口，末级移动管只有一种布置方案，考虑运行方便，末级布置一般不与种植行斜交。

支管连接出水口有两种可行方案，即平行种植连接或垂直种植连接，各条支管相互平行。当支管的走向确定后，干管与支管的连接方向便是唯一的，即支管垂直于干管。主管道的走向应视水源位置及管网的布置而定，一般水源与管网就近相连。

4. 管网布置模式要素分析

矩形田块田间网所有可能布置的叠加，构成特定结构的平面正交网格，可将此网格作为田间管网的可行布置模型，只要按着一定规律，对此进行逐次分解，便可得到全部可行的布置方案。

水源（井）位置对田间管网的布置有较大影响，而井位有可能位于灌溉田块的任一相对位置，不可能一一考虑，在构造布置模型时，应进行概化处理。

5. 概化假定

(1) 田块是较规则的矩形，对于不规则的田块可做近似处理；

(2) 固定管道不超过两级（干管、支管），半固定式系统中的移动管不分级；

(3) 每一支管（或出水口）的灌溉面积相等；

(4) 田间净灌水定额、年灌水次数不变，年机井动水位不变；

(5) 管件和附属设备单价与管径无关；

(6) 灌水用工量与灌水时间成正比。

（三）目标函数与约束条件

1. 目标函数

在满足田间灌水设计要求的前提下，以管网布置要求及各级管道的管径为决策变量，以管网系统年费用最小为优化目标建立数学模型。年费用包括基建投资的折算年值和管网年管理运行费用两部分。

目标函数可表示为

$$F_{\min} = (aF_{g} + F_{y})_{\min} \tag{1-4-78}$$

式中 F——管网系统年费用，元；

F_g——管网系统基建投资,元;

F_y——管网系统年管理运行费,元;

a——均付因子(即资本回收因数),$a=\frac{i(1+i)^n}{(1+i)^n-1}$,$i$ 为资金年利率;n 为经济计算期。

管道系统基建投资包括管道(固定管道和移动管道)、管件及有关附属设施(包括出水口、弯头、三通、四通、排气阀等)。

(1)基建总投资 F_g

①管道总投资

$$G_1 = C_1S_1 + C_2S_2 + C_3S_3 \tag{1-4-79}$$

式中 G_1——管道总投资,元;

C_1——干管单位长度造价,元/m;

S_1——干管长度,m;

C_2——支管单位长度造价,元/m;

S_2——支管长度,m;

C_3——移动管道单位长度造价,元/m;

S_3——移动管道长度,m。

②管件及附属设备投资(包括施工费用)

$$G_2 = C_4P + C_5N_1 + C_6N_2 + \cdots \tag{1-4-80}$$

式中 G_2——管件及附属设备投资,元;

C_4——出水口单价,元/个;

P——出水口个数;

C_5——弯头单价,元/个;

N_1——弯头个数;

C_6——三通单价,元/个;

N_2——三通个数。

则基建总投资为

$$F_g = G_1 + G_2 \tag{1-4-81}$$

(2)年运行费用 F_y

管网系统年运行费用包括年运行电费、年维修费和年管理费等。

①年运行电费

$$C_E = \frac{E_c T_y QH}{0.102\eta} \tag{1-4-82}$$

式中 C_E——年运行电费,元;

E_c——电价,元/(km·h);

Q——水泵工作流量,m^3/s;

H——工作扬程,m;

T_y——年运行时间,h;

η——机泵效率。

年运行时间 T_y

$$T_y = \frac{AMN}{3\,600Q\eta_0} \tag{1-4-83}$$

式中 A——控制灌溉面积,亩;

M——净灌水定额,m^3/亩;

N——灌水次数;

η_0——管网系统输水有效利用系数。

②年维修费

根据《水利经济计算规范》(SD 139—85),年维修费用可用综合维修费率(C_r)与基建总投资的乘积来估算,基建总投资不计入更换移动管费用,则年维修费为

$$C_R = C_r(G_1 + G_2) \tag{1-4-84}$$

C_r 取值详见《水利经济计算规范》(SD 139—85)。

③年管理费

年管理费与管理方式、劳动工日价格有关,包括灌水时数与灌水工作人员的劳动工日。

$$C_L = \frac{AMN}{8 \times 3\,600Q\eta_0}VU \tag{1-4-85}$$

式中 C_L——年管理费,元;

A——灌溉面积,亩;

N——年灌水次数;

V——灌水运行时所需劳动工日;

U——劳动日单价,元/工日;

其他符号意义同前。

则年运行费为

$$F_y = C_E + C_R + C_L \tag{1-4-86}$$

目标函数为

$$F = a(G_1 + G_2) + C_E + C_R + C_L \tag{1-4-87}$$

将式(1-4-79)~式(1-4-86)分别代入式(1-4-87),整理得:

$$F = a_1\left(9.8\frac{E_c}{\eta}H + 0.125\frac{VU}{Q}\right) + a_2(C_1S_1 + C_2S_2 + C_3S_3 + C_4\eta + C_5N_1 + C_6N_2 + \cdots) \tag{1-4-88}$$

其中: $a_1 = \frac{AMN}{3\,600\eta_0}$, $a_2 = a_1 + C_r$

2. 约束条件

(1)$P_{i\max} \leqslant H_i$,管网任一处工作压力最大值小于或等于该处承受内压力的能力。

(2)$V_{i\max} \leqslant V_i$,为防止和管内水锤破坏,设计中应限制各级管道的流速不超过允许值。

(3)管径约束:$D_{i\min} \leqslant D_i \leqslant D_{i\max}$,即设计的管径必须在已有生产的管径规格内选择。

(4)$H_{y\max} - H_{y\min} \leqslant \Delta H$(水泵工作点约束),在管灌过程中,水泵工作点随着管路水头

损失的变化而变化。一般要求水泵工作点在高效区内,偏离过大,效率降低,机泵易损坏。

(5)井出水量约束:$Q \leqslant Q_i$,如工作量 Q 大于井涌水量 Q_i 时,极易造成水泵吸气,使管道内水汽混杂,产生水击,易使泵管损坏,机泵效率降低。

(6)基建投资约束:管道工程是在一定经济条件下兴建的,基建投资必受到一定限制。

(7)灌水延续期约束:$T \leqslant T_m$,即设计灌水期应小于作物允许最大延续期。

(四)主要参数分析与概化处理

1. 单井控制面积与灌水畦长

田间管网单井自成系统,其控制面积可按下式计算:

$$A = \frac{QTt\eta_r}{m} \tag{1-4-89}$$

式中 A——单井控制灌溉面积,亩;

m——设计净灌水定额,m^3/h;

Q——机井涌水量,m^3/h;

T——一次灌水延续时间,d;

t——灌水日工作时数,一般 $t = 12 \sim 14$ h;

η_r——管网系统输水效率,$\eta_r = 0.95 \sim 0.99$。

灌水畦长视土质、入畦流量、地面坡度、灌水定额等因素而定,一般为 30 ~ 60 m,如单井出水量小,相应畦长可短一些。

2. 管材造价

为了简化计算,各种管材、管件的单价均采用单位长度的田间造价,包括管道材料、运输费和施工费用等。

3. 管道水头损失计算

管道水头损失计算包括沿程水头损失和局部水头损失两部分。为便于优化分析计算,沿程水头损失计算采用单项指数公式,即

$$h_f = f\frac{LQ^m}{D^n} \tag{1-4-90}$$

式中 h_f——沿程水头损失,m;

Q——流量,m^3/s;

D——管径,m;

L——管道长度,m;

f——摩阻系数;

m——流量系数;

n——管径指数。

f、m、n 可通过试验或参考有关文献(例如《喷灌工程技术规范》(GB/T 50085—2007))取得。

局部水头损失计算,在优化分析时,可按沿程水头损失 10% 左右估算,以减少计算工作量。

4. 管网压力

优化分析过程，只计算正常工作压力。运行中可能出现的非正常压力（例如水锤压力），除在设计和管理中采取措施，尽可能避免外，也可在取用管道允许最大压力水头的安全系数值时适当考虑。

5. 机泵工作状态参数

当泵出水口与管网直接相连时，由于输水距离的变化，机泵工作状态参数可采用平均值。

6. 经济计算参数

（1）基准年：井灌区管灌工程一般是当年投资、当年受益，故可将投资年作为基准年，以年初作为折算的基点；

（2）经济计算期：即从基准年到计算终止的年限，以管网中使用寿命较长的管道使用期作为经济计算期，参照《水利经济计算规范》；

（3）经济报酬率或年利率：一般可取5% ~10%；

（4）工程综合维修费率：根据类似工程参考核定；

（5）电价、燃油价格；

（6）劳务工日单价。

（五）计算方法与程序设计

1. 计算方法

1）管径优化

当管材、管网布置方式和管中流量一定时，每一管段的年费用仅随管径变化，若各管段的水头损失不受限制，则使各管段年费用值均达到最小的管径系列，即为最优管径系列。干管、支管部分压力超过允许值时，存在着压力最优化分配问题，任一管径的变化均影响其他各管段管径压力值的变化。若考虑水泵工作约束，先假定水泵平均工作流量和平均效率，优选管径，再按选出的管径计算泵的工作效率和流量，反复试算，直到两者接近。

2）支管条数和出水口个数的优化

上述管径优化过程是在已定管系布置条件下进行的，假定不同的出水口个数、支管条数，得到不同的年费用，年费用最小组合的出水口个数、支管条数即为布置最优化方案。计算时从小到大逐次计算系统年费用，当年费用开始增大时则停止计算。

干管有单、双向分水，优化计算时以干管分水点个数作为优选变量。每条支管出水口个数和干管分水点个数，均以从1开始循环计算。每条支管出水口个数的上限，应使出水口的间距在支管垂直种植行布置的系统中不小于2倍畦宽；在支管平行种植行布置的系统中，不小于灌水畦长。

在管网优化设计计算中，若目标函数和约束条件均为线性函数，则采用线性规划方法，并将管段作为决策变量。而每管段由若干管径组成，求解每一小段的长度，这时目标函数中的造价与管长呈线性关系，从而构成线性规划模型。反之，可采用非线性规划中的拉格朗日未定乘数法求解。另一种方法是微分法，即将管网的费用函数变成只有一个自变量，水力梯度与总费用的关系，求出总费用最小的水力梯度值，再根据其计算出的最优水力梯度，确定最优管径。

2. 程序设计

根据数学模型结构层次与计算方法，绘制主程序框图。给出两种主程序框图（见图 1-4-12、图 1-4-13），为程序的具体设计提供参考。

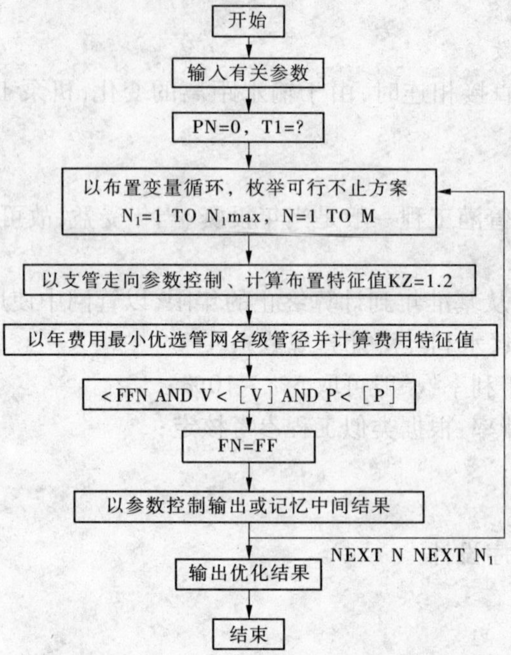

图 1-4-12　第一种管网优化主程序框图

（六）优化设计示例

某管灌地块长 21.6 m、宽 150 m，地面坡降 2‰，单井出水量 30 m^3/h，动水位埋深 15 m，安装两台 QT－25 型潜水电泵，控制灌溉面积 97.2 亩。设计灌水定额 40 m^3/亩，年灌水 6 次。设固定干、支两级管道，支管顺种植方向布置，双向分水；干管单向分水，出水口间距 40 m。优化设计结果与原设计比较见表 1-4-8。

表 1-4-8　优化设计结果与原设计比较

项目		原设计	优化结果	项目		原设计	优化结果
工程规格	干管长（m）	150＋75	150＋75	工程设计（元）	干管	1 694.25	1 442.25
	支管长（m）	190×2	180×2		支管	2 861.49	2 106.00
	移动管长（m）	95×2	91×2		移动管	119.50	191.10
	干管内径（mm）	115，115	90，115		其他	646.48	646.48
	支管内径（mm）	115	90		合计	5 321.72	4 385.83
	移动管直径（mm）	76	76		年运行费	993.77	1 038.53
	出水口（个）	12	12		年费用	1 508.74	1 456.66

从表 1-4-8 可见，优化设计比原设计总投资和年费用均有所降低。

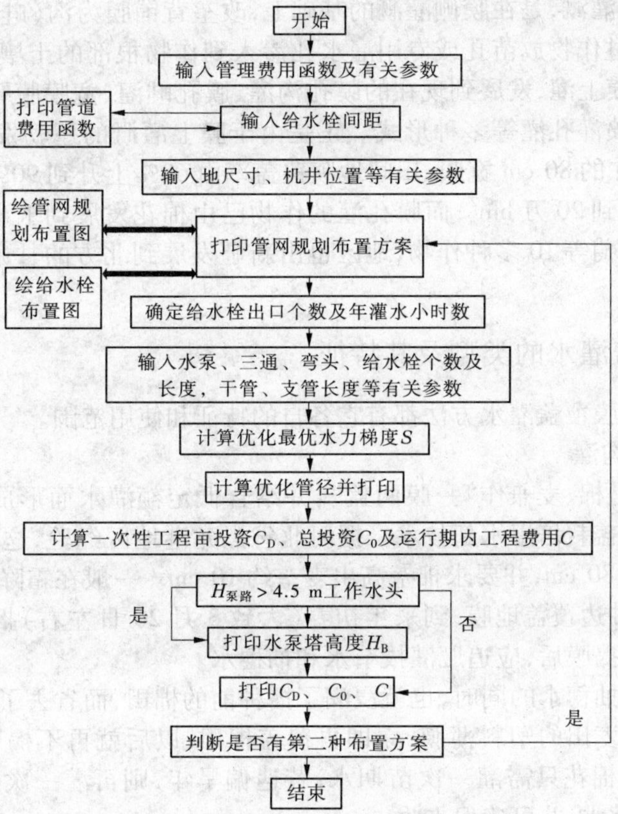

图 1-4-13　第二种管网优化设计程序框图

管网系统优化还包括各级管道管径的优化选择问题。管径的选择与管材造价、能耗、运行时间、机泵效率等因素不同地区差别较大，优化设计可以此进行较全面的分析。以往设计中，一般笼统地采用所谓经济流速或经济比降选择管径是不全面的。管网多种方案形式比较，采用优化设计，编制简易计算程序，借助计算机，可以较快地取得计算分析结果。

第七节　塑料薄膜覆盖灌水技术

塑料薄膜覆盖农田表面简称为地膜。地膜覆盖灌水，是在地膜覆盖栽培技术基础上，结合传统地面灌水沟、畦灌溉所发展的新式节水型灌水技术。

利用塑料薄膜覆盖作物的栽培技术（简称地膜栽培技术），最早起始于1955年的日本，到1976年已在日本全国推广应用面积达20万hm^2。法国于1956年开始示范推广采用，到1976年已达0.35万hm^2。美国、意大利等国也都相继采用了这项技术。我国则于1979年由日本引进，现已在我国北方大面积推广应用，尤其在干旱地区棉花、瓜果和蔬菜等经济作物的种植，都基本采用了地膜覆盖栽培技术，例如新疆地膜栽培面积已超过100万hm^2，其中棉花约占70万hm^2。

新疆在20世纪80年代初引进地膜覆盖栽培技术后，近20年来又在地膜覆盖栽培的基础上，研究发明了新的地膜覆盖灌水方法，包括膜侧、膜上和膜下等三类灌水方法。其中膜上灌也称膜孔灌溉，是在膜侧灌溉的基础上，改垄背铺膜为沟（畦）中铺膜，使灌溉水流在膜上流动，通过作物放苗孔或专用灌水孔渗入到作物根部的土壤中。膜孔灌的形式由1987年的扶埂膜上灌，发展到现在的膜孔沟灌、膜孔畦灌、宽膜膜孔畦灌，以及膜孔畦格田灌、膜缝灌和喷灌孔灌等多种形式。正是由于膜上灌溉的蓬勃发展，覆膜宽度由70 cm窄膜发展到现在的80 cm宽膜，田间地膜覆盖率由60%上升到90%。目前，新疆膜上灌灌溉面积已发展到20万 hm^2，而膜孔灌的作物已由棉花发展到玉米、瓜菜、甜菜、啤酒花、小麦、高粱和葡萄等10多种作物，地区也由新疆发展到北方的甘肃、宁夏、内蒙古、河南、河北等地。

一、地膜覆盖灌水的类型及其特征

各种类型的地膜覆盖灌水方法都有它各自的特征和使用范围。

（一）揭膜畦、沟灌

揭膜畦、沟灌是棉、麦兼作“一膜两盖”，并结合低定额灌水而形成的一套节水型棉、麦两种作物地膜覆盖栽培灌水新技术。据河北省黑龙港地区经验，这种技术麦田垄宽为40 cm，棉田垄宽为80 cm，并要求棉垄高出麦垄约10 cm。一般在霜降翻种冬小麦时要灌足底墒水，并边播种边覆盖地膜，到来年初春（大致3月20日左右）揭膜，这样就省去了冬灌和返青水。在揭膜后，应追肥灌拔节水和抽穗水。

在灌溉冬小麦抽穗水的同时，也就浸润了播种前的棉田，而省去了棉田播前水。棉花播种时仍利用覆盖麦田的塑料薄膜，立即再覆盖棉田，以后就再不揭膜。据试验，“一膜两盖”遇平水年时，棉花只需灌一次苗期水；若遇偏旱年，则再灌一次现蕾水。之后进入雨季，就不再需要灌水，并可确保丰收。

这种棉、麦“一膜两盖”栽培灌水方法，膜盖小麦可以晚种早收，膜盖棉花又可以早播早收，小麦与棉花的共生期只有1个月左右，并都有边行生长优势，这样既增加了粮棉产量，解决了粮棉争地的矛盾，又具有显著的节水效益。据河北省黑龙港地区6年的试验，在平水年时棉、麦两季用水的灌水定额仅1 575 m^3/hm^2，但可收获皮棉750～1 020 kg/hm^2和小麦3 000～3 750 kg/hm^2。

（二）膜侧沟灌

地膜覆盖的传统灌溉方法是膜侧沟灌技术，如图1-4-14所示。膜侧沟灌是指在灌水沟垄背部位铺膜，灌溉水流在膜侧的灌水沟中流动，并通过膜侧入渗到作物根系区的土坡内。膜侧沟灌灌水技术要素与传统的沟灌相同。这种灌水技术适合于垄背窄膜覆盖，一般膜宽70～90 cm。膜侧沟灌方法主要用于条播作物和蔬菜。该技术虽说能增加垄背部位种植的作物根系的土壤温度和湿度，但灌水均匀度和田间水有效利用率与传统沟灌基本相同，没有多大改进，且裸沟土壤水分蒸发量较大。

（三）膜上灌溉

膜上灌溉技术主要有以下几种类型。

1. 开沟扶埂膜上灌

开沟扶埂膜上灌是膜上灌最早的应用形式之一，如图1-4-15所示。它是在铺好地膜的棉田上，在膜床两侧用开沟器开沟，并在膜侧堆出小土埂，以避免水流流到地膜以外去。一般畦长为80～120 m，入膜流量0.6～1.0 L/s，埂高10～15 cm，沟深35～45 cm。这种类型因膜床土埂低矮,膜床上的水流容易穿透土埂或漫过土埂进入灌水沟内,既浪费灌溉水量又影响农机作业。

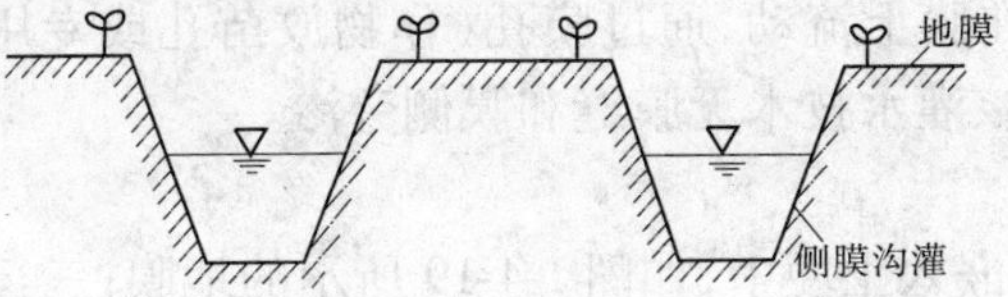

图 1-4-14　膜侧沟灌

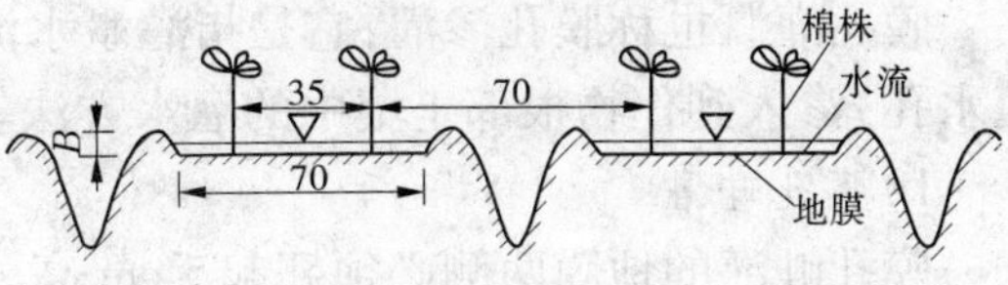

图 1-4-15　开沟扶埂膜上灌　(单位:cm)

2. 打埂膜上灌

打埂膜上灌技术是将原来使用的铺膜机前的平土板改装成打埂器,刮出地表 5 ~ 8 cm 厚的土层,在畦田侧向构筑成高 20 ~ 30 cm 的畦埂。其畦田宽 0. 9 ~ 3. 5 m,膜宽0. 7 ~ 1. 8 m。

根据作物栽培的需要,铺膜形式可分为单膜或双膜。对于双膜,其中间或膜两边各有 10 cm 宽的渗水带,如图 1-4-16 和图 1-4-17 所示。这种膜上灌技术,畦面低于原田面,灌溉时水不易外溢和穿透畦埂,故入膜流量可加大到 5 L/s 以上。膜缝渗水带可以补充供水不足。目前这种膜上灌形式应用较多,主要用于棉花和小麦田上。双膜或宽膜的畦灌溉,要求田面平整程度较高,纵坡较小,以增加横向和纵向的灌水均匀度。

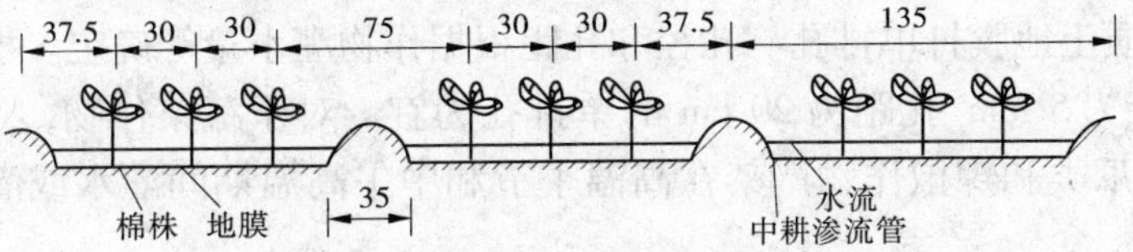

图 1-4-16　打埂膜上灌(单膜)　(单位:cm)

此外,还有一种浅沟膜上灌,它是在麦田套种棉花并覆膜的一种膜上灌形式。这种膜上灌技术在确定地膜宽度时,要根据麦、棉套种所采用的种植方式和行距大小确定,同时应加上两边膜侧各留出的 5 cm 宽度,以作为用土压膜之用,如图 1-4-18 所示。如河南商丘地区试验田麦、棉套种膜上灌采用的“三一式套种法”,即种植三行小麦,一行棉花,1 m 一条带。小麦行距 0. 33 m。棉花播种采用点播,株距 0. 5 m,每穴双株。膜宽 35 cm,播种时覆膜,膜边则用土压实,并将土堆成小垄 5 ~ 8 cm 高,小麦收割后再培土至垄高 10 ~ 15 cm。这就形成了以塑料薄膜为底的输水和渗水垄沟。这种膜上灌的适宜入膜流量为 0. 6 L/s,坡度大约为 1‰,灌水沟长度以 70 ~ 100 m 比较适宜。

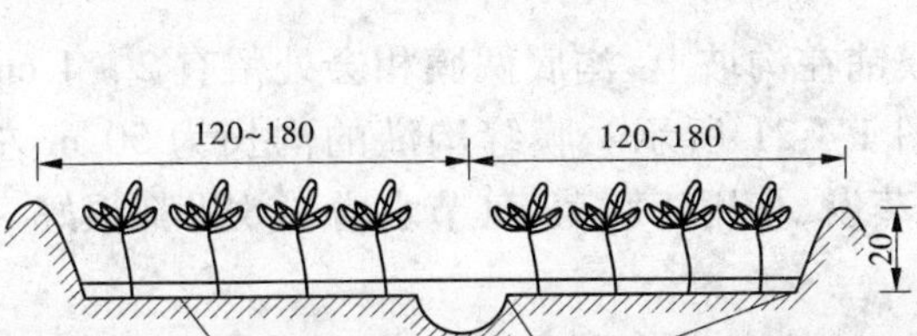

图 1-4-17　打埂膜上灌(双膜)　(单位:cm)

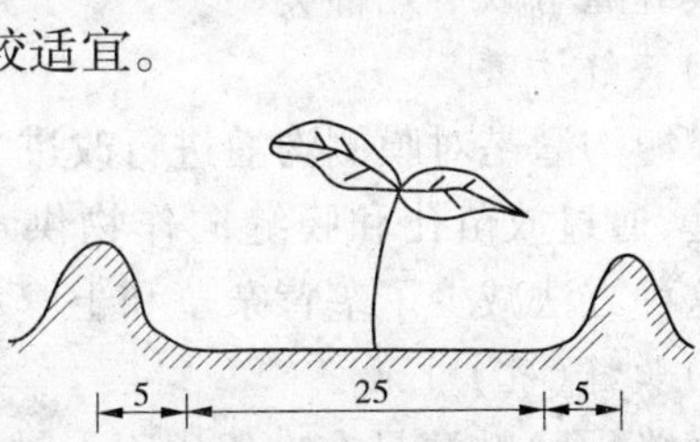

图 1-4-18　以塑料薄膜为底的输水沟　(单位:cm)

3. 膜孔灌溉

膜孔灌溉分为膜孔沟灌和膜孔畦灌两种。

膜孔灌溉也称膜孔渗灌，它是指灌溉水流在膜上流动，通过膜孔（作物放苗孔或专用灌水孔）渗入到作物根部土壤中的灌水方法。该灌水技术无膜缝和膜侧旁渗。

1）膜孔畦灌

膜孔畦灌的地膜两侧必须翘起 5 cm 高，并嵌入土埂中，如图 1-4-19 所示的地膜；三行或四行种植一般采用 180 cm 宽的地膜。作物需水完全依靠放苗孔和增加的渗水孔供给，入膜流量为 1 ~3 L/s。该灌水方法增加了灌水均匀度，节水效果好。膜孔畦灌一般适合小麦、棉花、玉米和高粱等作物。

2）膜孔沟灌

膜孔沟灌是将地膜铺在沟底，作物禾苗种植在垄上，水流通过沟中地膜上的专门灌水孔渗入到土壤中，再通过毛细管作用浸润作物根系附近的土壤，如图 1-4-20 所示。这种技术对随水传播的病害有一定的预防作用。膜孔沟灌特别适用于甜瓜、西瓜、白兰瓜、籽瓜、辣椒等易受水土传染病害威胁的作物。果树、葡萄和葫芦等作物可以种植在沟坡上，水流可以通过种在沟坡上的放苗孔浸润到土壤。灌水沟规格依作物而异：蔬菜一般沟深 30 ~40 cm、沟距 80 ~120 cm，白兰瓜、籽瓜、西瓜和甜瓜的沟深为 40 ~50 cm、上口宽 80 ~100 cm、沟距 350 ~400 cm。专用灌水孔可根据土质不同打单排孔或双排孔，对于轻质土地膜打双排孔，重质土地膜打单排孔。孔径和孔距根据作物灌水量等确定。根据试验，对于轻壤土、壤土，孔径为 5 mm、孔距为 20 cm 的单排孔为宜。对于蔬菜作物，入沟流量以 1.0 ~1.5 L/s 为宜。瓜类和辣椒作物严禁在高温季节和中午高温期间灌水或灌满沟水，以防病害发生。

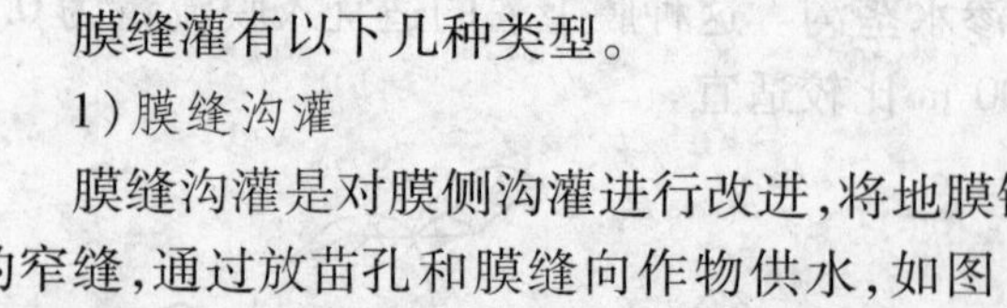

图 1-4-19 **膜孔畦灌** （单位：cm）

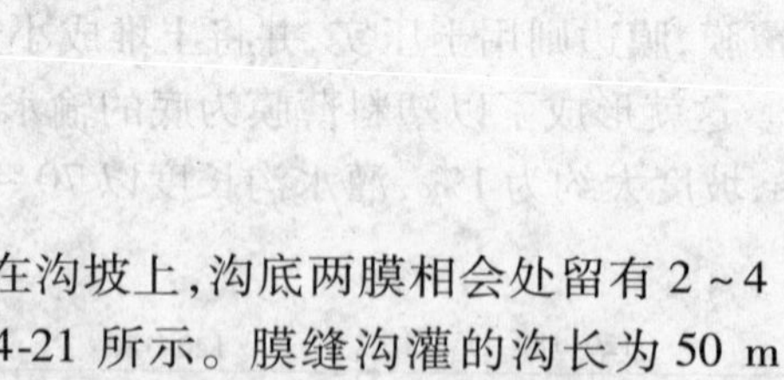

图 1-4-20 **膜孔沟灌** （单位：cm）

4. 膜缝灌

膜缝灌有以下几种类型。

1）膜缝沟灌

膜缝沟灌是对膜侧沟灌进行改进，将地膜铺在沟坡上，沟底两膜相会处留有 2 ~4 cm 的窄缝，通过放苗孔和膜缝向作物供水，如图 1-4-21 所示。膜缝沟灌的沟长为 50 m 左右。这种方法减少了垄背杂草和土壤水分的蒸发，多用于蔬菜，其节水增产效果都很好。

2）膜缝（孔）畦灌

膜缝（孔）畦灌是在畦田田面上铺两幅地膜，畦田宽度稍大于 2 倍地膜宽度，两幅地膜间留有 2 ~4 cm 的窄缝，如图 1-4-22 所示。水流在膜上流动，通过膜缝和放苗孔向作物供水。入膜流量为 3 ~5 L/s，畦长以 30 ~50 m 为宜，要求土地平整。

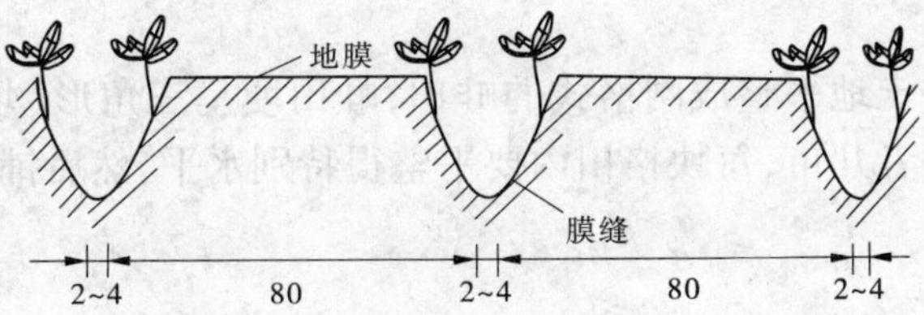

图 1-4-21　膜缝沟灌　（单位:cm）

图 1-4-22　膜缝(孔)畦灌　（单位:cm）

3) 细流膜缝灌

细流膜缝灌是在普通地膜种植下,利用第一次灌水前追肥的机会,用机械将作物行间地膜轻轻划破,形成一条膜缝,并通过机械再将膜缝压成一条 U 形小沟。灌水时将水放入 U 形小沟内,水在沟中流动,同时渗入到土壤中,浸润作物,达到灌溉的目的。它类似于膜缝沟灌,但入沟流量很小,一般流量控制在 0.5 L/s 为宜,所以它又类似细流沟灌。细流膜缝沟灌适用于 1% 以上的大坡度地形区。

5. 温室涌流膜孔沟灌

温室涌流膜孔沟灌系统是由蓄水池、倒虹吸控制装置、多孔分水软管和膜孔沟灌组成的半自动化温室灌溉系统,如图 1-4-23 所示。其原理是灌溉小水流由进水口(一般是自来水)流到蓄水池中,当蓄水池的水面超过倒虹吸管时,倒虹吸管自动将蓄水池的水流输送到多孔出流配水管中,水流再通过多孔均匀出流软管均匀流到温室膜孔沟灌的每条灌水沟中。该系统不仅可以进行间歇灌溉,而且可以进行施肥灌溉和温水灌溉,以提高地温和降低温室的空气湿度,并促进提高作物产量和防止病害的发生。该系统主要用于温室条播作物和花卉的灌溉,还可以用于基质无土栽培的营养液灌溉。

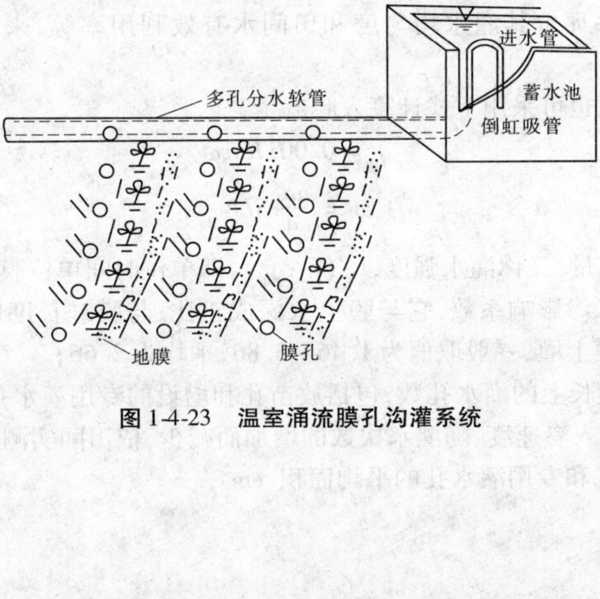

图 1-4-23　温室涌流膜孔沟灌系统

6. 格田膜上灌

格田膜上灌是将土地平整成网格式的畦田，畦田埂呈三角形（埂高 15 ~ 20 cm）。每块畦田大者 20 亩，小者几亩，每块格田内要平整得特别水平，然后铺膜灌溉。它适用于稻田膜上灌。

7. 喷灌膜上灌

喷灌膜上灌是在地膜覆盖种植下利用喷灌灌溉作物，水喷洒到田间的地膜上，靠作物放苗孔和专用灌水孔渗入到土壤中，浸润作物。由于田间铺覆地膜，较不覆膜的裸地田间棵间蒸发大大减少，所以比一般喷灌更节水。因此，在有喷灌设备和气候干燥的地区，可考虑使用喷灌膜上灌。

（四）膜下灌溉

膜下灌溉一般分为膜下沟灌和膜下滴灌。膜下沟灌是将地膜覆盖在灌水沟上，灌溉水流在膜下的灌水沟中流动，以减少土壤水分蒸发。其入沟流量、灌水技术要素、田间水有效利用率和灌水均匀度与传统的沟灌相同。该技术主要使用于干旱地区的条播作物上。温室灌溉采用该技术可以降低温室的空气湿度，减少和防止病害的发生。

膜下滴灌主要是将滴灌带管铺设在膜下，以减少土壤棵间蒸发，提高水的利用效率。该技术更适合于干旱半干旱地区。

二、膜孔沟（畦）灌溉技术

（一）膜孔沟（畦）灌溉技术要素的确定

目前地膜覆盖灌溉多采用膜孔沟（畦）灌的形式。膜孔沟（畦）灌属于局部浸润灌溉。为保证作物根系区土层中具有足够的渗水量，以满足作物生长对水分的需要，就必须根据不同的地形坡度、各种土质的膜孔渗吸速度和田间持水量等因素来确定膜孔沟（畦）灌溉的技术要素。其技术要素主要有入膜流量、改水成数、开孔率、膜孔布置方式和灌水历时。

（1）膜孔沟（畦）灌的入膜流量，指单位时间内进入膜沟或膜畦首端的水量，常以 L/s 为单位。入膜流量的大小主要根据沟（畦）宽度、土壤质地、地面坡度和单位长度膜孔入渗强度的大小等确定。一般应根据田间不同入膜流量的水流行近过程实测资料，建立进行过程图解方程，并评价其灌水均匀度和田间水有效利用率等，来确定最佳入沟（畦）流量。

无实测资料时，也可采用下式计算入膜流量：

$$q = 0.001Knv\omega \tag{1-4-91}$$

$$\omega = \frac{nd^2}{4}SLN \tag{1-4-92}$$

式中 q——入膜流量，又称灌水强度，L/(h · m)，即单位时间单位膜宽上的灌水量；

K——旁侧入渗影响系数，它与膜上水深成正比，与膜畦长度成反比，对无旁渗的打埂膜上灌，一般取值为 1.46 ~ 3.86，平均为 2.66；

n——每米膜长上的灌水孔数，包括放苗孔和增设的专用灌水孔的孔数；

v——土壤的入渗速度，随灌水次数的增加而减少，依田间实测确定，cm/h；

ω——放苗孔和专用灌水孔的平均面积，cm^2；

d——放苗孔或灌水孔孔径,cm;

S——孔距,cm;

L——膜沟(畦)长度,cm;

N——孔口排数,单排孔 $N=1$,双排孔 $N=2$。

(2)改水成数是指沟(畦)首停水时膜孔沟(畦)灌溉水流推进的长度占总沟(畦)长度的比例,一般对于坡度较平坦的膜孔沟(畦)灌改水成数为1,对坡度较大的膜孔沟(畦)灌要考虑取改水成数为0.8~0.95。若有些膜孔沟(畦)灌达不到灌水定额时,则要考虑允许尾部泄水,以延长灌水历时。

(3)沟(畦)宽度主要根据栽培作物的行距和薄膜宽度、耕作机具等要求确定。目前棉花和小麦的膜孔沟(畦)灌分单膜和双膜,地膜宽度一般为120~180 cm。

经过对新疆部分地区不同土壤类型的膜孔沟(畦)灌溉调查,当地面坡度在1‰时,对于黏土和壤土,毛渠间距(膜畦长度)应为20~25 m,毛渠的流量应为20~30 L/s。畦宽为1 m时,开10~15个灌水口,膜畦流量控制在1.5 L/(s·m),改水成数为1;膜畦宽2 m时,膜畦流量控制在2~3 L/s。当地面坡度在6‰时,在戈壁黏土情况下,毛渠间距(膜畦长度)一般为60~80 m,入膜流量为1.5~2.0 L/(s·m),水流到达畦尾后要持续30 min。根据不同土层厚度和土质情况,膜孔灌水定额为675~825 m^3/hm^2,即可满足作物的正常需水要求。对于草甸土,地面坡度为3‰~4‰时,膜畦长以50 m较为适宜,入膜流量控制在2 L/s。对于砂壤土,地面坡度为4‰时,膜畦长为50~100 m,入膜流量为1.1~1.3 L/s较为适宜。

膜孔沟(畦)灌的灌水质量主要用灌水均匀度和田间水有效利用率进行评价。由于膜孔沟(畦)灌的水流是通过膜孔渗入到作物根部的土壤中,与传统沟(畦)灌相比,降低了土壤的入渗强度和地面糙率,使水流的行近速度增加,减少了深层渗漏损失。试验研究表明,地面糙率随单位面积的孔口面积(开孔率)的减少而减少。在地面坡度和灌水流量一定的情况下,膜孔沟(畦)灌的灌水均匀度随开孔率的减小而增加。在地势平坦和无尾部泄水的情况下,其田间有效利用率可大大提高。孔口处覆土和不覆土,对孔口入渗也有很大影响。因此,在膜孔沟(畦)灌时要考虑膜孔的开孔率和膜孔覆土与不覆土对灌溉入渗的影响。

(二)地膜小麦灌水技术要素

甘肃农业大学水利系在河西走廊对地膜小麦灌水技术进行了研究,其技术要素如下:

(1)单宽流量 q(L/(s·m))、灌水时间 t(h)与灌水定额 m(mm)、畦长 L(m)的关系。其关系式为

$$3.6qt = mL \tag{1-4-93}$$

式(1-4-93)说明,当 m 和 L 一定时,灌水时间的长短取决于 q,即 q 越大,t 越小;当 m 和 q 一定时,t 随着 L 的增大而增大。所以覆膜小麦膜上灌水技术的单宽流量控制在2~3 L/(s·m)较为合理。对畦宽没有严格要求(甘肃河西地区有的畦宽达30 m),但对畦田的平整度有较高要求,横向要水平、纵向坡度要一致。

(2)单宽流量 q、畦田纵坡 i 与水流推进、水流消退的关系。试验证明,当边界条件一定时,经回归分析,水流沿畦长推进距离和水流消退距离与时间 t_x 呈幂函数关系,但有些

也呈指数关系,即

水流推进:

$$t_{x1} = a_1 \cdot L^{b_1} \tag{1-4-94}$$

式中 $a_1 = 0.1092$, $b_1 = 0.3147$, $R = 0.997$。

水流消退:

$$t_{x2} = a_2 \cdot e^{b_2 L} \tag{1-4-95}$$

式中 $a_2 = 72.6935$, $b_2 = 0.006563$, $R = 0.993$。

单宽流量 q 越大,水流推进速度越快,当 q 一定时,水流推进随纵坡 i 增大而增大。当畦长 L 和灌水定额 m 一定时,q 的变化对储水效率 S_t(实际灌水时间 T 与水流到畦尾所需时间 t_x 的比值)影响很大,即 q 越大则 S_t 越小。储水效率 $S_t = T/t_x$。在覆膜条件下,$S_t > 1.5$,否则就达不到灌水定额。

(3)畦田纵坡 i 与灌水均匀度 E_d 的关系。试验结果表明,畦田纵坡 i 与灌水均匀度 E_d 存在着幂函数关系,即

$$E_d = a \cdot i^b \tag{1-4-96}$$

式中 $a = 34.75$, $b = 0.1473$, $R = 0.95$。

畦田纵坡 i 越小,E_d 就越大。当 $i < 0.003$ 时,E_d 可大于80%。所以,覆膜小麦的 i 在0.003~0.001较为合理,当畦长较大时纵坡应小。

(4)当畦田纵坡较大时,为了进一步提高灌水质量,采用了膜面加糙措施,其方式有土埂、秸秆加土埂和草绳三种。以草绳方式为好,草绳间距1~2 m,在作物生长前期能明显地使水流均匀推进,提高灌水均匀度。

(5)地膜小麦的适宜土壤水分下限可比裸地降低5%,生育前期和后期应控制在田间持水率的45%,中期控制在50%左右较为合理。

根据国内各地的有关地膜覆盖的研究成果和近几年在河西地区西营灌区的实测资料分析,提出了膜上灌的土壤水分运动属于非饱和流,经数值模拟表明,这一观点是正确的,而且从目前国内研究成果看,对膜上灌的土壤水分运动理论还未见报道。

覆膜小麦膜上灌节水效果:由于膜上灌是局部灌溉,灌水均匀度高,可防止深层渗漏,并能有效地减少棵间蒸发,所以节水效果非常显著。覆膜与裸地试验相比较,覆膜小麦全生育期灌水2~3次,平均灌溉定额为1 845 m^3/hm^2,每公顷产量7 632 kg,水分生产效益4.14 kg/m^3;裸地穴播对照灌水3~4次,平均灌溉定额2 700 m^2/hm^2,每公顷产量5 736 kg,水分生产效益2.12 kg/m^3;裸地灌溉定额是覆膜的1.46倍,覆膜小麦节水量为855 m^3/hm^2,覆膜小麦比裸地增产1 896 kg/hm^2。

第八节　保护地节水灌溉技术

一、保护地概述

(一)保护地栽培技术含义

保护地栽培也称设施农业栽培,是在寒冷低温等不利于蔬菜、花卉等作物生长的气候或灾害性天气情况下,利用日光温室、塑料棚等保护设施,人为地创造适于作物生长发育的环境简要条件,从而达到优质高产高效。

(二)保护地栽培主要类型

1. 风障畦

风障畦是风障和栽培畦配套使用的一种最简易的保护地类型。它可用于春季早播种或定植绿叶菜、瓜类、茄果类及甘蓝等的早熟栽培,保护葱蒜类幼苗越冬,韭菜、菠菜根茬越冬早熟栽培等。

2. 阳畦

阳畦是把风障畦的畦埂提高增厚为阳畦的畦框,并在畦框顶部加盖覆盖物而成。它可用来提早、延后栽培和培育秧苗。

3. 温床

温床是在阳畦结构的基础上,增加了加温设备(如铺放酿热物或电热线、热水管道等),改善了温床的温度条件。它可用于培育秧苗和生产蔬菜。

4. 塑料拱棚

塑料拱棚是用竹木或金属管、棒等做成骨架,上面覆盖塑料薄膜而成。根据规格的大小可分为大、中、小棚。小棚每年可在不同地块移动,又可覆盖苫草,可用于春季提早栽培和冬季耐寒叶菜的生产。

中、大棚移动不便,一般固定使用,主要用于蔬菜提早和延后栽培,也可进行耐寒叶菜的越冬栽培。

5. 温室

温室的形式多种多样,按覆盖材料主要可分为玻璃和塑料温室,按能源供给方式可分为加温和不加温温室,按采光屋面又可分为单屋面和双屋面温室。目前我国节能型日光温室发展很快,它有比一般日光温室更好的增温和保温性能,即使在北方(北纬43°以下)寒冷的冬季,也能生产黄瓜和一些果菜,并能进行冬季育苗,是解决冬春淡季喜温类蔬菜生产的主要设施类型。

(三)保护地场地的选择和规划

风障畦、阳畦和温床等简易型设施结构简单,成本低,易建造,本书不再赘述。下面仅对拱棚和温室场地的选择与规划作一简单介绍。

1. 场地的选择

选择场地主要应考虑的因素有:气候条件、地形与地质条件及土壤、水、电与交通等。

1)气候条件

气候条件是影响温室与塑料棚的安全与经济性的重要因素之一。它包括气温、光照、风雪、冰雹与空气质量等。

温室建址要综合、全面考虑各种气候条件,选择光照充足、背风向阳以及大气污染的上风向地点。若为全年生产型温室,应注意能利用夏季的主导风向进行风压通风换气,但应避免在强风口或强风带地区以及可能产生严重雪害、雹灾的地点建造温室,尤其是普通玻璃室,以利于温室结构的安全。

2)地形与地质条件

温室地形以不超过1%的坡度为宜,要尽量避免在北面顺斜的斜坡上建设温室群,以免造成遮挡朝夕的阳光和加大占地面积。

建造玻璃温室还要避免局部软弱地带、不同承载能力地基等原因导致不均匀沉降，确保温室安全。

3）土壤条件

就土壤介质的化学性质来看，砂土贮藏阳离子能力较差，养分含量低，但是养分输送快；黏土则相反，它需要的人工总施肥量低，但对于现代高密度种植作物而言，需要精而又迅速地达到施肥效果，因而选用砂性土比较合适。土壤的物理性质包括土壤团粒结构的好坏、渗透排水能力快慢、土壤吸水力的大小以及土壤的透气性等，都与温室建造后的经济效益有密切关系。选址时要选择土壤改良费用较低且产量较高的土壤，而要避免排水性不良的土壤。

4）水、电与交通条件

（1）水：尽管温室地面蒸发和作物蒸腾比露地要小得多，然而灌溉用水、水培用水、供热用水、降温用水的水量、水质都必须得到保证，特别是对大型温室群，这一点更为重要。要避免将温室置于污染水源的下游。

（2）交通：要选择交通方便、离住宅不太远的地方，以便运输、管理。

（3）电：电力是大型温室的必备条件之一，特别是有采暖、降温、人工光照、营养液循环系统的温室，应保证不间断供电。

2. 场地的规划

建设单栋温室只要选好方位，无须再进行场地规划。下面介绍温室群的场地规划。

（1）前后栋间距离：以冬至日前排温室产生的阴影不影响后排采光为标准确定。

（2）温室群所需各种附属建筑物的位置：仓库、锅炉房和水塔等应建在温室群的北面，以免遮阳。为地尽其用，应尽量将种植区安排在宜于种植或肥沃的土壤地带，辅助建筑、道路、管埋线应布置在相对较差地带及阴影地带。

（3）温室方位：所谓温室的建筑方位就是温室脊的走向。朝向为南的温室，其建筑方位为东西。

我国对玻璃温室的初步研究成果以及据此提出对玻璃温室的建筑方位的建议：采用东西方位。对于东西方位的玻璃温室，为了增加上午的光照，以利于植物在光合作用强度较高时段的需要，建议将朝向略向东偏转5°~10°为宜。

3. 塑料大棚的结构规格

目前较多采用的大棚整体结构规格如下。

（1）规模：单棚面积667~1 000 m^2；

（2）跨度：12~14 m；

（3）顶高：竹木棚为1.8~2.0 m，钢架棚为2.8~3.4 m；

（4）身高：竹木棚为1.2~1.5 m，钢架棚为1.5~1.7 m。

4. 日光温室的结构规格

（1）一面坡式前坡玻璃面角度：北纬35°地区取25°，北纬40°地区取30°，北纬45°地区取35°。这种温室架采用木结构或钢筋混凝土预制结构均可。

（2）拱圆形塑料日光温室：一般宽5.5~6.0 m、高2.2~2.6 m、长度30~60 m。骨架为拱形，屋顶的断面均成拱圆形。

5. 加温温室的结构规格

(1)一面坡玻璃温室。一面坡玻璃温室的结构形式类似于一面坡日光温室。

(2)改良式玻璃温室。一般跨度为 6 m,前柱高 1.5～1.6 m,中柱高 2.2～2.3 m,后墙高 1.7～1.8 m,开间 3 m,长 30～60 m。

(3)三折式冷弯型钢结构温室。这种温室是在我国传统单坡温室的基础上改进而成的,它增加了栽培床的宽度,通常为 5.5～7.0 m;加大了总高度,通常为 2.2～2.7 m,甚至 3 m 以上。将透光屋面做成三个坡度的三折式,上坡角采用 8°～12°、中坡角采用 25°～30°、下坡角采用 45°～60°。

(4)全光型现代温室。这种温室建筑形式包括单栋的双坡屋面温室和连栋温室,其中单栋双坡屋面温室的建筑结构形式又包括人字形对称双坡屋面、不对称双坡屋面、折线式屋面、拱形屋面等。近十年来,我国除自行建造外,还引进了许多全光型的现代温室。

二、保护地灌溉技术

保护地灌溉方法有畦灌、沟灌、滴灌、渗灌和微喷灌等。由于滴灌、渗灌和微喷灌等微灌技术所具有的特点,更适合于保护地这种高投入、高产出的农业类型,因此现代温室越来越多地开始采用这类先进的灌溉技术。而这些技术的优缺点、技术要素、规划等在其他参考书中已有详述,所以本节仅对这些技术在保护地中的应用作一简单介绍。

(一)塑料大棚、日光温室微灌系统的布置

温室大棚内不宜采用移动式滴灌系统,均应采用固定式的形式。

1. 滴头和毛管的布置形式

滴头的布置要有利于作物吸收水分和养分,同时要避免深层渗漏。一般滴头都是沿毛管均匀布置,即等间距安装在毛管上。滴头间距一般小于 0.8 m。对一年生的作物,通常根据土壤质地确定,一般为 0.4～0.6 m。

毛管的布置要顺作物的垄行铺设,且多与支管垂直。下面介绍三种大棚、温室的布置形式。

(1)竹木结构棚。这种棚一般宽 12.5 m 左右、长 53 m,面积约 667 m^2,东西走向,中间位置为一生产路,作物行向两侧展开,支管顺中心路走向,毛管在支管两侧对称双向布设。

(2)钢结构棚。棚架由钢管连片构成,宽 5～10 m,长度可随意变化。棚内作物垄行走向与长度方向相同。棚内支管往往较短,毛管仍由支管两侧双向布置。

(3)日光温室。这种温室北墙为厚 1 m 左右的泥土墙,室架多由钢筋混凝土柱和竹竿铁丝构成,后墙与最高柱之间留约 0.8 m 宽的走道,作物南北行种植,垄行长 6.5～7.0 m,室内支管沿室内长度布设,毛管从支管上单向分布,毛管顺垄行也为南北布置。

2. 分干管、干管的布置形式

分干管一般垂直于支管和干管,尽可能使干管走向最短、居中,分干管和支管的布置以干管对称。

由于温室一般均已有水源保证,所以整个管路系统还要结合现有的水源工程来布置,并与其他的建筑物如道路、动力网相适应。

（二）日光温室内蓄水池

为了灌溉水源的水温适应室内作物，必须在室内建造蓄水池。蓄水池可用混凝土建造，蓄水量为 8～10 m^3。蓄水池的水在蓄水池中存放 2 d 以上，待水温接近室温时才能灌溉，以免低温水伤害作物。

（三）保护地微灌灌溉制度

微灌的灌溉制度包括灌溉定额、灌水定额、灌水周期和一次灌水所需要的时间。由于不同作物需水量有所不同，在生产中宜根据当地群众经验，合理拟定灌溉制度。一般灌水定额不宜过大，需水勤灌。水利部农田灌溉研究所 1987～1989 年对温室黄瓜、西红柿所进行的灌溉制度研究结果表明：滴灌黄瓜、西红柿宜采用小勤灌，灌水定额为 105～120 m^3/hm^2，灌水周期为 4～5 d，黄瓜产量可达 58 290 kg/hm^2，西红柿产量可达 88 000 kg/hm^2。

三、国内外保护地节水灌溉设备技术现状与发展

本节介绍以色列、美国等国设施农业节水灌溉设备发展现状，在分析国外发展经验和我国近年存在的问题的基础上，提出了今后我国节水灌溉设备产品开发的主要方向及有关建设。

（一）国外产品技术现状与发展

1. 以色列产品技术状态与发展

以色列长期致力于开发节水新技术，以解决其水资源短缺问题。其北部地区年降水量为 700～800 mm，中部地区年降水量为 400～600 mm，南部地区年均降水量仅为 25 mm。水资源的自然枯竭迫使以色列最大限度地采用节水灌溉方法。世界上微灌技术的发展最有代表性的国家应首推以色列，其温室种植全部采用微灌，以滴灌为主。

以色列温室滴灌的最高水利用率为 95%。用这种方法灌溉的独特之处在于水分可以在土壤中均匀扩散，减少了水分的蒸发和渗漏。20 世纪 80 年代后，滴灌技术的发展速度明显加快，使滴灌带（头）在水力性能、抗堵塞性能、调节性能方面越来越强。滴灌产品分为两类：一是滴管类，二是滴头类。目前普遍流行的是一体化滴灌管（带），即滴头和滴灌管结合为一体，安装使用非常方便。滴头间距一般为 30 cm、50 cm、75 cm、100 cm，管壁厚从 0.15 mm 到 2 mm，有的一次性使用，有的寿命可长达 20 年。最新的产品主要是压力补偿型的内镶式滴管，有效提高了灌水均匀性，便于机械化长距离铺设。其新近研制的压力补偿式滴头的独到之处是靠改变水流通道的长度来调节流量，且进入压力补偿的状态较快、均匀度较高，在水流进口还安有过滤装置，在运行开始和结束时有自冲洗功能，以减少堵塞。滴头类产品形式也很多，有管上式滴头、可拆卸滴头、压力补偿滴头。以色列拥有耐特费姆（Netafim）、普拉斯托（Plastro）、美滋－雷鸥（Metzerplas－Lego）等多家世界著名灌溉公司。

以色列开发一系列用于温室灌溉的微喷头产品。每个微喷头的耗水量为 30～300 L/h，喷洒半径为 1～6 m。这种灌溉方式可以使水的有效利用率达 85%。开发出的系列化缝隙式、折射式、旋转式微喷头及连接件产品，材质好，耐磨损，喷洒效果好，外观精美。近几年来推出的脉冲式微灌技术代表着一种新的灌水方式，节水效果更好，但成本也相对

较高。

微灌方法的采用，给施肥技术带来了极大的变化，它导致了一个全新的概念——水肥灌溉的兴起。滴灌系统进行施肥，直接接触植物的根部，可以避免浪费，这是一般施肥方法所不具备的。自动施肥系统应用已非常广泛，施肥器受计算机或小型控制器控制，以实现精确施肥。主要有泵注方式、文丘里式、压差式、水驱动混合注入式等，其中水驱动混合注入式应用越来越广泛。以色列 AMIAD 公司水力驱动施肥系统自动作业，无须电力，肥料浓度控制精确。

以色列有许多专门生产过滤器的厂家，根据用户需要可提供几个到几十个过滤器组成的过滤站，专门用于处理微灌水源，且自动化程度高，电磁阀控制开关和反冲洗。主要产品有网式、叠片式、离心式、砂石式过滤器，从(3/4)″到 6″多规格单个或组合布置方式，可满足多种需要。新型叠片过滤器的特点有：一是叠片流道设计采用曲面形式，提高了过滤面积，扩大了水流量，减少了水头损失；二是设计反冲洗流道，在正常工作状态下无须打开，仅旋转外壳一定角度就可方便地实现反冲洗污物，十分方便。

微灌方式都普遍采用计算机控制。埋在地下的湿度传感器，可以传回有关土壤湿度的信息。还有的传感系统能通过检测植物的茎和果实的直径变化，来决定对植物的灌溉间隔。在温室等设施内较多使用小型灌溉控制器，这种设备通常能控制几路或十几路。

电磁阀，其内有若干种灌溉管理程序，可按日期设定每次每路灌水起始时间，便于小规模经营。计算机化操作运行精密、可靠、节省人力，对灌溉过程的控制可达到相当的精度。在以色列，已经出现了在家里利用电脑对灌溉过程进行全部控制（无线、有线）的农场主。以色列开发出多个系列的农业自动灌溉的配套阀门，如电动和水动遥控电磁阀、减压阀、调压阀、安全或止回阀、逆止阀和流量控制阀等。

2. 美国产品技术现状与发展

美国是目前世界上微灌面积推广最多的国家，1991 年就已超过了 60 万 hm^2，约占全国当时总灌溉面积的 3%，雨鸟（Rain Bird）公司生产流量为 2 L/h、4 L/h、8 L/h 的压力补偿滴头、非压力补偿滴头及应用广泛的紊流压力补偿滴灌带。该种滴灌带紊流态出水，抗堵塞性较好，压力补偿功能使得出水均匀，长距离可铺达 300 m，并可埋于地下，减少蒸发损失。微喷头品种较丰富，主要有折射式和旋转式，每个系列有多种喷嘴和多种喷洒形式，并能方便装拆和清洗。配套产品也很发达，包括多系列的滤网过滤器、压力调节器、化肥 - 农药注入器及各种形式的控制器。化肥 - 农药注入器是由泵辅助将溶液连续定量注入微灌管道的专用装置，拥有 1 ~ 4 个流路，注入流量为 0 ~ 57 L/h，每一路均配有流量计和调节阀。同时也生产出系列文丘里式化肥 - 农药注入器。电磁阀品种规格非常丰富，有的产品带过滤功能，能在运行状态下清洗，还有的产品带调压组件，保证压力恒定。控制器有机械电子式和电子式交流与直流多种自动控制器，其中 ESP - MC 控制器分 8 站、12 站、16 站、24 站、32 站及 40 站 6 种型号，最多可控制 120 个电磁阀，可设置 4 种控制程序，一站可在一天内多次开启，适合微灌频繁的特点，在温室等处使用自动灌溉控制效果尤为明显。

3. 澳大利亚产品技术现状与发展

澳大利亚是世界上推广微灌面积较多的国家之一。其制造的薄壁滴灌带滴头贴压在滴灌带内壁上,多进口入口过滤、紊流流道和激光狭道出口提高了防堵能力,同时减少了根茎侵入。还开发出许多补偿式滴头及微喷头。微喷头用均流器,使其具有压力补偿作用,当压力变化时保持出水均匀,并提供各种喷洒图形,满足作物不同生育期和不同作物大小的灌溉需要。

4. 英国产品技术现状与发展

英国一家灌溉公司生产多喷头式喷管系统,模仿天然降雨,灌水轻柔,可调喷洒角度,方形水覆盖,适合于架空喷或地面喷。雾喷头用青铜制成,扩散面经过专业打磨,特别平滑,水雾细而密,覆盖半径 1 ~5 m,能创造出一个湿度很高的小气候环境,极适宜育苗床、扦插繁殖等应用。其中间歇喷灌是用电子控制器操纵的,由湿片感应器、太阳能感应器和湿度感应器分别控制。

5. 法国产品技术现状与发展

法国的 DOSATRON 肥料农药混合器代表了当今国际领先水平。工作原理是水流进入混合器内,驱动主活塞,与之相连的注入器活塞跟随上下运动,从而吸入待注的物品溶液进入混合室。特点是不用电力,依靠水压驱动,能调节浓度,有较好的精度控制。工作压力为0. 3 ~6.0 bar,可调整0. 2% ~10%的注入比例,流量为10 ~20 L/h,较普通压差式施肥精度有很大提高。

(二)我国保护地灌溉设备的发展现状与存在问题

1. 温室灌溉设备现状

我国现有温室大棚绝大多数采用传统的沟畦灌,水的利用率只有40%。进入20世纪90年代,我国对农业节水灌溉更加重视,投入相对增加,各地纷纷建立了设施农业的示范点,促进了滴灌和微喷灌节水技术在我国的应用,并且引进了以色列、美国、法国、韩国等国的部分先进技术和设备,使国内温室大棚蔬菜保护地微灌有了较大的发展。近些年来,改进和研制出了一些新的滴灌设备,制定了滴灌滴头和滴灌管理的技术标准和技术规范。

2. 目前国内温室灌溉设备存在的主要问题

(1)滴灌管由于内镶滴头生产工艺复杂,技术精度要求较高,现在市场上能批量使用的主要是引进以色列等国的技术和设备生产的,产品的价格较高,品种规格较少,远远满足不了农业生产的需要。国内设备生产的主要是孔口式滴头、微管滴头、压力补偿式滴头和简易内镶滴灌管等产品,产品质量不够稳定,存在的主要问题是滴头的堵塞、灌水均匀度和塑料的抗老化问题。

(2)我国自己设计的产品与国外相比,微喷头产品主要是材质、工艺问题还没有解决,使用寿命还不足300 h,远低于外国行业标准规定的1 500 h的要求。其耐久性、制造均匀度、喷洒性能等主要指标还达不到行业标准的规定。品种、规格也太少。

(3)过滤器在我国应用最多的是筛网过滤器,最近几年才有离心式和砂石式过滤器,但由于制作粗糙、品种少、价格较贵,应用的较少。现在温室大棚灌溉中由于过滤器使用不当而引起灌溉系统堵塞的现象非常普遍。

(4)我国温室大棚灌溉大部分都没有使用施肥器,即使使用,也只有一种压差式施肥器,施肥浓度很不均匀。虽然近几年也生产了文丘里式施肥器、射流式施肥器,但均没有形成生产能力，造成市场上对于施肥器的使用没有选择的余地，降低了温室大棚的实际生产效能。引进温室中多使用水肥农药浓度控制较精确的水驱动泵。

(5)自动控制灌溉系统，国内还没有成型的产品，基本还是用手动阀门来操作。压力调节器、自动控制器、水控电磁阀方面还属空白。另外，灌溉系统的连接附件、水源部分的阀、压力罐等均属代用产品。整个系统的配套性较差。

四、保护地的水分及湿度管理

(一)蔬菜作物对土壤水分和空气湿度的要求

1. 蔬菜作物对土壤水分的要求

蔬菜产品柔嫩多汁，许多产品组织中含水量达90%以上，缺水不仅影响作物的光合作用，还影响产品的品质。不同种类的蔬菜对水分的要求是不同的，蔬菜的需水特性与原产地及植株特性有关，如原产地为湿润地的黄瓜较喜湿，原产地为旱地的西瓜则耐旱；地上部叶面积大，组织柔嫩，茸毛、蜡粉等保护组织不发达，蒸腾作用旺盛的蔬菜较喜湿，根系强大、分布广、吸水力强的蔬菜较耐旱。据蔬菜需水的多少和根系吸水能力的大小可分五类(见表1-4-9)，生产上应根据不同蔬菜的需水特性进行相应的水分管理。

表1-4-9　蔬菜对水分的要求及管理要点

需水类型	根系吸水力	蔬菜种类	管理要点
需水不多	强	西瓜、甜瓜、南瓜、苦瓜等	抗旱力很强，灌水次数可少
	弱	葱、蒜	喜湿，应经常灌水
需水中等	中等	茄果类、根菜类、豆类等	较耐旱，要适时灌水，保持土壤见干见湿
需水多	弱	白菜类、甘蓝类、黄瓜、四季萝卜、绿叶菜类	喜湿，需经常灌水，保持土壤湿润
需水很多	很弱	藕等	在水塘中栽培

2. 蔬菜作物对空气湿度的要求

不同蔬菜作物生长发育要求的空气湿度不尽相同，大体上可分为湿润型、半湿润型、半干燥型和干燥型四类(见表1-4-10)。通常空气湿度适宜时，蔬菜生长发育正常，空气湿度偏高或偏低，则对生长发育有不良影响。如温室内空气湿度过高，会抑制植株正常水蒸腾作用，使植株体因散热不及时而“烧伤”组织器官；还容易使花粉粒在授粉、受精前因吸水过多而破裂，导致落花、落果的发生；同时容易诱发和加重疫病、灰霉病、发疽病、霜霉病等病害。而空气干燥不仅影响植株进行光合作用，还易诱发病毒病、红蜘蛛、蚜中等病虫害。

3. 不同生育阶段蔬菜作物对土壤水分和空气湿度的要求

蔬菜作物不同生育时期根系吸水能力和植株耗水量各异，因而对土壤水分的要求也不同(见表1-4-11)，空气湿度在各生育阶段对作物的影响也不同。

表 1-4-10　主要蔬菜用物对空气湿度的需要

类型	蔬菜种类	适宜相对湿度(%)
湿润型	白菜类、甘蓝类、黄瓜、韭菜、水生菜类、绿叶菜类	85~90
半湿润型	萝卜、香椿、豌豆、蚕豆、马铃薯、丝瓜、苦瓜、冬瓜、蛇瓜	70~80
半干燥型	番茄、茄子、辣椒、菜豆、豇豆等	55~65
干燥型	西瓜、甜瓜、南瓜、胡萝卜、葱、蒜类	45~55

表 1-4-11　几种果菜不同生育期对土壤水分的要求

蔬菜种类	育苗期		定植至缓苗		缓苗至结果初期		盛果期		采收后期	
	相对湿度(%)	土壤负压	相对湿度(%)	土壤负压	相对湿度(%)	土壤负压	相对湿度(%)	土壤负压	相对湿度(%)	土壤负压(PF)
黄瓜	80	2.3	95~100	1.7	60	2.7	80~90	2.3~2.0	70	2.5
西瓜	65	2.6	70~80	2.5~2.3	70	2.5	90	2.0	60	2.7
甜瓜	60~70	2.7~2.5	70~80	2.5~2.3	65~70	2.6~2.5	80~85	2.1	55	2.8
番茄	60~70	2.7~2.5	90~100	2.0~1.7	70	2.5	80	2.3	60~70	2.7~2.5
茄子	80	2.3	90~100	2.0~1.7	60	2.7	60~70	2.7~2.5	70	2.5
辣椒	80	2.3	90~100	2.0~1.7	65~70	2.6~2.5	75~80	2.4~2.2	75~80	2.5~2.4
草莓	90	2.0	90~100	2.0~1.7	70~90	2.5~2.0	85~90	2.2~2.0	70~90	2.5~2.0

蔬菜种子萌发时需要吸收大量的水分，所以播种后要采取灌溉、覆土等措施，尽可能保持土壤中的水分。幼苗出土后，根系还很小，吸收能力弱，土壤中还应保持较多的水分，要求为半干半湿，同时要求较高的空气湿度，降低蒸腾量，防止幼苗"戴帽"出土。发芽期为防止徒长常进行蹲苗，保持地面干燥。柔嫩多汁的茎、叶等食用器官形成期要大量灌水，土壤含水量应达到80%~85%。开花期要求适当减少水分供应和适当降低空气相对湿度，这样有利于授粉、受精。果实生长期(产品器官形成期)则需大量灌水，以满足果实旺盛生长的需要。种子成熟期及西瓜、甜瓜果实成熟期等，要求控制土壤水分和降低空气湿度，才能保证种子充分成熟和果实有较高的含糖量。

(二)土壤水分和空气湿度的调节方法

1. 土壤水分的调节

温室内土壤水分过多或过少均妨碍蔬菜的正常生长发育。水分长时间偏多容易降低土壤中的含氧量，导致烂根；抑制根系伸长生长，根系分布浅，根群小；低温季节土壤水分多还易降低地温，抑制根系活动及土壤微生物的分解活动，使肥料利用率降低；幼苗期和发棵期水分过多时，植株容易徒长。土壤水分不足可导致植株萎蔫，强光时期还易发生日烧及卷叶等现象。生产上多用灌水等方法调节土壤水分,使其满足蔬菜生长发育的需要。

1)灌水时间

灌水时间的确定主要依据蔬菜作物各生育期的需水规律,此外还要考虑菜苗生长表现、地温高低、天气阴晴等情况。一般播种时灌足水,出苗后控水,抑制地上部徒长,促进根系发育;定植时灌足水,发棵期适当控水,结合中耕蹲苗。大白菜、叶球、萝卜肉质根等营养器官旺盛生长期大量灌水,果菜类开花结果期也要供应充足水分。具体到各种蔬菜则应灵活安排。

秧苗的生长表现可反映出土壤是否缺水,如早晨看温室韭菜的叶片吐水,若吐水严重,水滴不断滚落,则表明土壤中水分过多;水滴大但不滴下,表示土壤水分合适;如果没有吐水或水滴水,则应及时灌水补充土壤水分。黄瓜是否缺水可以看龙头小叶,若近生长点小叶伸直则表示水分多,小叶抱拢到一起则表示水分过少。中午稍有一些萎蔫,下午3~4时恢复正常则水分合适;到日落时秧苗仍不恢复则表示土壤严重缺水,必须及时灌水。

地温高时灌水,水分蒸发快,蔬菜吸收也多,一般不会导致土壤过湿,10 cm 地温在 20 ℃以上时灌水合适;地温低于 15 ℃时要慎重灌水,必要时也要灌小水,并灌温水;地温在 10 ℃以下禁止灌水。

冬季灌水最好选晴天上午灌,因为晴天地温、气温都较高,灌水后可闷棚提温,不至于降低地温太多。但久阴骤晴时地温低,不宜灌水,若缺水可进行叶面喷洒。阴天、下午最好不灌水。

2)灌水量

温室内灌水除要满足蔬菜的生长需水外,还要考虑灌水后空气湿度的增加度要小。另外,温室相对较密闭,土壤水分消耗较慢,因此灌水量应比露地小。冬季多实行隔畦(垄)灌水,每次水量以灌水后湿透畦(垄)背为宜,平畦灌水要求 8~9 成封口。为满足需水旺盛期蔬菜的需要,可勤灌水。

3)灌水方式

温室蔬菜的灌溉方式主要有沟灌、畦灌、微灌和地下灌四种。目前生产上还多以沟、畦灌为主。由于沟、畦灌往往造成土壤结构密实、肥料流失、空气湿度过大、蔬菜病害严重等问题,近年来,温室蔬菜深冬生产多改用地膜覆盖膜下暗灌技术,有效地克服了温室空气湿度过大的问题。

滴灌可根据作物需水量,将水和作物生长所需的养分以很小的流量,均匀、准确、适时、适量地直接输送到作物根部附近的土壤表面或土层中进行灌溉,从而使灌溉水的深层渗漏和地表蒸发减少到最低限度。

目前生产上日光温室的灌溉一般选用滴灌。采用滴灌灌溉,首先要有水源,自来水最好,没有自来水的可在温室后墙加一个水箱,利用高度形成一定压力进行灌溉。具有一定规模的可以配置变频泵,以保证恒压供水。北方的保护地灌溉,必须在温室内设蓄水池,首先引水到蓄水池,增温两天后方能灌溉,以免水温低而使作物受害。以色列的各种滴灌设备质量好,但价格高。目前国内的生产厂家很多,但用时一定要注意过滤器、阀门、连接件、滴灌管、施肥器的质量,否则,生产中途出现问题后,既麻烦又误事。阀门选用塑料球阀,滴灌管用滴孔间距为30~40 cm(软管可据蔬菜株距自定间距)的,施肥器用虹吸式吸肥器。一般灌一次水,用水225~300 m^3/hm^2,历时2~3 h,一套滴灌器械可连续使用3~5年。

温室内进行滴灌灌水,要与地膜覆盖措施相结合,滴灌管设在地膜下,灌水时还可避免增加空气湿度。温室内土壤水分偏多可通过中耕、提高气温等方法散墒,苗期地面可撒细干土或草木灰吸湿。

2.空气湿度的调节

日光温室内空气湿度大,调节湿度的重点是降低湿度,主要措施如下。

1)通风排湿

通风是降低湿度的重要措施,排湿效果最好。因为通风必定要降温,所以必须在高温时进行,隆冬和早春一般应在中午前后进行。其他时间也要在保证温度的前提下,尽量延长通风时间。顶部风口排湿效果最好,外界气温高时,可同时打开顶部和前部两排通风口,便于排湿充分和均匀。

通风排湿的时间除依据各类蔬菜不同生育期对空气湿度的要求而定外,还要注意加强下面五个时期的排湿:一是灌水后的2~3 d内;二是叶面追肥和喷药后的1~2 d内;三是阴雨(雪)天时的排湿;四是日落前后的数小时内;五是早春。后两个时期加强排湿是为了降低上部的相对湿度,降低发病率。

2)减少地面水分蒸发

(1)室内覆盖地膜,或膜下暗沟灌溉,可抑制土壤水分蒸发。

(2)灌水后立即升温烤地,促进地面水分蒸发,降低地面湿度。低温期选晴天上午灌水,然后封闭温室,维持35 ℃室温1.5 h,然后开风口缓慢放湿,如此连续烤地2~3 d。

(3)中耕、松土。灌水后及时中耕垄沟和垄背,切断土壤毛细管,减少表层土壤水分。盖地膜的垄也要定期中耕。

3)减少薄膜、屋顶的聚水量

薄膜表面的水滴多是造成温室内高湿的主要原因之一。可采取覆盖无滴薄膜、处理有滴膜,二道幕采用透湿和吸湿性良好的无纺布等材料,防止表面结露,并且可防止露水落到植株上,从而降低空气湿度和作物沾湿。有滴膜处理方法可向薄膜表面喷涂除滴剂,也可每隔18~20 d向薄膜表面喷涂豆粉、奶粉、小麦粉等,还可在新膜使用20 d后翻过来加上,当然这样很费工。

屋顶盖水泥预制板时常常布满水滴,如果选择吸收性强的作物秸秆覆盖屋顶,能在一定程度上降低空气湿度。

4)增加温度降湿

当寒冷季节温室内温度较低时,可以采取适当加温等措施,既满足蔬菜,尤其是果菜对温度的要求,又能降低空气相对湿度,减少病害发生。另外,增加透光量可提高室温,室温升高后常进行通风换气,也可达到降湿的目的。

需要注意的是,某些蔬菜如黄瓜进行高温管理或闷棚治霜霉病时,必须保持较高的空气湿度,否则植株会忍受不了高温而受害甚至枯死。

第九节 波涌流灌溉

波涌流灌溉(Surge Flow Irrigation)是对地面沟、畦灌水方法的重大发展,又称波涌灌溉或间歇灌溉。波涌流灌溉是把灌溉水断续地按一定周期向灌水沟(畦)供水,逐段湿润土壤,直到水流推进到灌沟(畦)末端为止的一种节水型地面灌溉新技术。也就是说,波涌灌溉与传统的地面沟(畦)灌不同,它向灌水沟(畦)供水不是连续的。其灌溉水流也不是一次灌水就推进到灌水沟(畦)末端,而是灌溉水在第一次供水输入灌沟(畦)达一定距离后,暂停供水,然后过一定时间后,再继续供水,如此几次间歇,反复地向灌水沟(畦)供水的地面灌水技术。

波涌流灌溉20世纪70年代末期由美国犹他州大学提出,随后主要对波涌流沟灌进行了大量的试验研究,美国从1986年开始推广应用这一灌溉新技术。我国从1986年开始,西安理工大学水资源研究所、水利水电科学研究院水利所、水利部农田灌溉研究所、甘肃农业大学水利系等单位对波涌流灌溉理论与技术进行了不同程度的试验研究,取得了很多有价值的研究成果。美国近十年的实践和有关研究单位在河南商丘人民胜利渠灌区以及陕西经、洛、渭等灌区和甘肃武威市的西营灌区的试验研究表明,波涌流灌溉的灌水效果与节水效益主要与土壤质地、田面耕作状况、灌前土壤结构以及灌水次数等有关。波涌流灌溉较传统地面沟(畦)灌的灌水方法具有灌水均匀、灌水质量高、田面水流推进速度快、省水、节能和保肥等优点,另外具有容易实行小定额灌溉和自动控制等特点,特别适宜在我国旱作物灌区农田地面灌溉中推广应用。

一、波涌流灌溉的灌水方式及系统

(一)波涌流灌溉的灌水方式

目前,波涌流灌溉的田间灌水方式主要有以下三种:

(1)定时段-变流程方式,也称时间灌水方式。这种田间灌水方式是在灌水的全过程中,每个灌水周期(一个供水时间和一个停水时间构成一个灌水周期)的放水流量和放水时间一定,而每灌水周期的水流推进长度则不相同。这种方式对灌水沟(畦)长度小于400 m的情况很有效,需要的自动控制装置比较简单、操作方便,而且在灌水过程中也很容易控制。因此,目前在实际灌溉中,波涌流灌溉多采用此种方式。

(2)定流程-变时段方式,也称距离灌水方式。这种田间灌水方式是,每个灌水周期的水流新推进的长度和放水流量相同,而每个灌水周期的放水时间不相等。一般这种灌水方式比定时段-变流程方式的灌水效果要好,尤其是对灌水沟(畦)长度大于400 m的情况,灌水效果更佳。但是,这种灌水方式不容易控制,劳动强度大,灌水设备也相对比较复杂。

(3)变流程-变流量方式,也称增量灌水方式。这种灌水方式是以调整控制灌水流量来达到较高灌水质量的一种灌水方式。这种方式是在第一个灌水周期内增大流量,使水流快速推进到灌水沟(畦)总长度的3/4的位置处停止供水。然后在随后的几个灌水周期中,再按定时段-变流程方式或定流程-变时段方式,以较小的流量来满足计划灌水定额的要求,主要适用于土壤透水性能较强的条件。

（二）波涌流灌溉的田间灌水系统

波涌流灌溉需要向灌水沟（畦）间歇性地交替放水和停水，这可以通过人工控制或自动控制实现。但是，若用人工对灌水沟（畦）进行反复地封口、改口和开口，灌水工作人员的劳动强度是非常繁重的而且很不容易按设计计划控制封口、改口和开口的时间及其流量。因此，波涌流灌溉应尽可能配备自动化程度较高的专用控制装置和带阀门的管道。

长期以来，美国对于地面灌溉自动化一直认为是一个重要问题，并不断地进行试验研究和实践，而波涌流灌溉灌水方式，则正是作为一种实现地面灌溉自动化管理方面的新方法、新技术提出来的。当前，美国商品化的波涌流灌溉田间灌水系统基本上有两类，它们只局限应用于波涌流沟灌。

1. 双管波涌流灌溉田间灌水系统

双管田间灌水系统一般通过埋于地下的暗管管道把水输送到田间，再通过竖管和阀门与地面上带有阀门的管道相连。这种阀门可以自动地在两组管道间开关水流，故称双管。通过交替控制两组间的水流就可以实现间歇供水。

当这两组灌水沟结束灌水后，灌水工作人员可将全部水流引到另一放水竖管处，进行下一组波涌流灌水沟的灌水。

2. 单管波涌流灌溉田间灌水系统

单管田间灌水系统通常是由一条单独带阀门的管道与供水处相连接（故称单管），管道上的各个出水口则通过低水压、低气压或电子门控制，而这些阀门均以一字形排列，并由一个控制器控制这个系统。

3. 波涌阀、控制器

田间灌水系统波涌阀、控制器是由国家节水灌溉北京工程技术研究中心开发生产的波涌灌溉设备，它具有配水和控制两大功能，控制器具有时间耦合特性，有利于地面灌溉自动化的实现。波涌灌溉系统一般由水源、波涌阀、控制器和输配水管道等组成，其中波涌阀和控制器是整个系统的核心设备（见图 1-4-24）。

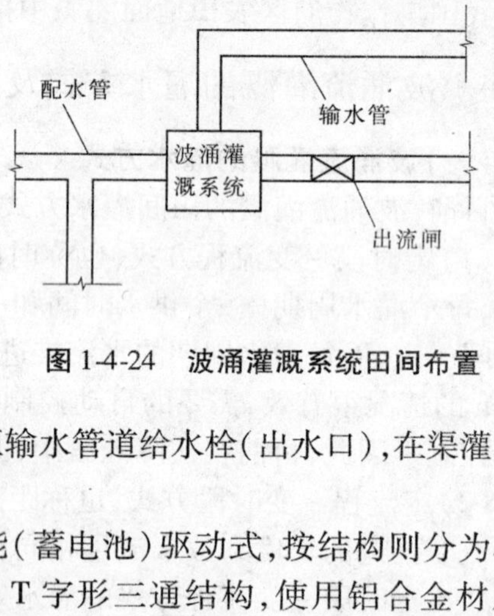

图 1-4-24　波涌灌溉系统田间布置

（三）波涌灌溉系统及田间布置

（1）用于波涌灌溉的水源在井灌区可来自低压输水管道给水栓（出水口），在渠灌区则取自农渠的分水闸口。

（2）波涌阀按动力划分为水力驱动式和太阳能（蓄电池）驱动式，按结构则分为单向阀或双向阀。其中太阳能驱动式双向阀的阀体呈 T 字形三通结构，使用铝合金材质铸造。水流从进水口引入后，通过阀体两侧的阀门自动转向实现交替分水，阀门启闭由控制器中的电动马达驱动。

（3）控制器由微处理器、电动机、可充电电池及太阳能板组成，采用铝合金外罩保护。控制器用来实现波涌阀的自动开关与转向，定时控制间歇供水的时间并自动完成水流切换，实现波涌灌水自动化。控制器的参数输入以触键式为主，具有数字输入及显示功能，内置计算程序可用来自动设置阀门的启闭时间间隔。

（4）配水管道及田间布置采用 PE 软管或 PVC 硬管将低压输水管道给水栓或农渠分

水口与波涌阀进水口相连,在波涌阀出水口处装有软管(硬管)伸向两侧,起到传统毛渠的配水作用。在控制器作用下可实现阀门的自动转向和水流切换,完成交替供水过程。波涌灌溉系统可与田间闸管灌溉系统配套使用(见图1-4-24)。

二、波涌流灌溉灌水技术

波涌流灌溉可以划分为波涌流沟灌和波涌畦灌两类。它们与传统的连续沟、畦灌的最主要区别就在于,一次灌水过程中包含有几个供水和停水阶段。

(一)波涌流沟(畦)灌灌水技术要素主要有四项

(1)单沟或单宽流量;

(2)周期放水时间;

(3)灌水周期数;

(4)循环率等。

波涌流沟、畦灌的一个放水和停水过程就构成一个灌水周期。周期放水时间与停水时间之和称为周期时间。而放水时间与周期时间之比则称为循环率。完成波涌流沟、畦灌灌水全过程所需要的放水和停水过程的次数为周期数。

波涌流灌溉灌水技术要素是影响波涌流灌溉灌水效果的重要参数,一般应通过灌水试验或参考类似条件下的实践经验确定,若无上述资料,也可应用理论分析方法或经验分析方法确定。

(二)陕西省泾惠渠灌区波涌流畦灌的实施方案

以波涌流灌节水率大、灌水质量高和灌水管理方便为原则,根据大田间歇入渗和波涌流畦灌灌水试验研究成果,结合泾惠渠灌区水源、田间条件等实际情况,考虑波涌流畦灌技术要素的最佳组合,确定的波涌流畦灌灌水实施方案见表1-4-12。在1992~1993年两年中,依照提出的波涌流畦灌灌水实施方案,在泾惠渠灌区进行了波涌流畦灌灌水技术的示范推广,它较同等条件下的连续畦灌平均节水21%,并提高了灌水质量,收到了良好的灌水效果。

表1-4-12 泾惠渠灌区波涌流畦灌灌水实施方案(适宜作物头水灌溉)

畦长(m)	坡度(‰)	单宽流量[L/(s·m)]	周期数	循环率
160左右	2左右	10~12	2	1/2
	3~4	8~10	2	1/2或1/3
	5左右	4~8	2	1/3
240左右	2左右	12~14	3	1/3
	3~4	10~13	3	1/2或1/3
	5左右	6~10	3	1/2
320左右	2左右	12~14	3或4	1/3
	3~4	10~12	3	1/2或1/3
	5左右	8~10	3	1/2

第十节　节水灌溉综合评价理论与方法

大型节水灌溉工程一般投资额度大，其投资的效益与合理的规划设计密切相关，而规划设计的首要条件是要事先确定合理的节水灌溉方案。在我国，还需要大力研究确定节水灌溉工程方案的理论与方法，这是由于节水灌溉工程规划涉及的因素太多，尤其是许多因素目前加以定量分析还有一定的困难，因而在节水工程的规划阶段，专家和决策人的经验起着主导作用。由于专家和决策人所作的决断难以避免地会带有主观性和片面性，使得工程和方案决策往往会与实际情况发生偏离。我国在这方面的经验和教训不少，有些工程由于在规划阶段的决策草率，甚至连专家或者内行的意见也不咨询的例子也可以找到，其结果由于方案的决策失误，而导致工程建成后还未产生效益即报废。

一、节水灌溉综合评价指标及指标体系

节水灌溉工程涉及政治、技术、经济、资源、环境和社会六大类问题，将六个大类细分为不同的子类，然后进一步细分，即可归纳出 42 条有关的指标，按照这些指标间的一定的规律，建立的节水灌溉综合评价体系见图 1-4-25，限于篇幅，这里不加解释。

二、节水灌溉模糊综合评价理论与模型

（一）模糊综合评价理论与模型

根据多目标模糊集理论，我们选建立模糊综合评价理论与模型。

设系统有 n 个综合评价指标，方案集中有 m 个可行决策方案，若每个评价指标对每一方案用指标特征量 x_{ij} 表示，则系统有 $n \times m$ 阶指标特征量矩阵：

$$X_{ij} = (x_{ij}) \quad (i = 1,2,\cdots,n; j = 1,2,\cdots,m) \tag{1-4-97}$$

式中　x_{ij}——第 j 个方案的第 i 个评价指标的特征量。

一般情况下，x_{ij} 具有两种类型：即越大越优或越小越优。综合评价的目的是根据指标特征量矩阵选择出最优方案或对方案进行最优排序，以便决策者选用。由于优与次（或劣）这一对概念之间不存在绝对分明的界限，所以优化具有模糊性。另外，优化是根据指标特征量在方案集中进行，优或次是相对于方案集中的元素间比较而言，因而优化又具有相对性。所以，综合评价的结果既具有模糊性，也具有相对性。

通过适当的方法，例如可能满意度分析方法，或采用隶属度计算公式，计算出各指标的特征量（即标度）。采用隶属度公式计算时，对越大越优型向量，若要对 x 的第 k 个指标取越大越优，则在第 k 行中取最大 $\max\{x_{k1}, x_{k2}, \cdots, x_{km}\} = x_{kl}$，再以 x_{kl} 除以 $x_{ij}(j = 1,2,\cdots,m)$；反之对越小越优型向量，若要对 x 的第 k 个指标取越小越优，则在第 k 行中取最小元素 $\min\{x_{k1}, x_{k2}, \cdots, x_{km}\} = x_{kl}$，再以 x_{kl} 除以 $x_{ij}(j = 1,2,\cdots,m)$，如此即可将指标特征量矩阵式（1-4-97）转变成指标隶属度矩阵：

$$R_{n\times m} = r_{ij} \quad (i = 1,2,\cdots,n; j = 1,2,\cdots,m) \tag{1-4-98}$$

根据优化的模糊性与相对性概念，可给出如下定义。

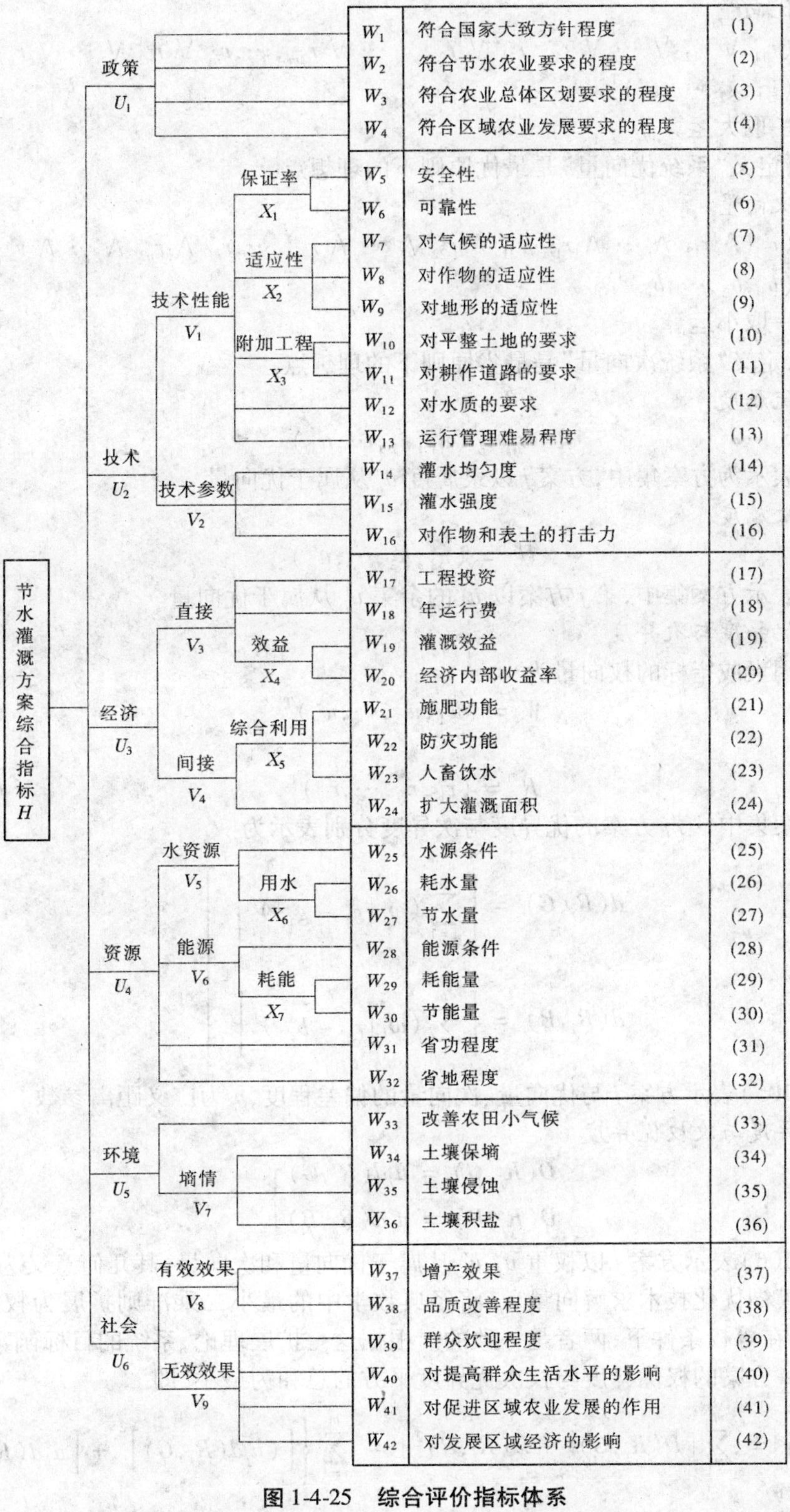

图 1-4-25　综合评价指标体系

1. 系统优向量

$$G=(r_{11}\vee r_{12}\vee\cdots\vee r_{1m},r_{21}\vee r_{22}\vee\cdots\vee r_{2m},\cdots,r_{ni}\vee r_{n2}\vee\cdots\vee r_{nm})^{\mathrm{T}}$$
$$=(g_1,g_2,\cdots,g_n)^{\mathrm{T}} \qquad (1\text{-}4\text{-}99)$$

式中　∨——取大运算。

实际上,定义“系统优向量”是最优原则下的理想点。

2. 系统次向量

$$G=(r_{11}\wedge r_{12}\wedge\cdots\wedge r_{1m},r_{21}\wedge r_{22}\wedge\cdots\wedge r_{2m},\cdots,r_{ni}\wedge r_{n2}\wedge\cdots\wedge r_{nm})^{\mathrm{T}}$$
$$=(b_1,b_2,\cdots,b_n)^{\mathrm{T}} \qquad (1\text{-}4\text{-}100)$$

式中　∧——取小运算。

实际上,定义“系统次向量”是最劣原则下的理想点。

3. 系统优属度

$$U_j=(u_1,u_2,\cdots,u_m) \qquad (1\text{-}4\text{-}101)$$

优属度表示为方案集中,方案 j 以隶属度 u_j 从属于优向量。

4. 系统次属度

$$U_j^c=(u_1^c,u_2^c,\cdots,u_m^c) \qquad (1\text{-}4\text{-}102)$$

次属度表示方案集中,第 j 方案以 u_j 的余集 u_j^c 从属于优向量。

5. 系统优异度与次异度

设评价因素或指标的权向量为

$$W=(w_1,w_2,\cdots,w_n)^{\mathrm{T}} \qquad (1\text{-}4\text{-}103)$$

并记:

$$R_j=(r_{1j},r_{2j},\cdots,r_{nj})^{\mathrm{T}} \qquad (1\text{-}4\text{-}104)$$

则将系统方案集中,第 j 方案的优异度与次异度分别表示为

$$\left.\begin{aligned}d(R_j,G)&=\left[\sum_{i=1}^{n}(\omega_i\,|r_{ij}-g_i|)^p\right]^{\frac{1}{p}}\\ d(R_j,B)&=\left[\sum_{i=1}^{n}(\omega_i\,|r_{ij}-b_i|)^p\right]^{\frac{1}{p}}\end{aligned}\right\} \qquad (1\text{-}4\text{-}105)$$

式(1-4-105)表示方案 j 与优向量、次向量的偏差程度,p 为广义距离参数。

6. 权优异度与次权优异度

$$\left.\begin{aligned}D(R_j,G)&=u_jd(R_j,G)\\ D(R_j,B)&=u_j^cd(R_j,B)\end{aligned}\right\} \qquad (1\text{-}4\text{-}106)$$

式(1-4-106)表示方案 j 以权重 u_j、u_j^c 从属于优向量和次向量,其几何意义为权距离。

现采用模糊优化技术求解向量 u_j,将经典数学中的最小二乘准则扩展为权距离平方和最小准则,在等权条件下,两者是一致的。根据这一扩展理论,系统的目标函数可表示:方案集中任一方案的权优异度与权次优异度平方的总和为最小,即

$$\min\{F(u_j)\}=\sum_{j=1}^{m}\left[D(R_j,G)^2+D(R_j,B)^2\right]=\sum_{j=1}^{m}\left\{\left[(u_jd(R_j,G)\right]^2+\left[u_j^cd(R_j,B)\right]^2\right\}$$
$$(1\text{-}4\text{-}107)$$

注意到 $u_j^c = 1 - u_j$，令 $\frac{dF(u_j)}{du_j} = 0$，解式(1-4-107)得到：

$$u_j = \frac{1}{1 + \left[\frac{\sum_{i=1}^{n} (\omega_i |r_{ij} - g_i|)^p}{\sum_{i=1}^{n} (\omega_i |r_{ij} - b_i|)^p}\right]^{\frac{2}{p}}} \tag{1-4-108}$$

式(1-4-108)中，当 $p=1$ 时，相当于取用海明距离；当 $p=2$ 时，相当于取用欧氏距离。实际应用时，取用海明距离不仅应用上较方便，而且克服了模糊综合评价加权平均模型的评价值趋于均化的缺点，特别在多层评判中不易产生合理的评判结果的困难。

(二)模型求解的方法

在模糊多目标问题中，一般问题都具有层次或是各因素分别具有某种相同或较接近的属性。例如在用可能满意度理论求解节水灌溉工程综合评价问题时，指标归结为一些小类或称次子类，然后归并为子类，最后归并为大类 $U_1 \sim U_6$，如果各指标可以划分出相应的大类，这里一个指标可以划归一个以上的大类，这样不仅在概念上很明确，而且为考虑各大类间不同的权重而提供方便，使得到的计算结果将更合理。

具体而言，如果得到了系统的隶属度矩阵 $R_{n\times m}$，就可以根据指标的不同属性将 $R_{n\times m}$ 分解成若干大类或分系统。严格说来，这种分法很多，但是实际问题由于其物理性质和主要属性的存在，其大类或分系统不会太多。假定将 $R_{n\times m}$ 分解为 $R_{n_1\times m},\cdots,R_{n_s\times m}$，即有 s 个大类或分系统，由于有的指标可重复划归几个大类，则 $\sum_{i=1}^{s} n_1 \geqslant n$，将各大类或分系统分别应用式(1-4-108)解，可得到 s 个 u_j，再将 s 个 u_j 重新组成新的解算矩阵，即各大类或分系统隶属度矩阵：

$$R_{s\times m} = (u_{ij})_{s\times m} \tag{1-4-109}$$

在式(1-4-109)中，可考虑各大类或分系统的权重指标，仍运用式(1-4-107)进行求解，即可得到系统各方案的最终综合评价的模糊优化值 u_{ij}：

$$u_{ij} = u_{ij} \quad (i = 1; j = 1,2,\cdots,m) \tag{1-4-110}$$

三、综合评价的合理度理论与模型

(一)可能度与满意度

1. 可能度

如果一个事物或事情肯定可以办到或完全可能的话，那么它的把握最大，其可能度为最高，记为 P，并规定为 $P=1$。反之可能度也最小，规定 $P=0$。因此，以 P 从 0 到 1 之间的实数就可以表示相应的各种不同的可能程度，即 $P\in[0,1]$。在区间[0,1]的端点上，往往事物比较明确，而在 0 ~ 1 之间，往往就会有较多的争论，而给 P 在 0 ~ 1 之间的定量描述，恰恰就反映了这种把握不大的特点。

例如，采用节水灌溉技术比不灌溉或地面灌溉能够增产的可能性是一定存在的。图 1-4-26 表示了以可能度描述的某作物采用节水灌溉的产量。事实上，产量在 1 200 ~ 1 400 kg/hm^2 是有争议的，如果采取对争议算术折中的办法，那可能是一种无奈的做法。

然而，这个问题粗略地可以用一条三折型曲线来表示，见图 1-4-26。

由图 1-4-26 可知，可能度可以用下述分式表示：

$$P(y)=\begin{cases}0 & (y<y_A)\\ \dfrac{y-y_B}{y_A-y_B} & (y_A\leqslant y\leqslant y_B)\\ 0 & (y>y_B)\end{cases} \tag{1-4-111}$$

2. 满意度

与可能度相类似，如果一件事物我们认为相当满意，就用 $S=1$ 表示；反之若认为相当不满意，就用 $S=0$ 表示。同样，S 在 0 ~ 1 之间就会有较多的争论，存在着“众说纷纭”的现象。仿效可能度曲线，节水灌溉条件下，某作物产量满意度曲线如图 1-4-27 所示。

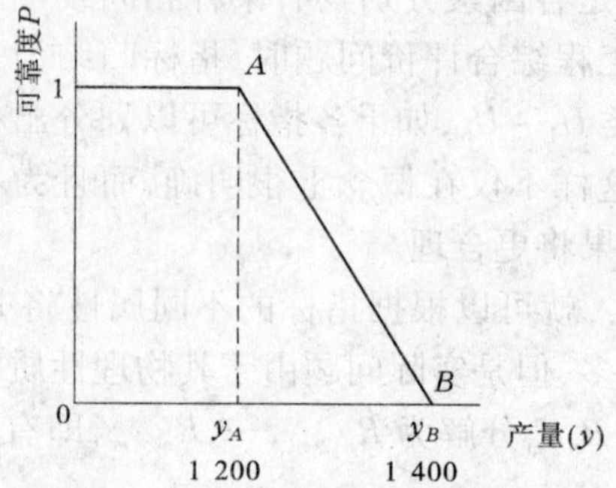

图 1-4-26　产量可能度曲线示意

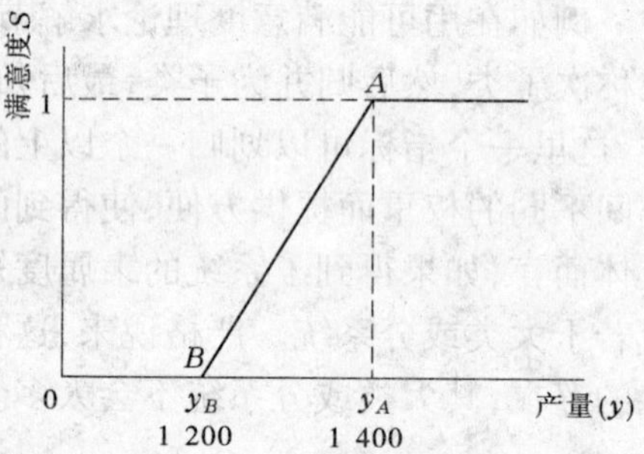

图 1-4-27　产量满意度曲线示意

根据图 1-4-27，满意度可用下述公式表示：

$$S(y)=\begin{cases}1 & (y\geqslant y_A)\\ \dfrac{y-y_B}{y_A-y_B} & (y_B<y<y_A)\\ 0 & (y\leqslant y_B)\end{cases} \tag{1-4-112}$$

如果研究工作做得相当精确，A 和 B 可以定得很准确，反之则粗略。同可能度一样，满意度也可以用 S 形曲线表示。

总之，用三折曲线来表示的可能度和满意度，是在意见为 0 ~ 1 区间内可以用直线来描述的情形下，方可较为恰当地反映客观情况，如果在研究工作中所遇到的情况不是这样，当然还可以用其他形式的曲线表示。这就要根据我们对事物的可能性和满意性的分析结果而定。对于节水灌溉综合评价指标，采用可能度和满意度表示法，不但简便，而且能够将指标属性描述清楚。

(二) 合理度

对于某项决策指标或评价指标，如果它对某属性 r 具有可能度曲线 $P(r)$；对另一属性 t 具有满意度曲线 $S(t)$，而 r 同另一属性 α 满足某个关系式，即限制条件为 $f(r,t,\alpha)=0$，那么就可以设法将 $P(r)$ 和 $S(t)$ 并合成为一条相对于属性 α 的 $W(\alpha)$ 曲线，它能够定量地表明既可能又注意的程度，称为合理度，用 $W\in[0,1]$ 表示。当 $W=0$，表示“完全不满意”或“根本不可能”；当 $W=1$ 时，表示“百分之百的既满意又可能”；当 W 取介于0和1之间的值时，表示“完全可能但不完全满意”或“完全满意但不完全可能”，或者“既不完全满意又不完全可能”。

满足上述条件的可能度和满意度并合计算公式如下：

$$\left.\begin{aligned} &W(\alpha) = < P(r)_{\circ} S(t) > \\ &s.t. f(r,t,\alpha) = 0 \\ &r \in R, t \in T, \alpha \in A \end{aligned}\right\} \tag{1-4-113}$$

式中 $s.t.$——Subject to；

$<P(r)_{\circ}S(t)>$——并合运算过程，视具体问题而定；

R、T、A——属性 r,t,α 的容许集合（域）。

进一步从定量角度分析，由于要满足既要可能，又要满意的要求，因此式(1-4-113)必有如下关系式：

$$\left.\begin{aligned} &W(\alpha) \leqslant \max_{r,t} \min_{P,S} \{P(r), S(t)\} \\ &s.t. f(r,t,\alpha) = 0 \\ &r \in R, t \in T, \alpha \in A \end{aligned}\right\} \tag{1-4-114}$$

合理度计算需要根据具体问题的性质来定，一般情况下，用到弱并合和强并合的场合较多。现分别叙述如下。

(1)弱并合：并合后所得到的合理度是最大可能值，即在式(1-4-113)中取等号，则：

$$\left.\begin{aligned} &W(\alpha) \max_{r,t} \min_{P,S} \{P(r), S(t)\} \\ &s.t. f(r,t,\alpha) = 0 \\ &r \in R, t \in T, \alpha \in A \end{aligned}\right\} \tag{1-4-115}$$

(2)强并合：并合所得到的合理度是严格存在的，即在式(1-4-115)中采用乘法公式，则：

$$\left.\begin{aligned} &W(\alpha) \max\{P(r) \cdot S(t)\} \\ &s.t. f(r,t,\alpha) = 0 \\ &r \in R, t \in T, \alpha \in A \end{aligned}\right\} \tag{1-4-116}$$

有了式(1-4-115)和式(1-4-116)，则可采用各种优化技术和规划方法进行计算，求解相应的合理度 W。如果可能度 P 和满意度 S 有具体的表达式，还可以获得 W 的公式解；如果希望反映对可能度或满意度的偏重程度，还可以采用指数加权的办法，以 P^{ξ}、S^{η} 代替 P、S。

(三)数学模型及求解方法

根据各指标间的关系及模型式(1-4-115)和式(1-4-116)，运用 M. Pherson 教授在多目标决策问题中提出的多维价值组合规则，可分析出与结构模型(见图1-4-25)相一致的数学模型，采用多维价值组合规则求解，即可得到方案综合评价的合理度。不同的方案可计算出不同的合理度，从而选取合理度值较大者为决策方案。

四、综合评价理论与模型应用方法

以上给出了两种综合评价的理论和模型，用它们进行节水灌溉工程综合评价必须首先确定节水灌溉工程的可行方案集,并用各种规划设计方法(各方案的设计方法要一致)进行设计,求得图 1-4-25 中的有关定量指标的量值;对不能定量的指标,应用各种统计分析和调查专家意见的方法得到指标量值或标度,得到所有指标的量值后,即可应用指标隶属度方法或合理度指标标度方法,得到全部指标的标度,再应用上述两种综合评价模型求解,即可得到方案集中的方案优劣排序结果。

有关指标确定、建模及求解方法,可参阅相关文献。

第五章　灌溉渠道横断面设计

渠道横断面设计的传统方法：一是以水力最优断面为准则，采用最佳宽深比 α_{opt}（梯形断面）或尽量接近最优断面，由于水力最优断面并不一定是最经济断面，尤其对在平原地区的土质渠床而言，因而大型渠道常从实用考虑，采用宽浅式断面 $\alpha > \alpha_{opt}$；二是从经验准则出发，选择宽深比，但这一准则大多只是从稳定渠床的经验出发，根据 θ、m 与 α 的经验模型决定多泥沙河流的平面稳定横断面，但又不考虑经济断面问题或仅依据经验不能科学定量，因此一般所称实用型经济断面并不一定是最经济断面，即传统渠道横断面设计的不足之处有待改进。在进行节水灌溉、广泛推广渠道衬砌防渗之今日，正确的设计方法则显得更加突出。

第一节　优化设计原理

优化设计思想是在满足渠道使用要求的前提下，使造价最低。使用要求包括通过设计流量，满足灌溉运行和施工的 b、h、α 要求（满足不冲不淤要求），即以造价最小为目标函数，用各种使用要求作约束条件，求解目标函数的最小值。

以有衬砌的灌溉渠道设计为例（见图 1-5-1），为简化设计方法，假设渠底衬砌与边坡衬砌具有相同单价（也可不同过水断面面积与挖方面积相同）（适用于山丘区或平原骨干引水渠）；挖方为同一单价（深度不同也可采用不同单价）。

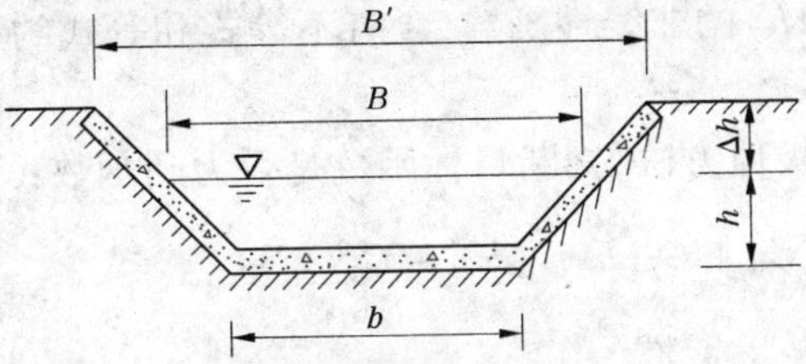

图 1-5-1　渠道横断面

设：Z——每米长渠道总造价，元；

Z_1——每米长衬砌造价，元；

Z_2——每米长挖方造价，元；

Z_3——每米长占地价，元；

C_1——衬砌单价，元/m^2；

C_2——挖方单价，元/m^3；

C_3——土地单价，元/m^2；

X'——每米长渠道衬砌面积，m^2；

W'——每米挖方,m^3;

b_{opt}, h_{opt}——最优水力断面底宽、水深,m;

b^*, h^*——优化设计的底宽、水深最优值,m;

其余符号同教科书。

已知:
$$C = \frac{1}{n}R^{\frac{1}{6}} \tag{1-5-1}$$

$$Q = \omega C\sqrt{R_i} = \frac{\omega^{\frac{5}{3}}\sqrt{i}}{X^{\frac{2}{3}}\cdot n} = \frac{(bh + mh^2)^{\frac{5}{3}}\cdot\sqrt{i}}{(b + 2\sqrt{1 + m^2\cdot h})^{\frac{2}{3}}\cdot n}$$

$$v = C\sqrt{R_i} = \left(\frac{\omega}{x}\right)^{\frac{2}{3}}\cdot\frac{\sqrt{i}}{n} = \left(\frac{bh + mh^2}{b + 2\sqrt{1 + m^2}\cdot h}\right)^{\frac{2}{3}}\cdot\frac{\sqrt{i}}{n} \tag{1-5-2}$$

$$Z = Z_1 + Z_2 + Z_3 = C_1X' + C_2W' + C_3B' \tag{1-5-3}$$

可得横断面优化设计的数学模型:

目标函数 Z_{min}

$$\left.\begin{aligned} Z_{min} = {} & C_1[b + 2\sqrt{1 + m^2}(h + \Delta h)] + C_2[b + (h + \Delta h + m(h + \Delta h)] + \\ & C_3[b + 2m\sqrt{h + \Delta h}] \end{aligned}\right\} \tag{1-5-4}$$

约束条件

$$\frac{(b + h + mh^2)^{\frac{5}{3}}}{(b + 2\sqrt{1 + m^2}h)^{\frac{2}{3}}}\cdot\frac{\sqrt{i}}{n} = Q \tag{1-5-5}$$

$$v_{不淤} < \left(\frac{bh + mh^2}{b + 2\sqrt{1 + m^2}\cdot h}\right)^{\frac{2}{3}}\frac{\sqrt{i}}{n} < v_{不冲} \tag{1-5-6}$$

$$b_1, h \geqslant 0 \tag{1-5-7}$$

该问题为二变量(b,h)的非线性函数,含有不等式和等式约束,属于不等式约束条件下的非线性规划问题。

用二元函数经典求极值方法,判断目标函数是否为凸函数:

$$\begin{aligned} &\frac{\partial Z}{\partial b} = C_1 + C_2(h + \Delta h) + C_3 \\ &\frac{\partial^2 Z}{\partial b^2} = 0, \frac{\partial^2 Z}{\partial b\partial h} = C_2 \\ &\frac{\partial Z}{\partial h} = ZC_1\sqrt{1 + m^2} + C_2[b + 2m(h + \Delta h)] + 2mC_3 \\ &\frac{\partial^2 Z}{\partial h^2} = 2C_2m \\ &\begin{vmatrix} \frac{\partial^2 Z}{\partial^2 b^2} & \frac{\partial^2 Z}{\partial b\partial h} \\ \frac{\partial^2 Z}{\partial b\partial h} & \frac{\partial^2 Z}{\partial h^2} \end{vmatrix} = \begin{vmatrix} 0 & C_2 \\ C_2 & 2C_2m \end{vmatrix} = -C_2^2 < 0 \end{aligned} \tag{1-5-8}$$

所以,Z 不是凸函数。

又因：

$$\left(\frac{\partial^2 Z}{\partial b \partial h}\right)^2 - \left(\frac{\partial^2 Z}{\partial b^2}\right)\left(\frac{\partial^2 Z}{\partial h^2}\right) = C_2^2 - 0 \times 2C_2 m = C_2^2 > 0 \tag{1-5-9}$$

所以，目标函数无极值点。

由于约束条件中设计变量的次数较高，用其他常用方法求解较困难，可用直接试算方法求解。即给出 b 的一系列值 $b_0, b_1, b_2, \cdots, b_i, \cdots$ 用约束条件式(1-5-5)解得相应 $h_0, h_1, h_2, \cdots, h_i, \cdots$ 再将满足式(1-5-6)的对应值代入目标函数式(1-5-4)，求得 Z 值($Z_0, Z_1, Z_2, \cdots, Z_i, \cdots$)，其中可寻得 $Z_{\min}$，此时对应的 b^*, h^* 即为所求最优解。试算法原理简单，在求解时 b 的取值(步长)可由粗到密，最后直到满足一定精度要求为止。

具体计算方法有两种：

(1)用传统水力学明渠正常水深诺模图求解。

按断面形式，如梯形、矩形、其他曲线(抛物形、圆弧形、几何最优形)分别制图求解。

如一般水力学书上均有介绍：计算特性流量 $K = \frac{Q}{\sqrt{i}}$；设 b，计算 $\frac{b^{2.67}}{n \cdot K}$；查诺模图得 $\frac{h}{b}$，计算相应 h，但此方法精密度不高。

(2)用迭代法在计算机上运算。

将式(1-5-5)展开，得多项式 $f(h)$，根据笛卡儿法则，h 有唯一的一个正 $h = (\varphi)h$，并在$[0, \infty]$上收敛，求得迭代式为

$$h_n = \frac{1}{2m}\left[\sqrt{b^2 + 4m\left(\frac{nQ}{\sqrt{i}}\right)^{\frac{3}{5}} \cdot (b + 2\sqrt{1 + m^2} \cdot h_{n-1})^{\frac{2}{5}}} - b\right] \tag{1-5-10}$$

首先设 b，然后在$[0, \infty]$上任意取定一个 h_0，将 h_0 代入式(1-5-10)右端，计算得 $h_1 = \varphi(h_0)$；再将 h_1 代入式(1-5-10)右端得 $h_2 = \varphi(h_1)$，依次反复计算下去，得：$h_3 = \varphi(h_2), \cdots, h_n = \varphi(h_{n-1})$，直到 $h_{n-1} \approx h_n$ 为止。所得数列 $h_0, h_1, h_2, \cdots, h_n$ 是收敛的，$h = h_n$ 也可在计算器上连续运算，速度很快，结果具有较高精度。

第二节　优化计算实例

【例 1-5-1】　一挖方灌溉渠道，渠槽土质为砂土，混凝土衬砌。已知 $Q = 10\ \mathrm{m^3/s}$，$i = 1/1\,000$，$n = 0.016$，$m = 1$；$C_1 = 6$ 元/$\mathrm{m^2}$，$C_2 = 1.5$ 元/$\mathrm{m^3}$，$C_3 = 5$ 元/$\mathrm{m^2}$；$v_{不淤} = 0.5\ \mathrm{m/s}$，$v_{不冲} = 8\ \mathrm{m/s}$；渠埋超高 $\Delta h = 0.5\ \mathrm{m}$。试用优化法设计渠道横断面。

解：数学模型见前。

根据第一约束条件，设 b，用迭代法计算 h，如设 $b = 1\ \mathrm{m}$，$h_0 = 2\ \mathrm{m}$。将已知值代入式(1-5-10)，得：

$$h_n = \frac{1}{2m}\left[\sqrt{b^2 + 4 \times 1 \times \left(\frac{0.016 \times 10}{\sqrt{\frac{1}{1\,000}}}\right)^{\frac{3}{5}} (b + 2\sqrt{1 + 1^2} h_{n-1})^{\frac{2}{5}}} - b\right]$$

$$= 0.5 \times [\sqrt{b^2 + 10.58 \times 2 \times (b + 2.828 h_{n-1})^{\frac{2}{5}}} - b]$$

$$h_1 = 0.5 \times [\sqrt{1 + 10.58 \times (1 + 2.828 \times 2)^{\frac{2}{5}}} - 1] = 1.93$$

$$h_2 = 0.5 \times [\sqrt{1 + 10.58 \times (1 + 2.828 \times 1.93)^{\frac{2}{5}}} - 1] = 1.91$$

$$h_3 = 1.91$$

所以，$h_3 = 1.91$ m。

验算是否满足第二个约束条件：

$$v = \left(\frac{bh + mh^2}{b + 2\sqrt{1 + m^2}h}\right)^{\frac{2}{3}} \frac{\sqrt{i}}{n} = \left(\frac{bh + h^2}{b + 2\sqrt{1 + 1}h}\right)^{\frac{2}{3}} \frac{\sqrt{\frac{1}{1\ 000}}}{0.016}$$

$$= 1.976 \times \left(\frac{bh + h^2}{b + 2.828h}\right)^{\frac{2}{3}} = 1.976 \times \left(\frac{1 \times 1.91 + 1.91^2}{1 + 2.828 \times 1.91}\right)^{\frac{2}{3}}$$

$$= 1.80(\text{m/s})$$

$v_{不淤} < v < v_{不冲}$，满足第二个约束条件。

计算目标函数：

$$Z = Z_1 + Z_2 + Z_3$$

$$= 6 \times \{b + 2.828 \times (h + 0.5) + 1.5 \times [b(h + 0.5) + (h + 0.5)^2] + 5 \times [b + 2 \times (h + 0.5)]\}$$

$$= 6 \times [1 + 2.828 \times (1.91 + 0.5)] + 1.5 \times [1 \times (1.91 + 0.5) + (1.91 + 0.5)^2] + 5 \times [1 + 2 \times (1.91 + 0.5)]$$

$$= 46.89 + 12.33 + 29.10 = 88.32(\text{元})$$

水力最佳断面的水深及底宽：

$$h_0 = 1.189 \times \left[\frac{nQ}{(2\sqrt{1 + m^2} - m)\sqrt{i}}\right]^{\frac{3}{8}} = 1.189 \times \left[\frac{0.016 \times 10}{(2\sqrt{1 + 1} - 1)\sqrt{\frac{1}{1\ 000}}}\right]^{\frac{3}{8}}$$

$$= 1.74(\text{m})$$

$$b_0 = \beta h_0 = 0.83 \times 1.74 = 1.44(\text{m})$$

将计算结果列入表 1-5-1。

表 1-5-1　渠道底宽、水深及流速、每米长造价表

底宽 b(m)		0.50	0.60	0.80	0.90	1.00	1.20	1.36	$b_0 = 1.44$	1.60
水深 h(m)		2.13	2.08	1.99	1.95	1.91	1.88	1.77	$h_0 = 1.74$	1.69
流速 v(m/s)		1.785	1.787	1.790	1.795	1.80	1.83	1.801	1.80	1.803
每米长渠道造价(元)	衬砌造价 Z_1	47.63	47.38	47.05	46.91	46.89	46.74	46.68	46.65	46.76
	挖方造价 Z_2	12.35	12.31	12.29	12.31	12.33	12.34	12.36	12.36	12.45
	地价 Z_3	28.80	28.80	28.90	29.00	29.10	29.30	29.50	29.60	29.90
	总造价 Z	88.78	88.49	88.24	88.22	88.32	88.38	88.54	88.61	89.11

比较 Z，得 $Z_{\min}=88.22$ 元，确定最优底宽及水深 $b^*=0.90$ m，$h^*=1.95$ m。

从表 1-5-1 可以看出，水力最佳断面从经济上来看并非最优断面。本例水力最佳断面还较接近最优断面，有时偏离较远，即水力最佳断面很不经济。当 C_3 较大时，最优断面较窄深。

第六章 灌溉水源和取水方式

第一节 灌溉水质评价

一、水质评价的概念

在水资源评价和灌区规划时,需提供水质和水量依据。然而一般水资源数量是人们较重视的,水质往往被忽视,或仅强调泥沙含量等很直观的因素。水质评价可以得出灌溉水源是否安全,能否带来副作用及应采用的措施。

通常灌溉水中总含有一定数量的可溶性物质,通称盐。这些含量很小、重要的溶解质主要来源是当水流过或渗过可溶性物质,风化石,土壤和可溶的石灰、石膏等物体时,从它们中获得的。对于一种灌溉水的适用性主要是由水中盐分的类型和数量来决定的。当使用不同的水灌溉后,相应的土壤、作物将会有不同程度的反应,需要一些相应的特殊措施来保护灌溉农业发展。

从水质评价的立场出发,灌溉水的适用性是由其可能引起的问题来决定的,与所需的特殊管理措施或产量减少的原因有关。许多情况下的解决办法也都是站在农业发展水平上,即灌溉水质评价必须在现有的管理能力和农村经济状况下,水对作物的危害情况。水质问题通常都是较复杂的环境问题,公认的利用劣质水进行灌溉后,所产生的问题有四种,即含盐量问题、渗透性问题、毒性离子问题和混合问题。每种问题可能单独影响作物或者两种以上的组合,这样的组合可能较难解决,也可能较单独作用时影响作物生产严重得多。在以下讨论中,如果问题以组合形式出现,也仅认为在同一时间只有一种问题作用,然后进行组合。

二、含盐量问题

土壤的含盐量问题与水质有关,如果灌溉水中含盐量较高,当土壤水分经地表蒸发或被作物利用后,盐分就会在土壤作物根系活动层内积累,从而影响作物的产量。如果过多的可溶性盐在根系层内积累,农作物从土壤中吸收水分就变得较困难,即土水势接近于根水势或势差较小,将使可利用的土壤水有效水量减少。由于作物根系可吸收的水分减少,导致作物生长延缓,并可能呈现出干旱的症状,即提前凋萎或生理干旱,有些作物表现出黄绿色或在叶面出现较严重的蜡状沉积物。

FAO 提供的含盐量标准(1976)为按电导划分:

(1)当 $EC_w < 0.75$ mmhos/cm 时,没有问题;

(2)当 $EC_w = 0.75 \sim 3.0$ mmhos/cm 时,略有问题;

(3)当 $EC_w > 3.0$ mmhos/cm 时,有严重问题。

为了避免盐分在土壤根系活动层内的积累不超过某个限定值，必须把相当于灌溉水提供的盐分移走，即形成作物活动层内的盐分平衡。

三、渗透性问题

灌溉后如果灌溉水入渗速度较慢，在下次灌溉前，作物生长所需要的水分仍充满在土壤表层，即产生了渗透性问题。一般渗透性问题多发生于土壤表层几厘米厚的土层内，这种减少向作物供水的结果如同含盐量问题的结果一样，只是原因不同而已。渗透性问题减少了进入作物根系活动层内的水量，而含盐量问题是减少作物根系活动层内作物可利用的有效水量。

影响土壤渗透性能的因素很多，如物理性质方面：土壤质地、土壤层次和密度等；化学性质：可交换的阳离子和无机质的种类等。以下所讨论的是由于灌溉水质所引起的土壤化学不适宜变化，仅有两个因素，低含盐量和高钠含量。

（一）低含盐量灌溉水

低含盐量水具有破坏性，它可以消耗土壤表层具有可溶性矿物质和盐分，因其具有很强的溶解能力，很快就溶解完土壤表层内的大部分钙质，从而引起较细的土壤颗粒趋于发散，并充满于土壤孔隙中，致使土壤表层密封，灌溉水电导率 EC_w 值越低，渗透性问题越严重，一般可按 FAO（1976）标准判断：

（1）当 $EC_w > 0.5$ mmhos/cm 时，没有问题；

（2）当 $EC_w = 0.5 \sim 0.2$ mmhos/cm 时，略有问题；

（3）当 $EC_w < 0.2$ mmhos/cm 时，有严重问题。

（二）高钠含量灌溉水

可交换性钠离子对土壤结构有很强的破坏作用，高钠含量灌溉水能引起很严重的土壤渗透性问题。此时，很难满足作物的需水要求。另外，由于表层积水而产生一些其他不良现象，如推迟作物发芽，土壤通气性变差和杂草生长等问题，需要一些特殊的处理措施。对钠含量问题可用钠吸附比（SAR）值来判别（见表 1-6-1）。

$$SAR = \frac{Na^{+}}{\sqrt{\frac{Ca^{2+} + Mg^{2+}}{2}}} \tag{1-6-1}$$

表 1-6-1　钠离子含量问题判别标准（FAO，1976）

土质	没有问题	略有问题	严重问题
蒙托土	<6	6 ~ 9	>9
伊利石 - 蛭石	<8	8 ~ 16	>16
高岭土	<16	16 ~ 24	>24

由于土质的不同，其化学组成（矿物质）也不相同，所以对钠盐的敏感程度也不相同。

四、毒性问题

毒性问题不同于含盐问题和渗透性问题，它发生在植物体内。当植物体吸收水分时，土壤水中的某些成分在植物体内积累。有关的毒性成分是钠、氯和硼元素。它们可以减少作物产量和致使作物死亡。对于大多数植物和其他多年生木质植物,则具有一定的"耐害"能力,但若钠和氯的含量高,则任何作物都可能发生毒性问题,常常是含盐量问题和渗透性问题的并发症。在使用喷灌时要注意,可能会由于作物叶面吸收钠和氯元素而引起特殊的毒性问题。

(一)钠元素

许多植物和多年生木质植物对于低浓度的钠元素都非常敏感,一般情况下,一年生作物不受钠的影响,仍可用 SAR_{adj} 值来估价灌溉水质。对钠敏感较强的有落叶性果树、坚果、柑橘、梨树及豆类等。

(1) $SAR_{adj} < 3$,没有问题;

(2) $SAR_{adj} = 3 \sim 9$,略有问题;

(3) $SAR_{adj} \geqslant 9$,有严重问题。

对于钠敏感较弱的作物有小麦、棉花、甜菜、西红柿等。可用可交换的钠离子百分比来评价,一般情况下,它们可以放宽到 $ESP = 40\% \sim 60\%$。

(二)氯元素

同钠元素的危害相似,许多植物和多年生木本植物对低浓度的氯元素都较敏感。唯一有区别的是氯元素不被土壤吸附,而是随土壤水分运动,所以更易被植物吸收,同样也容易被冲洗掉。用灌溉水中氯离子浓度估价灌溉水质:

(1) $C < 4$ mg/L,没有问题;

(2) $C = 4 \sim 10$ mg/L,略有问题;

(3) $C > 10$ mg/L,严重问题。

(三)硼元素

硼是植物生长的必需元素之一,但需要量非常小,如果含硼过高,也会成为毒性离子。一般情况下,硼元素的毒性问题只与灌溉水有关,对于硼敏感的作物有许多种,不同于钠和氯对植物和多年生木质植物有明显影响。用灌溉水中硼含量估价灌溉水质:

(1) $C < 0.75$ mg/L,没有问题;

(2) $C = 0.75 \sim 2.0$ mg/L,略有问题;

(3) $C > 2.0$ mg/L,严重问题。

五、混合问题

混合问题表现在过多的杂草生长、作物倒伏、作物生育期推迟等。现仅讨论一些常见的问题,只与氮、碳酸氢根(HCO_3^-)和 pH 值有关。

(一)硝酸盐和氨水

硝酸盐和氨水是氮促进作物生长的两种形式,如果过量使用肥料,作物生产将受到破坏,灌溉水中含有超量的氮时,同样也会产生问题,在温度、阳光及其他条件适合的情况下,在河流、湖泊和渠道上生长过多的藻类和水生植物,对工程管理和运行带来不便。用 NO_3^- 或 NH_4-N 浓度评价灌溉水质:

(1) $C < 5$ mg/L,没有问题;

(2) $C=5\sim30$ mg/L，略有问题；

(3) $C>30$ mg/L，严重问题。

(二) HCO_3^- 问题

在湿度较小($RH<30\%$)和蒸发较大的季节内使用喷灌进行灌溉果树或苗圃时，即使HCO_3^-的浓度很低，HCO_3^-问题也会发生。此时，在水果和叶面表面留下白色斑点，以后也无法冲洗掉。用HCO_3^-的浓度（植物顶部喷灌时）评价灌溉水质：

(1) $C<1.5$ mg/L，没有问题；

(2) $C=1.5\sim8.5$ mg/L，略有问题；

(3) $C>8.5$ mg/L，严重问题。

(三) pH 值问题

pH 值是用来测定水的酸碱程度，但其在实际评价中只能作一些定性的估价。正常 pH 值的范围是 6.5～8.4。

现以内蒙古黄河河套灌区（临河县北部低洼盐碱地区）的水质评价结果为例（见表 1-6-2）说明水质状况。

表 1-6-2　河套盐碱地水质评价（内蒙古农牧学院）

项目	pH 值	*SAR*	*TDS*(g/L)
潜水	8.1～9.4	>10 占 61.5	1.3～15.5
浅机井水	7.3～7.8	2.3～4.3	1.0～1.36
黄河水	7.6～8.0	1.5～1.8	0.51～0.57

六、灌溉水质标准

我国国家技术监督局、国家环境保护局 1992 年 1 月发布的国家标准《农田灌溉水质标准》(GB 5084—2005) 对于水作、旱作和蔬菜灌溉用水的水质要求列于表 1-6-3。

表 1-6-3　水作、旱作和蔬菜灌溉用水的水质要求

序号	项目	水作	旱作	蔬菜
1	生化需氧量(BOD_5) ≤	80	150	80
2	化学需氧量(COD_{Cr}) ≤	200	300	150
3	悬浮物≤	150	200	100
4	阴离子表面活性剂(LAS) ≤	5.0	8.0	5.0
5	凯氏氮≤	12	30	30
6	总磷(以 P 计) ≤	5.0	10	10
7	水温(℃) ≤	35	35	35
8	pH 值	5.5～8.5	5.5～8.5	5.5～8.5
9	全盐量≤	1 000(非盐碱土地区)，2 000(盐碱土地区)，有条件的地区可以适当放宽		

续表 1-6-3

序号	项目	水作	旱作	蔬菜
10	氯化物≤	250	250	250
11	硫化物≤	1.0	1.0	1.0
12	总汞≤	0.001	0.001	0.001
13	总镉≤	0.005	0.005	0.005
14	总砷≤	0.05	0.1	0.1
15	铬(六价)≤	0.1	0.1	0.1
16	总铅≤	0.1	0.1	0.1
17	总铜≤	1.0	1.0	1.0
18	总锌≤	2.0	2.0	2.0
19	总硒≤	0.02	0.02	0.02
20	氟化物≤	2.0(高氟区),3.0(一般地区)		
21	氰化物≤	0.5	0.5	0.5
22	石油灰≤	5.0	10	1.0
23	挥发酚≤	1.0	1.0	1.0
24	苯≤	2.5	2.5	2.5
25	三氯乙醛≤	1.0	0.5	0.5
26	丙烯醛≤	0.5	0.5	0.5
27	硼≤	1.0 (对硼敏感作物,如马铃薯、笋瓜、韭菜、洋葱、柑橘等), 2.0 (对硼耐受性较强的作物,如小麦、玉米、青椒、小白菜、葱等), 3.0 (对硼耐受性强的作物,如水稻、萝卜、油菜、甘蓝等)		
28	粪大肠菌群数(个/L)≤	10 000	10 000	10 000
29	蛔虫卵数(个/L)≤	2	2	2

第二节　地下水资源评价及开发利用

一、水井的合理布置

有关 C. V. Thies 公式的证明方法有几种,本书主要选择适于利用经典定积分及复合函数求导的简例方法验证。

1935 年美国泰斯在柳宾帮助下,求得了有名的完整单井、无垂直补给、边界无限、定流量抽水的非稳定流降深公式:

$$S = h_0 - h = \frac{Q}{4\pi T}\int_{\frac{r^2}{4at}}^{\infty}\frac{e^{-u}}{u}du$$

或写为
$$h(r,t) = \frac{Q}{4\pi TW(u)} \tag{1-6-2}$$

从式(1-6-2)与定解条件出发：

$$\begin{cases} a\left(\dfrac{\partial^2 h}{\partial^2 r^2} + \dfrac{1}{r}\dfrac{\partial h}{\partial r}\right) = \dfrac{\partial h}{\partial t} \quad (r_w < r < \infty, t > 0) & (1\text{-}6\text{-}3) \\ \text{初始} \quad h(r,0) = 0 \quad (r_w < r < \infty) & (1\text{-}6\text{-}4) \\ \text{外边界} \quad h(\infty,0) = 0 \quad (t > 0) & (1\text{-}6\text{-}5) \\ \text{内边界} \lim\limits_{r\to 0} - 2\pi rKm\dfrac{\partial h}{\partial r} = Q = \text{const} \quad (t > 0) & (1\text{-}6\text{-}6) \end{cases}$$

设式(1-6-2)的结果成立，将式(1-6-2)分别对 r,t 求导：

$$\frac{\partial h}{\partial r} = -\frac{Q}{4\pi T}\left[\frac{\frac{1}{r^2}e^{-\frac{r^2}{4at}}\cdot\frac{1}{4at}2r}{4at}\right] = -\frac{Q}{4\pi T}\cdot\frac{2}{r}e^{-\frac{r^2}{4at}} \tag{1-6-7}$$

在此处使用定积分所定义的函数求导公式 $\dfrac{d}{dt}\displaystyle\int_{a(t)}^{b} f(x)dx = -f(a)\dfrac{da}{dt}$：

$$\frac{\partial^2 h}{\partial r^2} = -\frac{Q}{4\pi T}\left[\frac{2}{r}\cdot e^{\frac{r^2}{4at}}\cdot\frac{-1}{4at}2r + e^{\frac{r^2}{4at}}\cdot\frac{-2}{r^2}\right] \tag{1-6-8}$$

在此处使用复合函数求导公式

$$\begin{aligned} &\frac{d}{dx}(uV) = u\frac{du}{dx} + V\frac{du}{dx} \\ &\frac{d}{dx}f(x) = \frac{df(x)}{du}\cdot\frac{du}{dx} \\ &\frac{de^x}{dx} = e^x \\ &\frac{\partial^2}{\partial r^2} = \frac{Q}{4\pi t}e^{\frac{x^2}{4at}}\left[\frac{1}{at} + \frac{2}{r^2}\right] \end{aligned} \tag{1-6-9}$$

$$\frac{\partial h}{\partial t} = -\frac{Q}{4at}\left[\frac{\frac{1}{r^2}\cdot e^{-\frac{r^2}{4at}}\cdot\frac{r^2}{4a}\cdot\frac{-1}{t^2}}{4at}\right] = \frac{Q}{4\pi T}\cdot\frac{1}{t}\cdot e^{-\frac{r^2}{4at}} \tag{1-6-10}$$

将式(1-6-7)、式(1-6-8)，代入式(1-6-3)内，可得：

$$a\left(\frac{\partial^2 h}{\partial r^2} + \frac{1}{r}\frac{\partial h}{\partial r}\right) = a\left[\frac{Q}{4\pi T}e^{-\frac{r^2}{4at}}\left(\frac{1}{at} + \frac{2}{r^2}\right)\frac{1}{r}\left(-\frac{Q}{4\pi T}\cdot\frac{2}{r}e^{-\frac{r^2}{4at}}\right)\right] = \frac{Q}{4\pi T}e^{-\frac{r^2}{4at}}\cdot\frac{1}{t} = \frac{\partial h}{\partial t} \tag{1-6-11}$$

由此可证明式(1-6-11)满足微分方程式(1-6-3)及其定解条件式(1-6-4)~式(1-6-6)。

因 $h = \dfrac{Q}{4\pi T}\displaystyle\int_u^{\infty}\dfrac{e^{-u}}{u}du$，$t = 0$，或 $r\to\infty$，均会使此式积分下限 u 变为∞，故此积分必 $h = 0$，即初始 $h(r,0) = 0$，外边界 $h(\infty,t) = 0$。

将式(1-6-7)代入式(1-6-6)内边界的左边，有：

$$\lim_{r\to 0} -2\pi rKm\frac{\partial h}{\partial r} = \lim_{r\to 0} -2\pi rT\left(-\frac{Q}{4\pi T}\cdot e^{-\frac{r2}{4at}}\cdot\frac{2}{r}\right) = \lim_{r\to 0} Q\cdot e^{-\frac{r2}{4at}} = Q = \text{const} \tag{1-6-12}$$

故也满足内边界式(1-6-6)。即可验证式(1-6-2)确实是定解问题式(1-6-3)的解析解。

二、单井非稳定流公式的应用

(一)泰斯公式的讨论

1. 井函数 $W(u)$

$W(u)\sim u$ 的关系可见《灌溉排水工程学》中井函数 $W(u)$ 表,从表中可见 $W(u)$ 的值随 u 值的增加而减少,即二者成反比关系。从式(1-6-2)可知,当 $t=0$ 时,$u\to\infty$,$W(u)=0$,所以 $S=0$;当 $\gamma\to\infty$ 时,$u\to\infty$,$W(u)=0$,同样 $S=0$。可见井函数能满足实际情况。

2. 降深的变化规律

1) S 正比于 t

当 r 一定时(某定点),u 随 t 的增大而减小,而 $W(u)$ 值则增大,所以某点降深 S 随抽水时间的增长而增大。

2) S 反比于 r

当 t 为定值时,u 值随 r 的增大而增大,$W(u)$ 值则减小,所以降深 S 随距离 r 的增大而减小。当 r 超出一定的范围之后,抽水对 S 的影响即可忽略不计。

3. 水位下降速度

以积分形式表达的泰斯公式为

$$S = \frac{Q}{4\pi T}\int_u^\infty \frac{1}{u}du \tag{1-6-13}$$

$$h = h_0 - S = h_0 - \frac{Q}{4\pi T}\int_u^\infty \frac{1}{u}e^{-u}du \tag{1-6-14}$$

对式(1-6-11)两端时间求导得:

$$v = \frac{\partial h}{\partial t} = \frac{\partial}{\partial t}\left[h_0 - \frac{Q}{4\pi T}\int_u^\infty \frac{1}{u}e^{-u}du\right] = \frac{Q}{4\pi T}\cdot\frac{1}{t}e^{-u} \tag{1-6-15}$$

1) v 反比于 r

当 t 一定时,随着 r 增大,e^{-u} 值在减小,所以 v 也减小。

2) v 反比于 t

当 t 足够大时,$u\to 0$,则 $e^{-u}=1$,所以当 t 继续增加时,v 也将随之减小。

4. 开采区内流量变化规律

对式(1-6-2)两端 r 求导得:

$$\frac{\partial h}{\partial r} = \frac{Q}{4\pi T}\cdot\frac{e^{-u}}{u}\cdot\frac{r}{2at} = \frac{Q}{2\pi t}\cdot\frac{1}{r}e^{-u} \tag{1-6-16}$$

$$r\frac{\partial h}{\partial r} = \frac{Q}{2\pi T}e^{-u} = Qe^{-u} \tag{1-6-17}$$

根据达西定律,在 r 处的过水断面的流量为

$$Q_r = 2\pi r \cdot KM\frac{\partial h}{\partial r} = 2\pi T \cdot r\frac{\partial h}{\partial r} \tag{1-6-18}$$

$$Q_r = 2\pi T \cdot \frac{Q}{2\pi T}e^{-u} = Qe^{-u} \tag{1-6-19}$$

表明在 r 处的断面流量 Q_r 并不等于井出水流量 Q,不同断面出水流量不相等,与稳定流裘布依理论相反。因 u 同 r 成正比,所以流量 Q_r 随 r 的增大而减小,即水在流向井的过程中不断得到补充。

5. 含水量漏斗扩展速度

由式(1-6-19)得:

$$\frac{Q}{Q_r} = e^{\frac{r^2}{4at}} \tag{1-6-20}$$

对式(1-6-20)取对数并化简得:

$$r = 2\sqrt{\ln\frac{Q}{Q_r}} \cdot \sqrt{at} \tag{1-6-21}$$

将式(1-6-21)对 t 求导后,即得漏斗扩展速度 v_R:

$$v_R = \frac{\partial r}{\partial t} = \sqrt{\ln\frac{Q}{Q_r}} \cdot \sqrt{\frac{a}{t}} \tag{1-6-22}$$

可见 v_R 与 t 的平方根成反比,漏斗扩展速度随时间的增长而逐步减慢。

(二)井群叠加法

若在平面上同时布置几眼井,在抽水期间各井间即会产生相互干扰,从而使降深增加。在计算中可采用几何叠加法,即在各井运行状态下,单独考虑一个井对某点的影响,然后进行叠加。若开采区内有 n 眼抽水井、m 眼注水井同时运行,则某点的实际降深为

$$S = \sum_{i=1}^{n} S_i - \sum_{j=1}^{m} S_j \tag{1-6-23}$$

对于无越流补给的承压含水层,降深为

$$S = \sum_{i=1}^{m+n} \frac{Q_i}{4\pi T} W\left[\frac{r_i^2}{4a(t - t_i)}\right] \tag{1-6-24}$$

式中 Q_i——抽(注)水井出水流量;

r_i——抽水井到计算点的距离;

t_i——i 号井运行的起始时间,各井的运行历时可能不等。

(三)变流量抽水计算

在以上的计算中都假定井的出水流量是固定不变的,但在实际生产中,很多生产井的流量是季节性变化的,如农用井在灌溉季节抽水量大,而非灌溉季节抽水量较小,井的抽水流量系曲线变化过程,可以近似地将其概化成阶梯状变化,如图 1-6-1 所示。可以把该井阶梯状流量经过 t 时间后所产生的水位降深,分解为用流量 Q_1 抽水经过 $(t-t_3)$ 时间以后所产生的降深 S_1,流量 (Q_2-Q_1) 抽水经 $(t-t_2)$ 时间后所产生的降深 S_2,流量 (Q_3-Q_2) 抽水经过 $(t-t_3)$ 时间后所产生的降深 S_3,流量 (Q_4-Q_3) 抽水经 $(t-t_4)$ 时间后所产生的降深 S_4,然后将它们叠加。

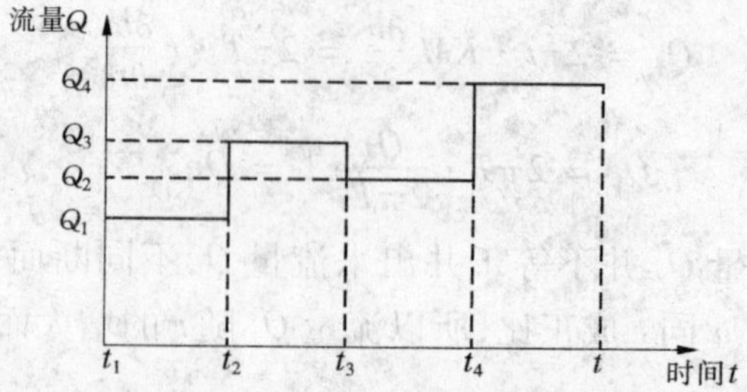

图 1-6-1　阶梯状变化流量分布

$$S = \sum_{i=1}^{4} S_i \tag{1-6-25}$$

对于无越流的承压含水层有：

$$\begin{aligned} S &= \frac{1}{4\pi T}[Q_1 W(u_1) + (Q_2 - Q_1)W(u_2) + (Q_3 - Q_2)W(u_3) + (Q_4 - Q_3)W(u_4)] \\ &= \frac{1}{4\pi T}[Q_1 W(u_1) + \sum_{i=2}^{4}(Q_i - Q_{i-1})W(u_i)] \end{aligned} \tag{1-6-26}$$

$$u_i = \frac{r^2}{4a(t - t_i)} \tag{1-6-27}$$

对于一般情况下，若有 n 个阶梯状变化时，降深可按下式进行叠加：

$$S = \frac{1}{4\pi T}[Q_1 W(u_1) + \sum_{i=2}^{n}(Q_i - Q_{i-1})W(u_i)] \tag{1-6-28}$$

（四）含水层有界时单井非稳定流计算

在非稳定井流计算中，假设含水层范围无限延伸，侧向没有边界限制，但实际上抽水井常会位于边界附近。含水层的侧面有河流（直线补给边界）或者隔水层（直线隔水边界）存在时，特别是在长期开采条件下，必然会影响地下水的运动。可采用汇点源点映射法，也叫镜像法。渗透水流以一定强度从各个方向沿半径方向流向一点，并被该点吸收，这种点为汇点。相反，渗透水流从某点以半径方向流出去的则称为源点。在渗流理论中，把平面汇点设想为直径无穷小的抽水井，该井的流量代表汇点的吸收强度。平面源点设想为直径无穷小的注水井，该井的注水量即代表源点的发射强度。在平面镜前放一物体，则在镜内对称的位置有一虚像存在。与此类似，在边界的一边，如有一个实际的抽水井，则在边界另一边和它相对称的位置，假想存在一个流量相等的虚构注水井或抽水井，用以代替地表水的补给作用或隔水层作用，并用叠加原理求解，这种方法称为映射法或镜像法。映射法的基本要求是映射后所得的无限含水层问题应保持映射前原有的边界条件和水流状态，所以要求：

（1）虚构井与实际井的位置对称。

（2）虚井的强度（流量）和实井的强度相等。

（3）虚井的性质（抽水井或注水井）则取决于边界的性质。通常当边界为直线补给边界时，虚井的性质与实井相反；当边界为直线隔水边界时，虚井的性质与实井相同。

（4）虚井工作的时间应与实井相同。例如在无越流补给的承压含水层上有一直线隔水边界，如图 1-6-2 所示根据映射原理在与抽水井（以隔水边界为界）完全对称的位置上

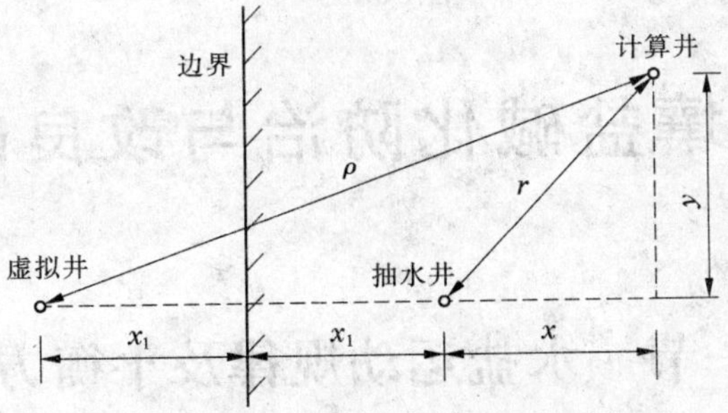

图 1-6-2　映射理论示意图

存在一个虚拟抽水井，其抽水流量仍为 Q，工作时间也与原抽水井相同，则此时即可用虚井与实井共同工作的水流状态（无边界影响）来代替原边界状态下的水流运动特征。虚井与实井的计算用井群叠加法求解。对于 A 点的降深 S 值为

$$S_A = \frac{Q}{4\pi T}W\left(\frac{\gamma^2}{4at}\right) + \frac{Q'}{4\pi T}W\left(\frac{\rho^2}{4at}\right)$$

$$= \frac{Q}{4\pi T}\left[W\left(\frac{\gamma^2}{4at}\right) + W\left(\frac{\rho^2}{4at}\right)\right] \tag{1-6-29}$$

式中　ρ——计算点至虚拟井的距离；

Q'——虚井流量。

对于补给边界同样可以类似得出，此时 $Q' = -Q$。当抽水井靠近两个边界，问题就较复杂。因为不仅虚实两井需要映射，连边界本身也要跟着映射，然后虚实两井再对虚拟的边界映射，形成一系列虚拟井。其他更复杂的情况如四周有边界或扇形边界等，仍可用上述原理进行映射叠加，不过此时计算较烦琐。

第七章　土壤盐碱化防治与改良的水利措施

第一节　水盐运动规律及平衡方程

在预防和改良盐碱土中，为达到脱盐标准，每单位面积上所需的冲洗水量即冲洗定额（m^3/亩）。冲洗定额的大小与冲洗前土层含盐量、盐分在土壤中的分布状况、冲洗脱盐标准、土壤理化性质、冲洗水的水质以及水文地质条件和排水条件等密切相关。由于影响因素十分复杂，冲洗定额的大小最好根据田间试验资料确定。在缺乏试验和调查资料的情况下，也可采用下式估算：

$$M = m_1 + m_2 + E - P \quad (\text{mm}) \tag{1-7-1}$$

$$m_1 = \beta_1 + \beta_2 \quad (\text{mm}) \tag{1-7-2}$$

$$m_2 = 1\,000hr(s_1 - s_2)/k \quad (\text{mm}) \tag{1-7-3}$$

式中　M——冲洗定额；

m_1——在计算冲洗层内，冲洗以前的含水量与田间持水量的差额；

m_2——为冲走计划层内过多盐分所需要的水量；

E——冲洗期内蒸发损失量；

P——冲洗期内可利用的降雨量；

h——计划冲洗层深度；

r——计划冲洗层的土壤容重；

β_1——田间持水量时计划冲洗层内水量；

β_2——计划冲洗层的土壤实际水量；

s_1——计划冲洗层的实际含盐量占干土重的百分数；

s_2——计划冲洗层的土壤允许含盐量占干土重的百分数；

k——排盐系数，为单位体积水能排走的盐量，一般取 15 ~ 75 kg/m^3。

当 E 与 P 两项大致相等时，冲洗定额计算式可简写为

$$M = m_1 + m_2 \quad (m^3/\text{亩}) \tag{1-7-4}$$

$$m_1 = W_n - W_0 \quad (m^3/\text{亩}) \tag{1-7-5}$$

式中　W_n——计划冲洗脱盐层的田间持水量；

W_0——冲洗前计划层的含水量。

第二节　洗盐用水量的计算

当采用以溶质运移理论为基础的计算方法时，对一维均值半无限土柱，在土壤含水达到饱和（$\theta = \theta_s$），且初始含盐浓度上下基本均匀（浓度 $C = C_0$），冲洗水含盐浓度为 C_1，冲

洗下渗水孔隙流速(在土壤孔隙中的流速)为 v 的情况下,若开始冲洗后表层含盐浓度瞬时降低至冲洗水的浓度,则方程式及定解条件为

$$\frac{\partial C}{\partial t} = \overline{D}\frac{\partial^2 C}{\partial Z^2} - v\frac{\partial C}{\partial Z} \tag{1-7-6}$$

式中 C——盐溶液的浓度;

$\overline{D}$——饱和弥散系数,$\overline{D} = \frac{D}{\theta_s}$,以下简写为 D;

Z——水流方向坐标;

v——土壤水孔隙速度,$v = \frac{q}{\theta_s}$。

一、当冲洗水初始浓度 $C_1 = 0$ 时

初始条件 $$C(Z,0) = 0 \tag{1-7-7}$$

上边界 $$C(0,t) = C_0 \tag{1-7-8}$$

下边界 $$C(\infty,t) = 0 \tag{1-7-9}$$

对式(1-7-6),对 t 取 Laplace 变换,得:

$$P\overline{C} - C(Z,0) = D\frac{\partial^2 \overline{C}}{\partial t^2} - v\frac{\partial \overline{C}}{\partial t} \tag{1-7-10}$$

由式(1-7-7)已知 $C(Z,0)=0$,故式(1-7-10)变为二阶线性齐次常微分方程:

$$D\frac{\partial^2 \overline{C}}{\partial Z^2} - v\frac{\partial \overline{C}}{\partial Z} - P\overline{C} \tag{1-7-11}$$

(1)其特征方程为

$$D\gamma^2 - V\gamma - P = 0 \tag{1-7-12}$$

(2)式(1-7-12)的两根分别为

$$\gamma_1 = \frac{v + 2\sqrt{D}\sqrt{\frac{v^2}{4D} + P}}{2D};\gamma_2 = \frac{v - 2\sqrt{D}\sqrt{\frac{v^2}{4D} + P}}{2D} \tag{1-7-13}$$

故式(1-7-11)的通解为

$$\overline{C} = C_1 e^{\gamma_1 Z} + C_2 e^{\gamma_2 Z} \tag{1-7-14}$$

用边界条件式(1-7-8)、式(1-7-9)确定任意常数 C_1 和 C_2,以满足该问题初值条件的特解,故对式(1-7-8)、式(1-7-9)进行 L 变换:

由式(1-7-9)得: $$\overline{C} = 0 \tag{1-7-15}$$

由式(1-7-8)得: $$\overline{C} = \frac{C_0}{P} \tag{1-7-16}$$

将式(1-7-8)、式(1-7-9)分别代入式(1-7-14)得:

$$C_1 = 0;\ C_2 = \frac{C_0}{P}$$

将其代入式(1-7-14)得象函数 $\overline{C}$ 为

$$\overline{C} = \frac{C_0}{P}e^{\gamma_2 Zi} = \frac{C_0}{P}e^{Z\left(\frac{v-2\sqrt{D}\sqrt{\frac{v^2}{4D}+P}}{2D}\right)} \tag{1-7-17}$$

再对式(1-7-17)作$\leftarrow\overline{C}$,L 逆变换求原方程式(1-7-6)的解,查 L^{-1}表有:

$$\frac{1}{P}e^{-\sqrt{\alpha(P+\beta)}} \rightarrow \frac{1}{2}\left\{e^{-\sqrt{\alpha\beta}} \cdot \mathrm{erfc}\left(\frac{1}{2}\sqrt{\frac{\alpha}{t}} - \sqrt{\beta t}\right) + e^{\sqrt{\alpha\beta}} \cdot \mathrm{erfc}\left(\frac{1}{2}\sqrt{\frac{\alpha}{t}} + \sqrt{\beta t}\right)\right\}\cdots \tag{1-7-18}$$

将式(1-7-17)适当改型为

$$\begin{aligned}\overline{C} &= \frac{C_0}{P}e^{\frac{vZ}{2D}} \cdot e^{-\frac{Z}{\sqrt{D}}\sqrt{P+\frac{v^2}{4D}}} \\ &= \frac{C_0}{P}e^{\frac{vZ}{2D}} \cdot e^{-\sqrt{\frac{Z^2}{D}(P+\frac{v^2}{4D})}}\end{aligned} \tag{1-7-19}$$

令式(1-7-19)中:$\frac{Z^2}{D}=\alpha,\frac{v^2}{4D}=\beta$,则可用式(1-7-19)求得式(1-7-19)的原函数:

$$C = C_0 e^{\frac{vZ}{2D}} \cdot \frac{1}{2}\left\{e^{-\frac{vZ}{2D}} \cdot \mathrm{erfc}\left[\frac{Z}{2\sqrt{Dt}} - \frac{v\sqrt{t}}{2\sqrt{D}}\right] + e^{\frac{vZ}{2D}} \cdot \mathrm{erfc}\left[\frac{Z}{2\sqrt{Dt}} + \frac{v\sqrt{t}}{2\sqrt{D}}\right]\right\}$$

经整理得一维流第一类边界的溶质运移基本方程的解析解:

$$\frac{C}{C_0} = \frac{1}{2}\left\{\mathrm{erfc}\left[\frac{Z-vt}{2\sqrt{Dt}}\right] + e^{\frac{vZ}{2D}} \cdot \mathrm{erfc}\left[\frac{Z+vt}{2\sqrt{Dt}}\right]\right\} \tag{1-7-20}$$

二、当冲洗水具有初始浓度时

这是最常见的。如黄河水的矿化度 $C_1=0.3\sim0.6$ g/L,且土壤初始含有一定盐溶质并具有沿 Z 方向上下基本均匀的分布,其浓度 $C=C_0$。

设开始冲洗后表层含盐浓度瞬时降低到冲洗水的浓度,其定解条件变为

初始 $$C(Z,0) = C_0 \tag{1-7-21}$$

上边界 $$C(0,t) = C_1 \tag{1-7-22}$$

下边界 $$C(\infty,t) = C_0 \tag{1-7-23}$$

与基本方程式(1-7-6)的解,可将式(1-7-20)左边的相对浓度变化改为:$\boldsymbol{C}^*=\boldsymbol{C}-\boldsymbol{C}_1$,$\boldsymbol{C}_0^*=\boldsymbol{C}_0-\boldsymbol{C}_1$,利用式(1-7-20)解很易得到:

$$\frac{C-C_1}{C_0-C_1} = \frac{1}{2}\left\{\mathrm{erfc}\left[\frac{Z-vt}{2\sqrt{Dt}}\right] + e^{\frac{vZ}{D}} \cdot \mathrm{erfc}\left[\frac{Z+vt}{2\sqrt{Dt}}\right]\right\} \tag{1-7-24}$$

式(1-7-24)中若由试验已知 $\overline{D}$、v、C_0 冲洗后要求达到 C 和脱盐深度 Z,该式仅有一个未知数 t,则可求得冲洗定额 $m=v\cdot\theta_s\cdot t$ 或已知 t 求得 C 的分布规则。

三、当$\frac{\overline{D}}{vZ}<0.075$时

方程式(1-7-24)中,可略去右端第二项 $e^{\frac{vZ}{D}}\cdot\mathrm{exfc}\left[\frac{Z+vt}{2\sqrt{Dt}}\right]$,误差 $<5\%$,此时式(1-7-24)可简化为

$$\frac{C-C_1}{C_0-C_1}=\frac{1}{2}\,\frac{2}{\pi}\int_{\frac{Z-vt}{\sqrt{2Dt}}}^{\infty}\mathrm{e}^{-u^2}\cdot \mathrm{d}v$$

$$=\frac{1}{\pi}\int_{\frac{Z-vt}{\sqrt{2Dt}}}^{\infty}\mathrm{e}^{-u^2}\cdot \mathrm{d}u=1-N\frac{Z-vt}{\sqrt{2Dt}} \qquad (1\text{-}7\text{-}25)$$

说明：当$\frac{\overline{D}}{vZ}<0.075$时，即 Z 较大时，当 D、v 均不定值，或 v、Z 大，某剖面点 Z 处的相对浓度（或浓度分布）随时间变化将按正态分布规律分布。利用这一结论还可用于试验法求 $\overline{D}$ 值的数据处理。

第二部分　习题集与示例

习题一　入渗、蒸发计算

一、资料

某均质土壤的含水量见表 2-1-1，K_s = 5 mm/d。

表 2-1-1　某均质土壤含水量　　（%）

初始含水量 θ_0	饱和含水量 θ_s	风干含水量 θ_a
19	48.9	6

注：表中的含水量值均为体积百分比。

二、要求

（1）计算地面有薄水层情况下，2 h 内入渗速度随时间的变化，绘出 $i \sim t$ 关系曲线，描述其变化规律，取 t = 1 min、2 min、3 min、4 min、5 min、10 min、15 min、20 min、25 min、30 min、60 min、120 min；$D(\theta) = 0.013\,9\,e^{12.536\theta}$（cm/min）。

（2）计算 120 min 内的入渗总量。

（3）若地面蒸发强度为 2 mm/d，几天可使土壤风干，蒸发总量为多少，若蒸发强度为 8 mm/d 时情况又如何？

三、作题指导

降雨和灌水是补给农田水分的主要来源。入渗速率、时段内入渗总量及入渗后土壤水分在土壤剖面上的分布是确定制定灌溉制度、灌水率及灌溉渠系水流量的依据。

（1）教材中针对地表有薄水层的情况下，推求出如下土壤含水量公式：

$$\overline{D} = \frac{\frac{5}{3}}{(\theta_s - \theta_0)^{\frac{5}{3}}}\int_{\theta_0}^{\theta_s} D(\theta)(\theta - \theta_0)\,d\theta \tag{2-1-1}$$

地表水入渗速度的计算公式：

$$i = -K(\theta)\left(\frac{\partial h}{\partial z} - 1\right)\bigg|_{z=0} = -\left[D(\theta)\frac{\partial \theta}{\partial z} - K(\theta)\right]\bigg|_{z=0} \tag{2-1-2}$$

当地表有水层入渗时，地表含水量达到饱和，即 $K(\theta) = K_s$，$D(\theta)$ 采用 $\overline{D}$，入渗速率 i 为

$$i = (\theta_s - \theta_0)\sqrt{\frac{\overline{D}}{\pi t}} + K_s \tag{2-1-3}$$

(2)在时间 t 内入渗的总水量 I 为

$$I = 2(\theta_s - \theta_0)\sqrt{\frac{\overline{D}}{\pi t}} + K_s t \tag{2-1-4}$$

式中 θ——土壤含水量,cm^3/cm^3;

θ_s——饱和含水量,cm^3/cm^3;

θ_0——初始含水量,cm^3/cm^3;

K——导水率,mm/d;

$D(\theta)$——土壤水扩散率,L^2/T;

z——重力势。

(3)运用《灌溉排水工程学》中有关“入渗条件下土壤水运动”的相关公式及如式(2-1-5)~式(2-1-7)等进行计算。

地下水埋深较大,表土迅速风干情况下,蒸发强度的计算式为

$$\varepsilon = (\theta_a - \theta_0)\sqrt{\frac{\overline{D}}{\pi t}} \tag{2-1-5}$$

在时间 t 内蒸发总量为

$$E = 2(\theta_a - \theta_0)\sqrt{\frac{\overline{D}}{\pi t}} \tag{2-1-6}$$

$$\overline{D} = \frac{1.85}{(\theta_0 - \theta_a)^{1.85}}\int_{\theta_a}^{\theta_0} D(\theta)(\theta_0 - \theta_a)^{0.85}d\theta \tag{2-1-7}$$

式中 θ_0——剖面各点初始含水量;

θ_a——风干土含水量;

ε——蒸发强度;

E——在时间 t 内蒸发总量。

习题二 春小麦作物需水量计算

一、资料

某灌区位于北纬40°46′,东经107°24′,海拔1 039.4 m,气象资料见表2-2-1。件物系数 K_c 见表2-2-2。

表2-2-1 灌区气象资料

月份	3	4			5			6			7	
旬	下	上	中	下	上	中	下	上	中	下	上	中
(1)最高气温 T_M(℃)	15.7	15.7	16.3	19.8	19.3	20.5	20.4	25.9	29.7	28.9	28.3	28.3
(2)最低气温 T_m(℃)	-0.68	-0.68	1.7	4.0	7.6	9.1	11.9	12.2	14.7	15.3	15.7	15.7

续表 2-2-1

月份	3	4			5			6			7	
旬	下	上	中	下	上	中	下	上	中	下	上	中
(3)平均气温 T_{av}(℃)	6.89	6.89	8.5	11.4	15.4	14.8	19.0	19.4	22.8	22.5	22.0	22.0
(4)平均相对湿度 RH_{av}(%)	34.7	34.7	35.5	32.2	46.2	55.7	45.4	44.4	43.7	54.9	62.3	62.3
(5)10 m 高风速 (m/s)	4.3	4.3	4.3	4.1	4.0	3.1	3.9	4.1	3.2	3.4	3.6	3.3
(6)实际日照时数 n(h)	9.26	9.26	9.3	9.3	10.3	10.6	11.0	10.8	10.5	10.7	10.3	10.3
(7)最大日照时数 N(h)	11.9	13.3	13.3	13.3	14.4	14.4	14.4	15.0	15.0	15.0	14.7	14.7
(8)G值 (MJ/(m^2·d)	0.255	0.461	0.337	0.569	0.597	0.362	0.880	0.971	0.224	0.148	0.042	0.142

表 2-2-2　作物系数 K_c

日期 (月-日)	03-20～04-10	04-11～20	04-21～30	05-01～10	05-11～20	05-21～31	06-01～10	06-11～20	06-21～30	07-01～15
K_c	0.40	0.48	0.52	0.59	1.04	1.05	1.08	1.08	1.17	0.32

土壤质地：轻黏壤土；土壤孔隙率：$n=50.5\%$（以体积百分比计）；田间持水量 $\theta_{max}=75\%$（以孔隙率百分数计）；允许最小含水量：$\theta_{min}=40\%$（以孔隙率百分数计）；适宜含水量：$\theta_{适}=65\%$（以孔隙率百分数计）；播前土壤含水量：$\theta_0=65\%$（以孔隙率百分数计）；地下水埋深：1.5 m；(H_2-H_1)土层中的平均 $\theta=70\%$（以孔隙率百分数计）；全生育期地下水利用量：40 m^3/亩。

二、要求

用彭曼－蒙特斯（Penman－Monteith）法计算 ET_0。

三、作题指导

彭曼－蒙特斯法计算 ET_0 的过程

$$ET_0=\frac{0.408\Delta(R_n-G)+\gamma\frac{900}{T+273}u_2(e_s-e_a)}{\Delta+\gamma(1+0.34u_2)} \tag{2-2-1}$$

式中　ET_0——FAO Penman - Monteith 法计算参考作物腾发量，mm/d；

R_n——作物表面的净辐射量，MJ/(m^2 · d)；

G——土壤热通量，MJ/(m^2 · d)；

T——平均日或月气温，℃；

u_2——2 m 高处风速，m/s；

e_s——饱和水汽压，kPa；

e_a——实际水汽压，kPa；

Δ——饱和水汽压曲线坡度，kPa/℃；

γ——湿度常数，kPa/℃。

其中：

$$R_n = 0.77R_s \quad 2.45 \times 10^{-9}\left(1.35\frac{R_s}{R_{sw}} - 0.35\right)(0.34 - 0.14\sqrt{e_a})(T_{max,k}^4 + T_{min,k}^4) \tag{2-2-2}$$

式中　R_s——短波辐射，MJ/(m^2 · d)；

R_{sw}——晴天短波辐射，MJ/(m^2 · d)；

e_a——实际水汽压，kPa；

$T_{max,k}$——最高绝对温度值；

$T_{min,k}$——最低绝对温度值。

则式(2-2-1)、式(2-2-2)中所用到的各项计算方法如下：

(1)大气压强 P 的计算。

$$P = 101.3\left(\frac{293 - 0.0065 \times Z}{293}\right)^{5.26} \tag{2-2-3}$$

式中　P——大气压强，kPa；

Z——海拔，m。

具体 P 值也可依据海拔 Z 值查附表 1。

(2)湿度常数 γ 的计算。

$$\gamma = 0.665 \times 10^{-3}P \tag{2-2-4}$$

式中　γ——湿度常数，kPa/℃；

P——大气压强，kPa。

具体 γ 值是海拔 Z 的函数，其值也可以查附表 2。

(3)平均饱和水汽压 e_s 的计算。

$$e_s(T) = 0.6108\exp\left[\frac{17.27 \times T}{T + 237.3}\right] \tag{2-2-5}$$

式中　$e_s(T)$——饱和水汽压，kPa；

T——气温，℃；

饱和水汽压 $e_s(T)$ 也是温度 T 的函数，其值也可以查附表 3。

当有计算时段最高和最低温度数据时，计算平均饱和水汽压 e_s 时，优选下式进行计算：

$$e_s = \frac{e_s(T_{max}) + e_s(T_{min})}{2} \tag{2-2-6}$$

当仅有计算时段平均温度数据时，计算平均饱和水汽压时采用式(2-2-5)进行计算，式中温度代平均温度值。

(4)饱和水汽压曲线坡度 Δ 的计算

$$\Delta = \frac{4\ 098 \times \left[0.610\ 8\exp\left(\frac{17.27 \times T}{T + 237.3}\right)\right]}{(T + 237.3)^2} \tag{2-2-7}$$

式中 Δ——饱和水汽压曲线坡度，kPa/℃；

T——平均大气温度，℃。

Δ 也是平均大气温度的函数，其值也可查附表 4。

(5)实际水汽压 e_a 的计算。

当有计算时段的最大相对湿度和最小相对湿度值时，e_a 可以采用下式进行计算：

$$e_a = \frac{e_s(T_{min})\frac{RH_{max}}{100} + e_s(T_{max})\frac{RH_{min}}{100}}{2} \tag{2-2-8}$$

式中 e_a——实际水汽压，kPa；

$e_s(T_{min})$——对应计算时段最低温度下的饱和水汽压数值，kPa；

$e_s(T_{max})$——对应计算时段最高温度下的饱和水汽压数值，kPa；

RH_{max}——计算时段的最大相对湿度值(%)；

RH_{min}——计算时段的最小相对湿度值(%)。

当仅有计算时段的最大相对湿度值 RH_{max} 时，可以采用下式计算：

$$e_a = e_s(T_{min})\frac{RH_{max}}{100} \tag{2-2-9}$$

当仅有计算时段的平均相对湿度值 RH_{av} 值时，可以采用下式计算：

$$e_a = \frac{RH_{av}}{100}\left[\frac{e_s(T_{max}) + e_s(T_{min})}{2}\right] \tag{2-2-10}$$

(6)大气外层太阳辐射通量 R_a 的计算。

$$R_a = \frac{24(60)}{\pi} \cdot G_{sc} \cdot d_r[\omega_s \sin\varphi\sin\delta + \cos\varphi\cos\delta\sin\omega_s] \tag{2-2-11}$$

$$d_r = 1 + 0.033\cos\left(\frac{2\pi}{365}J\right) \tag{2-2-12}$$

$$\omega_s = \arccos[-\tan\varphi\tan\delta] \tag{2-2-13}$$

式中 R_a——大气外层太阳辐射通量，MJ/(m² · d)；

G_{sc}——太阳常数，其值为 0.082 0 MJ/(m² · d)

d_r——日地相对距离；

J——1 年当中日期的序数，其值可查附表 5；

ω_s—日落时角度，rad。

φ——纬度，rad；

δ——太阳磁偏角，rad。

$$\delta = 0.409\sin\left(\frac{2\pi}{365}J - 1.39\right) \tag{2-2-14}$$

大气外层太阳辐射通量 R_a 值也可以查附表6。

(7)短波辐射 R_s 的计算。

$$R_s = \left(a_s + b_s \frac{n}{N}\right)R_a \tag{2-2-15}$$

$$N = \frac{24}{\pi}\omega_s \tag{2-2-16}$$

式中　n——实际日照时数，h；

N——最大日照时数，h，其值可以采用式(2-2-16)计算，或查附表7；

n/N——相对日照时长；

R_a——大气外层太阳辐射通量，$MJ/(m^2 \cdot d)$

a_s、b_s——回归系数，当没有实际太阳辐射数据，并且没有对 a_s、b_s 系数值进行过检验时，建议取 $a_s = 0.25$，$b_s = 0.50$。

(8)晴天短波辐射 R_{so}。

当接近海平面或有 a_s、b_s 的校验值时，可以采用式(2-2-17)计算 R_{so}。

$$R_{so} = (a_s + b_s)R_a \tag{2-2-17}$$

当没有校验过的 a_s、b_s 数值时，可以采用式(2-2-18)计算 R_{so}：

$$R_{so} = (0.75 + 2 \times 10^{-5} \times Z)R_a \tag{2-2-18}$$

式中　Z——海平面以上站点高程。

(9)净太阳或净短波辐射 R_{ns}。

$$R_{ns} = (1 - \alpha)R_s \tag{2-2-19}$$

式中　R_{ns}——净太阳或短波辐射，$MJ/(m^2 \cdot d)$

α——反射率，对于假想参考作物而言，取值为0.23。

(10)净长波辐射 R_{nl}。

$$R_{nl} = \sigma\left[\frac{T_{max,k}^4 + T_{min,k}^4}{2}\right](0.34 - 0.14\sqrt{e_a})\left(1.35\frac{R_s}{R_{so}} - 0.35\right) \tag{2-2-20}$$

式中　R_{nl}——净长波辐射，$MJ/(m^2 \cdot d)$；

σ——Stefan－Boltzmann 常数，其值为 4.903×10^{-9} $MJ/(m^2 \cdot d)$；

$T_{max,k}$——24 h 内，最大绝对温度值；

$T_{min,k}$——24 h 内，最小绝对温度值；

e_a——实际水汽压；

R_s/R_{so}——相对短波辐射；

R_s——测量或计算所得的太阳辐射值，$MJ/(m^2 \cdot d)$

R_{so}——计算所得的晴天短波辐射值，$MJ/(m^2 \cdot d)$。

(11)净辐射 R_n。

$$R_n = R_{ns} - R_{nl} \tag{2-2-21}$$

(12)土壤热通量 G。

当计算时段为 1 d 或 10 d 时,土壤热通量 G 数值可以近似认为0。

$$G_{\text{day}} \approx 0 \tag{2-2-22}$$

当计算时段为月时:

$$G_{\text{month},i} = 0.07(T_{\text{month},i+1} - T_{\text{month},i-1}) \tag{2-2-23}$$

或

$$G_{\text{month},i} = 0.14(T_{\text{month},i} - T_{\text{month},i-1}) \tag{2-2-24}$$

式中 $T_{\text{month},i}$——月平均气温,℃;

$T_{\text{month},i-1}$——前一个月的平均气温,℃;

$T_{\text{month},i+1}$——下一个月的平均气温,℃。

(13)风速计算。

$$u_2 = u_Z \frac{4.87}{\ln(67.8Z - 5.42)} \tag{2-2-25}$$

式中 u_2——地表面以上 2 m 高处风速,m/s;

u_Z——地表面以上 Z m 高处实测风速,m/s;

Z——地表面以上测量高度,m。

四、ET_0 计算过程表

ET_0 计算过程表见表 2-2-3 ~ 表 2-2-6。

表 2-2-3 参数计算表

月份	3		4		5			6			7	
旬	下	上	中	下	上	中	下	上	中	下	上	中
(1) 海拔 Z(m)	1 039.4											
(2) 平均气温 T_{av}(℃)	6.9	6.9	8.5	11.4	15.4	14.8	19.0	19.4	22.8	22.5	22.0	22.0
(3)10 m 高风速(m/s)	4.3	4.3	4.1	4.0	3.1	3.9	4.1	3.2	3.4	3.6	3.3	3.3
$P = 101.3 \times \left(\frac{293 - 0.0065 \times Z}{293}\right)^{5.26}$(kPa)												
$\gamma = 0.665 \times 10^{-3} P$ (kPa/℃)												
$\Delta = \{4098 \times (0.6108\exp[17.27T/(237.3+T]\}/(T+237.3)^2$ (kPa/℃)												
$\ln(6.78 \times Z - 5.42)$												
$u_2 = u_Z \frac{4.87}{\ln(67.8Z - 5.42)}$(m/s)												
$\frac{\Delta}{\Delta + \gamma(1+0.34u_2)}$												
$\frac{\gamma}{\Delta + \gamma(1+0.34u_2)}$												
$900\, u_2/(T_{\text{av}} + 237)$												

表 2-2-4　汽压差(e_s-e_a)计算表

月份	3	4			5			6			7	
旬	下	上	中	下	上	中	下	上	中	下	上	中
(1)最高气温 T_M(℃)	15.7	15.7	16.3	19.8	19.3	20.5	20.4	25.9	29.7	28.9	28.3	28.3
(2)最低气温 T_m(℃)	−0.7	−0.7	1.7	4.0	7.6	9.1	11.9	12.2	14.7	15.3	15.7	15.7
(3)平均相对湿度 RH_{av}(%)	34.7	34.7	35.5	32.2	46.2	55.7	45.4	44.4	43.7	54.9	62.3	62.3
$17.27T_{max}/(T_{max}+237.3)$												
$e_s(T_{max})=[0.6108\exp(17.27T_{max}/(T_{max}+237.3))]$ (kPa)												
$17.27T_{min}/(T_{min}+237.3)$												
$e_s(T_{min})=[0.6108\exp(17.27T_{min}/(T_{min}+237.3))]$ (kPa)												
$e_s=[e_s(T_{max})+e_s(T_{min})]/2$(kPa)												
$e_a=e_sRH_{av}/100$(kPa)												
$VPD=e_s-e_a$(kPa)												

表 2-2-5　R_n-G 计算表

计算所需已知数据												
月份	3月	4月			5月			6月			7月	
旬	下旬	上旬	中旬	下旬	上旬	中旬	下旬	上旬	中旬	下旬	上旬	中旬
实际日照时数 n(h)	9.3	9.3	9.3	9.3	10.3	10.6	11.0	10.8	10.5	10.7	10.3	10.3
最大日照时数 N(h)	11.9	13.3	13.3	13.3	14.4	14.4	14.4	15.0	15.0	15.0	14.7	14.7
T_{max}(℃)	15.7	15.7	16.3	19.8	19.3	20.5	20.4	25.9	29.7	28.9	28.3	28.3
T_{min}(℃)	−0.7	−0.7	1.7	4.0	7.6	9.1	11.9	12.2	14.7	15.3	15.7	15.7
G 值(MJ/(m^2·d))	0.255	0.461	0.337	0.569	0.597	0.362	0.880	0.971	0.224	0.148	0.042	0.142
R_a(MJ/(m^2·d))(查附表6)	26.9	33.9	33.9	33.9	39.4	39.4	39.4	41.9	41.9	41.9	40.8	40.8
σ(MJ/(K^4·m^2·d))(常数)	4.903×10^{-9}											
计算 R_{ns}												
$R_s=(0.25+0.50n/N)R_a$(MJ/(m^2·d))												

续表 2-2-5

计算所需已知数据												
月份	3 月	4 月			5 月			6 月			7 月	
旬	下旬	上旬	中旬	下旬	上旬	中旬	下旬	上旬	中旬	下旬	上旬	中旬
$R_{so}=$ $(0.75+2\times Z/100\,000)$ $R_a(\mathrm{MJ/(m^2\cdot d)})$												
R_s/R_{so}												
$R_{ns}=0.77R_s$ $(\mathrm{MJ/(m^2\cdot d)})$												
计算 R_{nl}　$R_{nl}=(\sigma T^4_{max,k}+\sigma T^4_{min,k})/2\times(0.34-0.14\mathrm{sqrt}(e_a))(1.35R_s/R_{so}-0.35)$												
$\sigma T^4_{max}(\mathrm{MJ/(m^2\cdot d)})$												
$\sigma T^4_{min}(\mathrm{MJ/((m^2\cdot d)})$												
$(\sigma T^4_{max}+\sigma T^4_{min})/2$ $(\mathrm{MJ/(m^2\cdot d)})$												
$e_a(\mathrm{kPa})$												
$0.34-0.14\mathrm{sqrt}(e_a)$												
$1.35R_s/R_{so}-0.35$												
$R_{nl}(\mathrm{MJ/(m^2\cdot d)})$												
计算 R_n												
$R_n=R_{ns}-R_{nl}$ $(\mathrm{MJ/(m^2\cdot d)})$												
计算 R_n-G												
$R_n-G\ (\mathrm{MJ/(m^2\cdot d)})$												
$0.408\times(R_n-G)$ $(\mathrm{mm/d})$												

表 2-2-6　计算蒸腾量表

计算 ET_0												
$[\Delta/[\Delta+\gamma(1+0.34u_2)]]\times$ $[0.408(R_n-G)]\ (\mathrm{mm/d})$												
$\gamma\times[900/(T+273)]\times u_2\times[e_s-e_a]/$ $[\Delta+\gamma(1+0.34u_2)]\ (\mathrm{mm/d})$												
$ET_0=[\Delta/[\Delta+\gamma(1+0.34u_2)]]\times$ $[0.408(R_n-G)]+\gamma\times[900/(T+273)]\times$ $u_2\times[e_s-e_a]/[\Delta+\gamma(1+0.34u_2)]\ (\mathrm{mm/d})$												
该旬天数	12	10	10	10	10	10	11	10	10	10	10	10
旬 K_c 值　查表												
旬 E_p 值　$E_p=K_c\times ET_0$												

习题三　设计春小麦灌溉制度

一、资料

根据习题二计算的所有资料，设计春小麦灌溉制度。

生育阶段及计划湿润层深度与生育期有效降雨量 P_0 分别见表 2-3-1、表 2-3-2。

表 2-3-1　生育阶段及计划湿润层深度

日期(月-日)	03-20～04-20	04-21～05-20	05-21～31	06-01～15	06-16～07-05	07-06～15
生育阶段	播种出苗	分叶	拔节	抽穗	灌浆	成熟
计划湿润层深度(m)	0.5	0.5	0.6	0.6	0.7	0.7

表 2-3-2　生育期有效降雨量 P_0

月份	3	4			5			6			7		
旬	下	上	中	下	上	中	下	上	中	下	上	中	下
P_0(m^3/亩)	0	10	0	7	5	0	0	6	0	6	18	0	10

二、要求

(1)计算作物需水量，并绘出作物需水量累计曲线；

(2)用水量平衡图解法制定春小麦的灌溉制度，并校核作图误差。

习题四　制订灌水率图

一、资料

某自流引水灌区，主要作物有春小麦、玉米、甜菜和葵花，各种作物的生育期、种植比例、灌水定额和灌水日期如表 2-4-1 所示。

表 2-4-1　灌区作物种植及灌水情况统计表

作物	生育期(月-日)	种植比例(%)	灌水次序	灌水定额(m^3/亩)	灌水时间(月-日) 起	止	中间日	灌水延续时间(d)
(1)	(2)	(3)	(4)	(5)	(6)	(7)	(8)	(9)
春小麦	03-20～07-20	50	1	60	05-10	05-21	05-15	12
			2	50	05-23	05-03	05-28	12
			3	60	06-06	06-15	06-10	10
			4	50	06-26	07-05	06-30	10
			5	100	09-25	11-05	10-15	41

续表 2-4-1

作物	生育期（月-日）	种植比例（%）	灌水次序	灌水定额（m^3/亩）	灌水时间（月-日）			灌水延续时间（d）
					起	止	中间日	
（1）	（2）	（3）	（4）	（5）	（6）	（7）	（8）	（9）
玉米	04-20～09-20	20	1	65	06-23	06-28	06-25	06
			2	45	07-12	07-14	07-13	3
			3	55	07-22	07-24	07-23	3
			4	35	08-14	08-21	08-17	8
			5	100	09-25	11-05	10-15	41
甜菜	04-20～09-30	10	1	45	06-13	06-15	06-14	3
			2	55	07-10	07-12	07-11	3
			3	55	07-26	07-28	07-27	3
			4	50	08-15	08-17	08-16	3
			5	100	10-01	11-05	10-13	36
葵花	04-20～09-30	50	1	65	06-06	06-10	06-08	5
			2	55	06-18	06-20	06-19	3
			3	45	07-14	07-16	07-15	3
			4	35	07-30	08-05	08-02	7
			5	100	10-01	11-05	10-13	36

该灌区的灌溉面积为2.5万亩。

根据设计年河流来水分析，渠首5～11月可以引取的流量如表2-4-2所示。

表 2-4-2 渠首引取流量表

月份	5	6	7	8	9	10	11
流量（m^3/s）	1.5	1.5	2.0	5.0	3.5	2.0	1.2

灌溉水利用率为60%。

二、要求

（1）按表2-4-1格式计算灌水率。

（2）绘制初步灌水率图。

（3）按修正原则并考虑水源来水流量是否够用，修正灌水率图。画出用水过程线。

（4）列出修正后的灌水率计算表。

（5）确定设计灌水率。

三、作题指导

（1）认真复习《灌溉排水工程学》中“灌水率”部分内容。

（2）渠首引水流量用下式计算：

$$Q_{引} = \frac{Aq}{\eta_{水}} \tag{2-4-1}$$

式中 A——灌溉面积，万亩；

q——灌水率，$m^3/(s \cdot 万亩)$；

$\eta_{水}$——灌溉水利用率。

习题五　田间渠系规划布置

一、资料

乌兰村的土地位于东西两条冲沟之间，北沿干渠，村西有第二支渠通过。干、支渠已建成，斗、农渠以下的田间渠系待建（见 1∶10 000 地形图），见附图 1。总土地面积 9 000 余亩。地形平坦，土壤肥沃，地下水埋深 1.5 ~ 3.0 m。该地区气候干旱，年降雨量 300 mm，年蒸发量 2 000 mm，没有灌溉就没有农业，但是灌溉不当，极易造成次生土壤盐碱化。因此，必须灌排渠系配套。农沟间距 200 ~ 230 m。

该村人少地多，劳动力不足，发展农业生产，必须机械化耕作。

二、要求

(1)在 1∶10 000 地形图上进行田间渠系规划布置；

(2)选择 1 ~ 2 个地块，进行农渠以下的毛渠、输水沟、灌水沟或灌水畦的典型布置。

三、作题指导

(1)认真复习《灌溉排水工程学》中有关“灌溉渠系规划”的内容。

(2)灌溉渠系规划布置，除满足灌溉排水要求外，还应满足机耕要求。要求渠、沟、田、林、路五配套。

(3)田块形状要规整，大小要均衡，相差一般不超过 10%，以便轮灌配水、劳动力安排与机械调配。

习题六　地下灌溉渠系水位推算

一、资料

某井灌区，原为地上土渠输水，渗漏损失较大，为节约用水，拟改为地下管网输水。地下灌溉系统如图 2-6-1 所示。各级管道均采用混凝土管。

各管段的长度(L)、直径(d)及设计流速(v)如表 2-6-1 所示。

局部阻力损失系数如下：

压力池进入渠道入口的 $\zeta_{进}=0.6$，

各分水井的 $\zeta_{分}=2.0$，

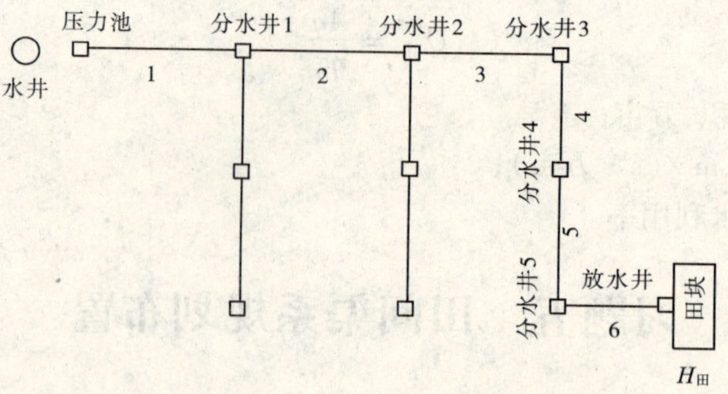

图 2-6-1　地下灌溉系统

格田地面高程 $H_田 = 1\ 020$ m，

田间灌水水头损失 $h_灌 = 0.2$ m。

表 2-6-1　管道参数

管段	1	2	3	4	5	6
L(m)	500	400	400	300	400	200
d(cm)	80	70	55	40	35	30
v(m/s)	0.9	0.8	0.7	0.7	0.6	0.4

二、要求

推算各分水井水位和压力池水位。

三、作题指导

(1)认真复习《灌溉排水工程学》中有关"低压管道输水灌溉"的内容。

(2)圆管压力流的沿程水头损失，一般采用下式计算：

$$h_f = \lambda \frac{l}{d}\frac{v^2}{2g} \tag{2-6-1}$$

对于粗糙紊流的管道，也可用下式计算：

$$h_f = \frac{v^2}{C^2 R}L \tag{2-6-2}$$

当 $C = \frac{1}{n}R^{1/6}$ 时：

$$h_f = \frac{n^2 v^2}{R^{4/3}}L \tag{2-6-3}$$

式中　n——管道内壁糙率，混凝土管为 0.013 ~ 0.015；

R——水力半径，$R = \frac{d}{4}$；

v——平均流速，m/s。

(3)局部水头损失一般采用下式计算：

$$h_局 = \zeta_局 \frac{v^2}{2g} \tag{2-6-4}$$

(4)参考书:《水力学》。

习题七　喷灌设计

一、资料

有一块600 m×400 m的长方形地块,约360亩,见图2-7-1。在地块西侧边界的中部有一眼水井为灌溉水源,地面坡度1/5 000,土质为壤土。常见风速4 m/s,风向多变。种植作物为春小麦,设计灌水定额20 m^3/亩。灌水周期不超过7 d,每日工作12 h。采用单喷嘴摇臂式喷头,基本参数如表2-7-1。

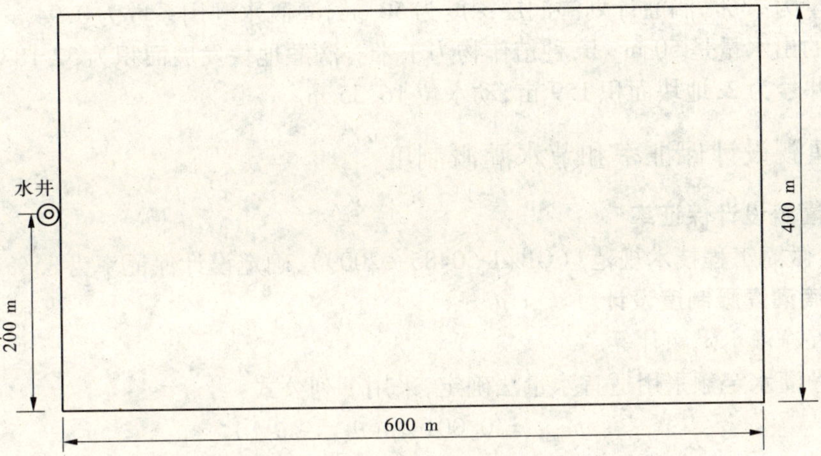

图2-7-1　地块平面布置图

表2-7-1　单喷嘴摇臂式喷头基本参数

喷头型号	喷嘴直径(mm)	工作压力(kPa)	喷头流量(m^3/h)	喷头射程(m)	喷灌强度(mm/h)
$PY_1$20	6	400	2.50	19.5	2.10
$PY_1$20	7	400	3.41	20.5	2.58
$PY_1$20	8	300	3.94	20.0	3.13

二、要求

(1)选择适宜的喷灌系统形式进行规划布置;

(2)确定工作制度;

(3)进行水力计算。

三、作题指导

(1)认真复习《灌溉排水工程学》中有关“喷灌”的内容。

(2)参考书:《喷灌工程设计手册》。

习题八 膜下滴灌工程设计示例

膜下滴灌工程设计是把每眼井控制的灌溉面积作为一个灌溉单元,并根据每一个灌溉单元的实际地形、水源井位置、作物种植垄向以及地块尺寸逐一进行设计,统计汇总了工程量和材料设备用量。

一、基本资料

灌区多年平均降水量在370 mm左右,土壤主要为砂壤土,土壤干容重1.42 g/cm^3,田间持水量为23%,滴灌计划湿润层深度为50 cm,灌溉水利用系数为0.94。根据灌区实际情况井的出水量是50 m^3/h,种植作物为玉米。滴灌地块发展面积为32 183亩,出水量50 m^3/h,井号为2,地块面积159亩,动水位16.35 m。

二、灌溉设计保证率和节水灌溉制度

(一)灌溉设计保证率

参照《微灌工程技术规范》(GB/T 50485—2009),确定设计保证率为85%。

(二)滴灌灌溉制度设计

1.最大净灌水定额计算

最大净灌水定额采用适宜水量法确定,采用下列公式:

$$m_{\max} = 0.001\gamma zp(\theta_{\max} - \theta_{\min}) \tag{2-8-1}$$

式中 $m_{\max}$——最大净灌水定额,mm;

γ——土壤容重,取1.42 g/cm^3;

z——土壤计划湿润土层深度,50 cm;

p——设计土壤湿润比(%),取75%;

$\theta_{\max}$——适宜土壤含水量上限(%),适宜土壤含水量上限按田间持水量的90%计,计算得20.7%;

$\theta_{\min}$——适宜土壤含水量下限(%),适宜土壤含水量下限按田间持水量的69%计,计算得15.87%。

计算结果:

$$m_{\max} = 0.001 \times 1.42 \times 50 \times 75 \times (20.7 - 15.87) = 25.72(\text{mm}) \tag{2-8-2}$$

2.设计灌水周期的确定

$$T \leqslant T_{\max};\ T_{\max} = \frac{m_{\max}}{I_a} \tag{2-8-3}$$

式中 T——设计灌水周期,d;

$T_{\max}$——最大灌水周期,d;

I_a——作物生育期最大耗水强度,取设计代表年灌水高峰期平均值,取4.2 mm/d;

计算结果:$T_{\max}$ =6.1 d,取T=6 d。

3. 设计灌水定额的确定

$$m_d = T \cdot I_a;\ m' = \frac{m_d}{\eta} \tag{2-8-4}$$

式中 m_d——设计净灌水定额,mm;

m'——设计毛灌水定额,mm;

η——灌溉水利用系数,取0.94;

其余符号意义同前。

计算结果:m_d =25.2 mm(16.8 m^3/亩),m' =27 mm(18 m^3/亩)。

4. 一次灌水延续时间的确定

$$t_{次} = \frac{m' S_e S_1}{q_d} \tag{2-8-5}$$

式中 $t_{次}$———一次灌水延续时间,h;

S_e——灌水器间距,取0.3 m;

S_1——毛管间距,取1.2 m;

q_d——灌水器设计流量,取2.4 L/h;

m'——设计毛灌水定额,根据前述计算为27 mm。

计算结果:出水量为50 m^3/h时一次灌水延续时间3.4 h。

根据GB/T 50485—2009,微灌系统设计日工作小时数不应大于22 h,本次设计考虑灌区实际情况,日工作时间为21 h。

5. 灌溉制度

查《内蒙古自治区主要作物灌溉制度与需水量等值线图》,并考虑采用膜下滴灌玉米需水量减少25%左右,故 P =50%和 P =85%时,灌区玉米需水量在280 m^3/亩左右,作物生育期有效降水量分别为200 m^3/亩和180 m^3/亩左右,不考虑地下水补给和土壤储水量的差值,参考邻近类似地区的试验成果和近年来膜下滴灌实际灌溉数据,确定本次玉米的灌溉定额分别为89 m^3/亩和111 m^3/亩。本次设计的灌溉制度是根据不同水文年型作物各生育期的需水要求,并结合当地的灌溉经验拟定,具体见表2-8-1~表2-8-4。

表2-8-1 设计灌溉定额计算表(P =50%)

作物	作物需水量(m^3/亩)	有效降雨量(m^3/亩)	缺水量(m^3/亩)	净灌溉定额(m^3/亩)	毛灌溉定额(m^3/亩)
玉米	284	200	84	84	89

表2-8-2 滴灌节水灌溉制度(P =50%)

灌溉形式	作物	生育期	灌水定额(m^3/亩)	灌水次数	灌溉定额(m^3/亩)
滴灌	玉米	苗期	14	2	89
		拔节	14	2	
		抽雄	18	1	
		乳熟	15	1	

表 2-8-3　设计灌溉定额计算表($P=85\%$)

作物	作物需水量(m^3/亩)	有效降雨量(m^3/亩)	缺水量(m^3/亩)	净灌溉定额(m^3/亩)	毛灌溉定额(m^3/亩)
玉米	284	180	104	104	111

表 2-8-4　滴灌节水灌溉制度($P=85\%$)

灌溉形式	作物	生育期	灌水定额(m^3/亩)	灌水次数	灌溉定额(m^3/亩)
滴灌	玉米	苗期	14	2	111
		拔节	16	2	
		抽雄	18	2	
		乳熟	15	1	

(三)各典型区控制面积校核

灌区水源井配套水泵出水量为 50 m^3/h,根据上述计算得到的灌溉制度可以确定水源的最大控制面积。水源井最大控制滴灌灌溉面积计算公式为

$$A = \frac{QTt}{m'} \tag{2-8-6}$$

式中　A——水源设计出水量可控最大灌溉面积,亩;

Q——水源设计出水量,取 50 m^3/h;

T——设计灌水周期,取 6 d;

t——日工作时间,取 21 h;

m'——设计毛灌水定额,取 18 m^3/亩。

根据上述计算公式及已有参数,计算得到水源设计出水量 50 m^3/h 的可控最大灌溉面积为 350 亩。灌区水源设计控制面积均在最大可控灌溉面积之内,满足要求。

(四)滴灌灌溉系统首部枢纽设计

滴灌灌溉系统首部设有蝶阀、逆止阀、射频卡冷水表、施肥罐、排气阀、压力表(两块)、过滤器。施肥罐的作用是使易溶于水并适于根施的肥料、农药、化学药品等在施肥罐内充分溶解,通过滴灌系统输送到作物根部,便于作物吸收,充分发挥肥效,同时减少肥料浪费,根据系统参数设计采用容积为 100 L 的施肥罐。防止清洗施肥罐、过滤器的废水倒流污染水源,施肥罐的上游应设置逆止阀。过滤器作用是将水中的固体大颗粒、藻类、漂浮物沉淀过滤,防止这些污物进入滴灌系统堵塞滴头或在系统中形成沉淀。根据灌区水中固体砂颗粒含量很少的情况,过滤设备采用 4″离心式加网式过滤器,过滤器设置在施肥罐的下游,并在过滤器的进出口安装压力表。

(五)田间工程设计

1. 滴灌带的选择及最大铺设长度

1)滴灌带的选择

根据目前国内市场滴灌带的种类和水力性能,以及各厂家滴灌带的应用状况的调查,

考虑灌区土壤质地、作物需水特性及毛管布置方式（两垄一管），灌区选择直径 D 为 16 mm，壁厚 0.2 mm 的内镶贴片式滴灌带，滴头工作压力为 10 m。滴头间距 S_e 为 0.3 m，滴灌带布置间距 S_l 为 1.2 m，滴头流量 q_d 为 2.4 L/h。

2）滴灌带的最大铺设长度

（1）灌水小区最大水头差

根据《微灌工程技术规范》（GB/T 50485—2009）4.0.8 公式，灌水小区灌水器设计允许流量偏差率 q_v 取最大值 20% 时可以计算小区灌水最大水头偏差率 h_{vmax}。计算公式如下：

$$h_{vmax} = \frac{q_{vmax}}{x}\left(1 + 0.15\frac{1-x}{x}q_{vmax}\right) \tag{2-8-7}$$

式中 h_{vmax}——灌水器最大水头偏差率（%）；

q_{vmax}——灌水器最大流量偏差率，取 20%；

x——灌水器流态指数，根据上述选取的滴灌带，确定 x 为 0.5。

根据上述公式及确定的参数，计算得到灌水器最大水头偏差率为 41.2%。

（2）滴灌带最大铺设长度确定。

按照《微灌工程技术规范》（GB/T 50485—2009）5.2.5 要求，在毛管进口设置压力调节器时，灌区内灌水器设计允许的水头差应全部分配给毛管。因此，根据灌水器最大水头偏差计算毛管最大铺设长度。毛管最大铺设长度计算公式为

$$L_{max} = \frac{h_{pmax}d^b}{1.1fQ^m} \tag{2-8-8}$$

式中 L_{max}——管长，m；

h_{pmax}——灌水器最大水头偏差，$h_{pmax} = h_{vmax}h_d$，h_d 为灌水器设计工作水头，10 m，4.12 m；

f——摩阻系数，取 0.505；

Q——毛管流量，m^3/h；

d——管道内径，取 15.6 mm；

m——流量指数，取 1.75；

b——管径系数，取 4.75；

L——管长，m。

计算得出：毛管最大铺设长度为 91 m，设计毛管最长长度为 76 m，符合规范要求。

2. 田间管网布设

1）地埋管道布设

根据地块大小、作物种植方向、毛管最大铺设长度和毛管的布设情况（双向或单向），以及地形高差、水源井的位置，同时考虑管网各节点的压力均衡，确定地埋管道的布设情况。灌区地块地埋管道布设多数为下列情况：水源井直接与干管相连接，灌区地埋管道的布设详见典型地块布置图（见图 2-8-1）。

为避免冬季冻害，管槽开挖根据《滴灌工程设计图集》及当地实际，沟槽断面为梯形，下口宽为管道外径加 0.3 m，即下口取 0.5 m，上口宽取 2.5 m，管槽开挖深度根据当地冻

深情况确定为 2 m,为便于施工弃土堆放在沟槽一侧 0.3 m 以外。

2)支管(给水软管)布设

支管是根据水源井的出水量、灌水小区大小和布设方式(双向或单向)进行布设的,为均衡毛管的压力,一般情况下,支管应布设在灌水小区的中央,并与毛管垂直,另外支管与地埋管道上的给水栓相连接,支管长度是由支管上的毛管数量确定的。灌区地块支管布设多数为下列情况:根据支管的布设长度,在每根垂直于种植方向的地埋管道上设置3~4个给水栓,给水栓上连接支管,支管布设方式为双向,每条支管设置独立闸阀。

3)毛管(滴灌带)布设

毛管是直接向作物施水的管道,是滴灌系统中用量最多的管道,其作用是把管网中的压力水流均匀而稳定地分配到田间土壤,满足作物对水分的需要,还可随水施肥施药。毛管的布设是根据作物种植方向、作物种植行距、毛管单向最大铺设长度、支管中的水量和毛管的性能参数等因素确定的。根据灌区实际,本次地块毛管的布设为:毛管垂直于支管两侧呈鱼骨式布置,方向与种植方向一致。毛管间距为 1.2 m,毛管上每隔 0.3 m 设一个灌水器(滴头),灌水器流量 2.4 L/h,工作水头为 10 m。毛管用按扣三通与支管连接,毛管上不设球阀,即同一支管上所有毛管同时工作。灌区地块出水量为 50 m^3/h 时毛管布设多数为下列情况:每条支管的两侧各布设 52 根毛管,每根毛管长 60 m。

灌区滴灌管网设计见图 2-8-1。毛管为地面铺设管道,具体布设见图 2-8-2。典型地块管道布置基本情况详见表 2-8-5。

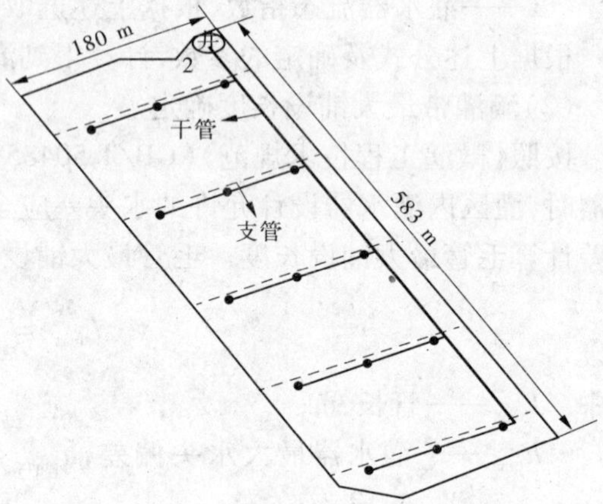

图 2-8-1 白兴吐片区典型地块布置图

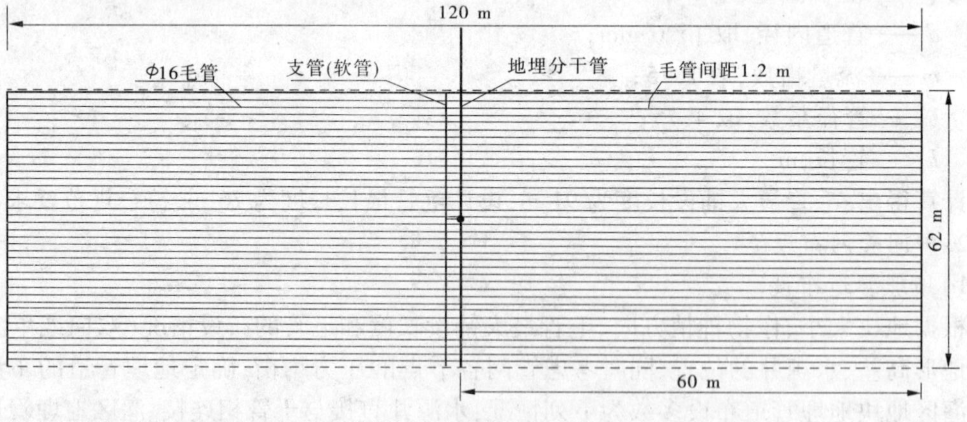

图 2-8-2 典型滴灌小区布置图

表 2-8-5　滴灌典型地块管道布置基本情况　（单位：m）

片区	地埋管道		给水栓		支管		毛管		
	输水长度	管材用量	数量	间距	单根长度	总长度	数量	单根长度	总长度
白兴吐	1 208	1 268	15	61	61	961	1 525	61	92 796

4）支管及毛管维护

支管及毛管为地面管道，为防止管材管件的丢失及损坏，每到冬季支管应及时收起妥善保存，毛管每年进行更新，由生产厂家回收。停泵或冬季不用时，为排除管道余水和防止出地竖管积水冻害，在分干管道末端的最低处设排水井。

3. 轮灌制度确定

轮灌制度的制定关系到田间工程投资，同时关系到工程运行费用，在确定轮灌制度时，应综合考虑多方面因素。本次设计充分以工程投资和工程长期运行管理角度综合考虑，在要求投资标准范围内尽可能减少工程运行能耗，轮灌制度确定为每个灌水小区进行轮灌，这样可达到灌溉单元任何一个灌水小区随时可单独进行灌溉，即单支管轮灌制度。

根据滴灌系统的布置，为保证系统各级管道安全稳定运行，故需将系统划分轮灌组。灌区运行时，每次灌水时间为 3.4 h，即 3.4 h 可完成一个轮灌组，按照每天工作 21 h 计算，灌区分 15 个轮灌组，灌溉周期 2.5 d，灌水周期均小于设计灌水周期(6 d)。

4. 滴灌系统水力设计

1）单根毛管设计流量

单根毛管流量等于灌水器流量乘以毛管上灌水器总数，即

$$Q_{毛} = N \cdot q \tag{2-8-9}$$

式中　q——滴头流量，取 2.4 L/h；

N——毛管的滴头数，为单根毛管长度/滴头间距。

2）支管设计流量

$$Q_{支} = Q_{毛} \cdot n \tag{2-8-10}$$

式中　n——单侧支管上毛管的数目；

$Q_{毛}$——单根毛管流量。

3）地埋管道设计流量

$$Q_{地埋管道} = 2Q_{支} \tag{2-8-11}$$

灌区各级管道设计流量详见表 2-8-6。

表 2-8-6　各级管道设计流量计算

片区	q	N	$Q_{毛}$	n	$Q_{支}$	$Q_{地埋管道}$
白兴吐	0.002 4 m^3/h	203	0.49 m^3/h	51	24.99 m^3/h)	49.98 m^3/h

5. 管材和管径选择

根据当地类似工程实践经验，地埋管道选择 PP 管材，支管和毛管采用 PE 管材。管

网的各级管道管径根据上述计算流量按经验公式计算，计算管径和选取管径参考表2-8-7。

表2-8-7　各级管道设计管径计算

管道	流量(m^3/h)	设计管径(mm)	双壁厚(mm)	管道内径(mm)
地埋管道(PP管)	50	140	8	132
支管(PE管)	25	63	2	61
毛管(PE管)	0.48	16	0.4	15.6

6. 滴灌系统最不利点水力计算

1)最不利点水头损失

根据各级管道流量及最不利工作点的位置，计算管网的最不利点水头损失。管道水力计算包括管道沿程水头损失和局部水头损失。计算结果详见表2-8-8。

(1)管道沿程水头损失计算公式如下：

$$h_f = f\frac{Q^m}{d^b}L \tag{2-8-12}$$

式中　h_f——管道沿程水头损失，m；

f——摩阻系数，其中，地埋管道取94 800，支管(给水软带)和毛管取89 800；

Q——管道流量，其中，地埋管道取50 m^3/h，支管取25 m^3/h，毛管流量详见表2-8-6；

d——管道内径，其中，地埋管道取132 mm，支管取61 mm，毛管取15.6 mm；

m——流量指数，其中，地埋管道取1.77，支管(给水软带)和毛管取1.75；

b——管径指数，其中，地埋管道取4.77，支管(给水软带)和毛管取4.75；

L——管长，m，各管长详见表2-8-5。

(2)微灌系统的支、毛管为等距、等量分流多孔管时，其沿程水头损失计算按下式计算：

$$h'_f = h_f \times F \tag{2-8-13}$$

式中　h'_f——等距、等量分流多孔管沿程水头损失，m；

F——多口系数，其中支管和毛管的多口系数详见表2-8-8。

表2-8-8　管网最不利点水头损失情况

片区	地埋管道		支管				毛管		
	L(m)	h_f(m)	L(m)	F	h_f(m)	Q(L/s)	L(m)	F	H_f(m)
白兴吐	676	5.5	30.5	0.381	1.02	244	30.5	0.365	0.20

(3)管道局部水头损失按沿程水头损失的10%计算。

灌区地块管道最不利点水头损失情况计算结果如表2-8-8所示。

(4)泵管损失计算公式如下：

$$H_{泵管} = L \cdot I \tag{2-8-14}$$

式中 L——泵管长度，各项目区不同；

$I=0.001\ 07v^2/d^{1.3}$，v 为管内流速（$v \geq 1.2$ m/s），取 2.9 m/s；

d——管道内径，取 0.062 5 m。

按照上述公式计算，泵管水头损失计算结果详见表 2-8-9。

2）管网压力分析

每个滴灌小区毛管接口压力都大于选取毛管的爆破压力，所以加设了稳流三通，对毛管压力进行调整。

3）流量偏差率确定

滴灌典型地块小区流量偏差率计算公式如下：

$$h_v = \frac{q_v}{x}(1+0.15)\frac{1-x}{x}q_v \tag{2-8-15}$$

式中 h_v——滴灌器水头偏差率；

q_v——滴灌器流量偏差率；

x——滴灌流态指数，取 0.5。

其中：
$$h_v = \frac{h_{max}-h_{min}}{h_d} \tag{2-8-16}$$

式中 h_{max}——灌水器最大工作水头，m，本文设计中 h_{max} 为表 2-8-8 中 $H_{毛损}$；

h_{min}——灌水器最小工作水头，m，本文设计中 h_{min} 设计为 0；

h_d——灌水器设计水头，m，取 10 m。

通过上述公式计算结果详见表 2-8-9，从表中得知灌区流量偏差均小于《微灌工程技术规范》（GB/T 50485—2009）所要求的 0.2，滴灌器水头偏差率 h_v 为 0.2，滴灌器流量偏差率 q_v 为 0.10，故设计合理。

7. 水泵的选型

1）滴灌系统设计水头计算

滴灌系统设计水头等于水源井动水位埋深、泵管损失、过滤器水头损失、管网水头损失（包括系统进口至灌水小区的输水管网水头损失和灌水小区内灌水器流量达到设计流量时的水头损失）、灌水器设计工作压力和水源工程出水口到最不利点的地形高差之和。

根据《微灌工程技术规范》（GB/T 50485—2009）要求，微灌系统灌水小区内灌水器流量的平均值应等于灌水器设计流量。本次设计假定灌水小区内水头损失的平均值处（（支管水头损失 + 毛管水头损失）/2）灌水器流量亦达到平均值，即灌水器等于设计流量。

滴灌系统设计水头计算公式如下：

$$H = H_{动水位} + H_{泵管损} + H_{管网损} + H_{入} + H_{过滤器损} + H_{地面高差} \tag{2-8-17}$$

其中，滴灌带入口要求压力水头为 10 m；过滤器水头损失为 7 m；水源井动水位、泵管水头损失、管网水头损失、地面高差及系统设计水头详见表 2-8-9。

表 2-8-9 系统设计水头计算表 （单位：m）

片区	$H_{动水位}$	$H_{泵管损}$	$H_{管网损}$	$H_{入}$	$H_{过滤器损}$	$H_{地面高差}$	$H_{扬}$	水泵选取型号
白兴吐	16.35	4.64	6.72	10	7	0	44.70	200QJ50 - 52/4

2)水泵的选型

根据上述计算的系统水头损失和设计系统总流量确定水泵的型号。本次设计拟选用200QJ50－52/4 潜水泵,其性能及参数见表 2-8-10。

表 2-8-10　潜水泵性能及参数

水泵型号	流量(m^3/h)	扬程(m)	水泵效率(%)	配套功率(kW)
200QJ50－52/4	50	52	72	11

8.典型地块材料及设备用量

本次设计选取的 6 个滴灌典型地块工程量统计见表 2-8-11。

表 2-8-11　白兴吐滴灌典型地块工程量统计表

工程及费用名称	单位	数量
土方开挖	m^3	3 624
土方回填	m^3	3 624
井房	m^2	12
机电井	眼	1
200QJ50－52/4	套	1
低压启动器	套	1
电表	套	1
分线盒	套	1
射频卡冷水表	套	1
液位传感器	套	1
管泵连接体	套	1
逆止阀	套	1
压力表	块	2
离心加网式过滤器	套	1
蝶阀	套	1
排气阀	套	1
施肥罐(100 L)	套	1
PP 管 DN140(0.4 MPa)	m	1 268
DN63PE 软管	m	961
滴灌带 ϕ16	km	92.796
弯头 DN140	个	6
三通 DN140	个	4
给水栓	个	15
地面分水管	m	9
闸阀及配件	个	30
DN16 按扣三通	个	800
阳螺纹直通	个	30
堵头 DN63	个	30
钢卡	个	30
堵头 DN16	个	1 600
打孔器	个	4
锁紧钳	个	4

习题九　取水方案选择

一、资料

北方某灌区，位于多泥沙河流的中游，拟从该河道取水灌溉。河道及灌区平面位置如附图2（1∶20 000）。A点为灌区最高点，为使全灌区都能自流灌溉，要求A点的干渠水位高程为1 040.0 m。10号断面以上的河道，蜿蜒绕行于山区，比降为1/1 000。由于两岸皆为高山，工程量大，地质条件差，引水渠道只能沿河岸绕行。可供选择的1～10号各断面之间的距离均为1 km，各断面的地质条件基本相同。

设计年10号断面最小流量和灌区逐月取水流量如表2-9-1所示。

表2-9-1　设计年10号断面最小流量和灌区逐月取水流量

月份	1	2	3	4	5	6	7	8	9	10	11	12
Q_{min}（m^3/s）	3.5	13	12	15	15	28	23	18	16	12	12	4
$Q_{引}$（m^3/s）	0	0	3.5	4.5	4.5	4.5	0	0	4.5	2.0	1.5	0

二、要求

选择最佳取水位置和取水方式。

三、作题指导

（1）认真复习《灌溉排水工程学》中有关“灌溉取水方式”的内容；

（2）从水位、流量、引水条件、引水渠道长度、壅水高度和闸、坝、站的工程规模等方面进行初步分析比较，选择最佳方案；

（3）干渠比降在以下几个比较方案中选择：1/2 000，1/5 000，1/8 000，1/10 000。

习题十　干、支渠系规划布置

一、资料

沙河灌区从沙河水库引水灌溉。灌区地形情况见1∶100 000地形图。1 025 m以上为宜林荒山，可以提水灌溉，植树造林。水库的水量充足，水质良好。正常蓄水位1 035 m，干渠渠首水位1 024 m，干渠比降1∶10 000（见附图3）。

二、要求

（1）规划自流引水灌区和提水灌区的范围；

（2）进行自流引水灌区干、支渠系规划布置；

(3)规划提水灌区的抽水站位置。

三、作题指导

(1)认真复习《灌溉排水工程学》中有关“灌溉渠系规划”部分内容。

(2)干渠沿线每5 km注明一个桩号,支渠分水口及较大建筑物处要加注桩号。

(3)干渠用粗实线表示,支渠用细实线表示,干渠上的建筑物及抽水站均用规定符号标示出。

(4)支渠要按自上游而下游的顺序编号。

(5)画图要整洁美观,书写要认真。

习题十一　渠系水利用系数的计算

一、资料

某渠系仅由两级渠道组成,上级渠道长3 km,自尾渠分出两条下级渠道,皆长1.5 km,下级渠道的净流量皆为 $Q_{下净}=0.3\ m^3/s$。渠道沿线土壤透水性较强($A=3.4$,$m=0.5$),地下水埋深5.5 m。

二、要求

计算上级渠道的毛流量及渠系水利用系数 η。

三、作题指导

认真复习《灌溉排水工程学》中有关“灌溉渠道流量计算”的内容。

习题十二　灌溉渠道设计流量推算

一、资料

某灌区自水库取水,干渠全长10.4 km,在桩号K8+000处分出第一支渠、第二支渠。在K10+400处分出第三支渠。第一、三支渠的渠系布置形式、渠道长度、控制面积完全相同,第二支渠所属一至五斗渠渠系布置形式、渠道长度、控制面积完全相同,仅六斗渠的渠系与之不同,各条渠道的长度与控制面积如表2-12-1。

渠系布置如图2-12-1所示。二支渠的一斗渠及二斗渠在1.4 km处分水,三斗渠及四斗渠在2.2 km处分水,五斗渠及六斗渠在3.0 km处分水。灌区土壤透水性中等,$A=1.9$,$m=0.4$,地下水埋深大于6 m。

设计灌水率 $q_{设}=0.35\ m^3/(s\cdot 万亩)$,田间水利用率 $\eta_{田}=0.95$,灌水延续时间15 d。

表 2-12-1　各渠道长度及控制面积

渠道名称	渠道长度(m)	控制面积(亩)
一支渠	2 000	9 000
一支一斗渠	1 500	3 000
一支二斗渠	1 500	3 000
一支三斗渠	1 500	3 000
所属各农渠	1 000	750
二支渠	3 000	11 100
二支一斗渠	1 050	1 680
二支二斗渠	1 050	1 680
二支三斗渠	1 050	1 680
二支四斗渠	1 050	1 680
二支五斗渠	1 050	1 680
所属各农渠	800	420
二支六斗渠	1 500	2 700
所属各农渠	900	675

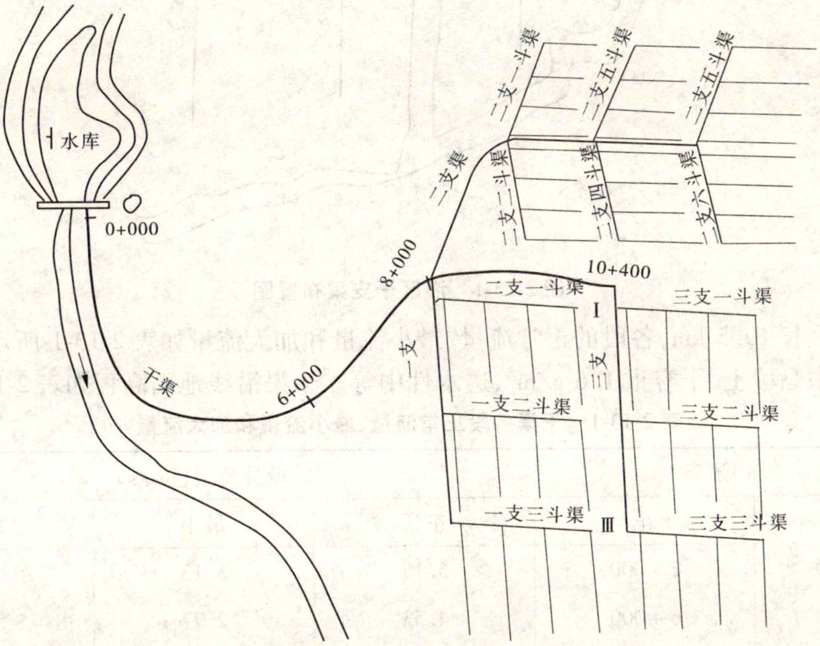

图 2-12-1　渠系布置图

二、要求

(1)制定各级渠道的工作制度。
(2)推算支渠以下各级渠道及干渠各段的设计流量。
(3)计算各支渠的渠道水利用系数、渠系水利用系数和灌溉水利用系数。
(4)计算全灌区的灌溉水利用系数和渠系水利用系数。

三、作题指导

(1)认真复习《灌溉排水工程学》中有关“灌溉渠道流量计算”的内容。
(2)注意面积不等时的计算方法。

习题十三　干渠纵横断面设计

一、资料

某灌区干支渠布置如图 2-13-1 所示。

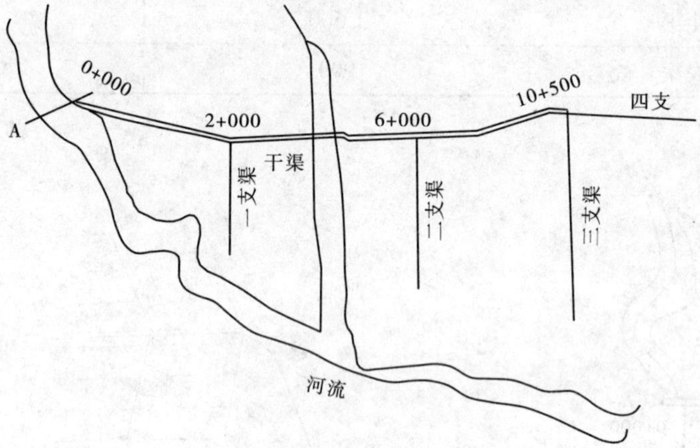

图 2-13-1　灌区干支渠布置图

干渠全长 10.5 km,各段的正常流量、最小流量和加大流量如表 2-13-1 所示。干渠沿线土质为中黏壤土,干容重 1.6 g/m^3,透水性中等。干渠沿线地面高程如表 2-13-2 所示。

表 2-13-1　干渠各段正常流量、最小流量和加大流量

桩号		设计流量(m^3/s)		
起	止	正常	最小	加大
0 +000	2 +000	5.15	3.13	6.15
2 +000	6 +000	4.53	2.77	5.44
6 +000	10 +500	2.57	1.58	3.08

表 2-13-2　干渠沿线地面高程

桩号	地面高程(m)	桩号	地面高程(m)
0 +000	1 097.5	6 +600	1 092.0
1 +000	1 095.0	6 +900	1 093.0
2 +000	1 094.5	7 +000	1 092.8
3 +000	1 094.0	8 +000	1 092.0
4 +000	1 093.5	9 +000	1 091.6
4 +200	1 093.2	10 +500	1 091.0
5 +000	1 091.0		
6 +000	1 091.0		

干渠沿线的建筑物有：

在 K4 +200 处有渡槽一座，长 100 m；在 K2 +000、K6 +000、K10 +500 各有公路桥一座；在 K2 +000、K6 +000 处各设分水闸及节制闸一座，分别向一、二支渠配水；在 K10 +500 处有两座分水闸向三、四支渠配水。一、二、三、四各支渠渠首要求的正常水位依次为 1 093.9 m、1 091.3 m、1 090.0 m。

河流水源情况：A 处来水流量超过干渠需要引取的流量。灌溉季节最低水位 1 095.5 m，含沙量 $\rho = 1.2\ kg/m^3$，泥沙加权平均沉速 $\omega = 2\ mm/s$。

二、要求

设计干渠的纵横断面，绘制纵横断面图一张。

三、作题指导

(1)认真复习《灌溉排水工程学》中有关“渠道纵横断面设计”的内容。

(2)画图要认真，图面要整洁美观，书写要工整。

习题十四　灌溉输水首部管径的计算

一、资料

某井灌区面积 1 000 多亩，地块形状为长方形，(长 × 宽)3 400 m × 200 m；水源井位于一侧(见图 2-14-1)，拟采用管道输水灌溉技术；灌区内地下水埋深 50 m，已配套 250QJ80 −80/4 型潜水电泵，为实现远距离输水，选用两种承压能力的聚乙烯管道(0.4 MPa、0.2 MPa)。

二、要求

根据管道的承压能力，计算确定首部管道(0.4 MPa)的长度和最大输水距离(管道管

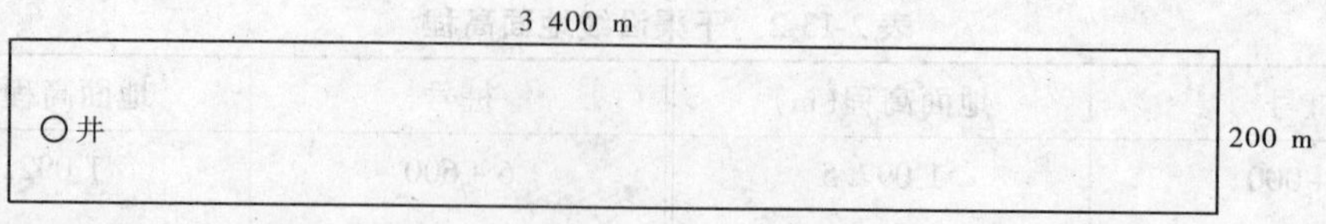

图 2-14-1　灌区平面示意图

径为 10 cm,出水口间距为 54 m),若 10 cm 管道不能满足要求,试确定其相应最小管径。

习题十五　灌区灌溉水源井的确定

一、资料与要求

习题十四中灌区拟种作物为玉米和小麦,已测定作物日耗水强度为 3 mm/d,计划湿润层 0.6 m,根据水源井供水能力和输水(设施)条件,试确定其轮灌工作判度,并核定(计算)单井水源是否满足 1 000 亩地灌溉需求;若不满足,还需增设水源井多少?

二、作题指导

认真复习《灌溉排水工程学》中有关"灌溉水源和取水方式"部分内容。

习题十六　承压地下水资源开采利用计算

一、资料

某地区承压含水层厚度为 40 m,土的压缩系数 $\beta_s = 10 \times 10^{-5}\ cm^2/kg$,水的压缩系数 $\beta_\omega = 5 \times 10^{-5}\ cm^2/kg$,土的孔隙率 $n = 0.3$,水的容重 $\gamma = 10\ kg/m^3$,压力传导系数 $a = 1 \times 10^5\ m^2/d$,导水系数 $T = 200\ m^2/d$,拟开采利用深层地下水发展井灌,灌水定额为 50 m^3/亩,每天灌水 18 h,每次灌水延续时间 10 d,灌溉水利用系数为 0.85,单井抽水流量 $Q = 50\ m^3/h$。

二、要求

(1)计算含水层弹性释水系数 μ_e。

(2)当压力水位下降 50 m 时,在 100 km^2 内可以利用的弹性储量是多少?

(3)如果均匀开采,当压力水位下降 50 m 时,因含水量压密而造成的地面沉降是多少?

(4)单井灌溉面积及井距是多少? 每平方公里宜布置几眼井?

(5)单井抽水 5 d 后,距离井中心 10 m、50 m、100 m、200 m、500 m 及 1 000 m 各点的压力水位降深是多少? 假定初始水位水平,绘出压力水位降落漏斗曲线。

三、作题指导

(1)认真复习《灌溉排水工程学》中有关“灌溉水源及地下水开发与利用”部分内容。

(2)注意泰斯公式的应用。

习题十七　浅层地下水资源多年调节计算

一、资料

北方某冲积平原,拟开采利用浅层地下水灌溉农田。地表以下为砂壤土,潜水变动带给水度 $\mu=0.06$,降雨资料如表 2-17-1 所示。

表 2-17-1　北方某冲积平原区降雨资料

年份	降雨量(mm)	年份	降雨量(mm)	年份	降雨量(mm)
1919	564.7	1940	542.4	1960	453.7
1920	292.8	1941	313.0	1961	678.0
1921	424.2	1942	517.5	1962	294.0
1922	788.2	1943	595.8	1963	615.1
1923	394.4	1944	467.6	1964	789.2
1924	938.0	1945	568.1	1965	263.1
1925	938.9	1946	604.4	1966	830.0
1926	407.9	1947	518.9	1967	652.1
1927	530.7	1948	434.6	1968	514.8
1928	354.7	1949	899.4	1969	674.3
1929	539.4	1950	1 007.3	1970	671.7
1930	452.9	1951	379.7	1971	631.7
1931	724.5	1952	548.2	1972	436.4
1932	679.6	1953	816.7	1973	706.4
1933	85.68	1954	1 195.8	1974	750.4
1934	678.0	1955	952.5	1975	276.7
1935	393.7	1956	1 098.4	1976	625.0
1936	396.2	1957	401.9	1077	689.2
1937	983.6	1958	942.6	1978	663.4
1938	573.6	1959	1 051.6	1979	706.8
1939	680.6				

根据对该地区不同频率降雨与农业灌溉用水量和地下水侧向补给量的分析,得出其相互关系,如表 2-17-2 所示。

根据试验资料,不同地下水埋深的年降雨入渗补给系数 $\alpha_{年}$,潜水蒸发系数 C($C=\varepsilon/\varepsilon_0$,$\varepsilon$ 为潜水蒸发量,ε_0 为水面蒸发量,多年平均水面蒸发量为 1 000 mm),如表 2-17-3 所示。

表 2-17-2　该区不同频率降雨与农业灌溉用水量和地下水侧向补给量关系

频率 P(%)	年降雨量 $P_{年}$(mm)	农业用水量(mm/年)	侧向补给量(mm/h)
$P<32$	$P_{年}>678$	162	46
$32<P<68$	$678>P_{年}>514.8$	205	51.7
$P>68$	$P_{年}<514.8$	255	65

表 2-17-3　该区年降雨入渗补给系数 $\alpha_{年}$ 及潜水蒸发系数 C

潜水埋深(m)	1.0	1.5	2.0	2.5	3.0	>3.0
降雨入渗补给系数 $\alpha_{年}$		0.17	0.17	0.22	0.23	0.23
潜水蒸发系数 C	0.44	0.25	0.11	0.03	0	0

二、要求

(1)选择调节周期。

(2)进行多年均衡调节计算。制订在某一起调水位条件下的调节方案,调节周期内的地下水位变化过程线及地下水埋深与灌溉保证率关系曲线。

(3)分析计算灌溉保证率为 50%、75%、85% 的地下水开采深度,据此选择抽水机净扬程。

三、作题指导

(1)调节周期可选 15 年以上的多年系列。

(2)起调水位可定在连续枯水年之前,为 3 m。

(3)降雨入渗补给系数,根据计算出的年初地下水埋深查表 2-17-3 确定。

(4)侧向补给量及农业用水量,根据年降雨量大小,由表 2-17-2 确定。

(5)潜水蒸发量 $\varepsilon=C\varepsilon_0$,其中水面蒸发量 $\varepsilon_0=1\ 000$ mm,C 根据年初地下水埋深确定。

(6)建议采用表 2-17-4 的格式进行计算,较方便。

表 2-17-4　浅层地下水资源多年调节计算

年份	年降雨量(mm)	降雨入渗补给系数 α	降雨入渗补给量(mm)	侧向径流补给量(mm)	来水总量(mm)	农业用水量(mm)	潜水蒸发系数 C	潜水蒸发量 ε(mm)	去水总量(mm)	来水－去水		地下水位变幅		多年均衡要求的地下水埋深(m)	多年用水要求的地下水变幅(mm)	多年调节和年调节要求的地下水位(mm)	序号	保证率(%)	备注
										+	−	+	−						
①	②	③	④	⑤	⑥	⑦	⑧	⑨	⑩	⑪	⑫	⑬	⑭	⑮	⑯	⑰	⑱	⑲	⑳
					④+⑤			⑧×1 000	⑦+⑤										

习题十八　田间排水计算

一、资料

北方某灌区，气候干旱，没有灌溉就没有农业，但是灌溉不当，会造成土壤盐碱化。由于地势低洼，地下径流不畅，地下水埋深经常小于1.0 m。灌溉后，地下水接近地表，渍害和次生土壤盐碱化十分严重。欲发展农业生产，必须修建完善的排水工程。根据水文地质条件（见表2-18-1）采取水平排水或垂直排水均可。

表2-18-1　灌区水文地质参数

岩层埋深（m）	岩性	渗透系数 K（m/d）	给水度 μ	含水层性质	矿化度（g/L）	单井出水量（m^3/h）
8.0	黏砂互层	1.0	0.05	潜水	3～10	50
10.0	黏土	0.1	0.02			
5.0	粉细砂	6	0.003 5	半承压水	1.0	

50 m以下为不透水层，竖井位于不透水层上。

地下水临界深度1.5 m。修建排水工程后，要求在20 d内把地下水位由接近地表降低到临界深度。

二、要求

（1）确定水平排水的排水沟（管）深度和间距；

（2）确定竖井排水的合理井群结构。

三、作题指导

（1）认真复习《灌溉排水工程学》中有关"灌溉水源和取水方式"的内容。

（2）进行水平排水计算时，可把8～10 m的黏土层视为不透水层。

（3）进行竖井排水计算时，可把0～10 m土层视为弱透水层。长期抽水后，潜水含水层与半承压含水层形成稳定水位差0.5 m。

（4）排水沟内水深采用0.2 m，两沟中间点地下水位降至临界深度时与排水沟的水位差取0.3 m。

习题十九　骨干排水沟设计流量计算

一、资料

某易涝易碱的平原灌区，面积182 km^2，地面坡度1/5 000～1/8 000。土壤以壤土为主，间有黏壤土，夏季多暴雨，天然排水出路不畅，常因暴雨成灾。由于地下径流不畅，渍、涝、盐、碱危害都很严重。欲将该地区开发为高产粮油糖基地，必须修建完善的排水系统，以达到排涝、防渍、治碱的目的。规划布置干沟一条、支沟五条（见图 2-19-1）。各支沟汇入干沟的位置分别为 A、B、C 处，控制面积如表 2-19-1 所示。

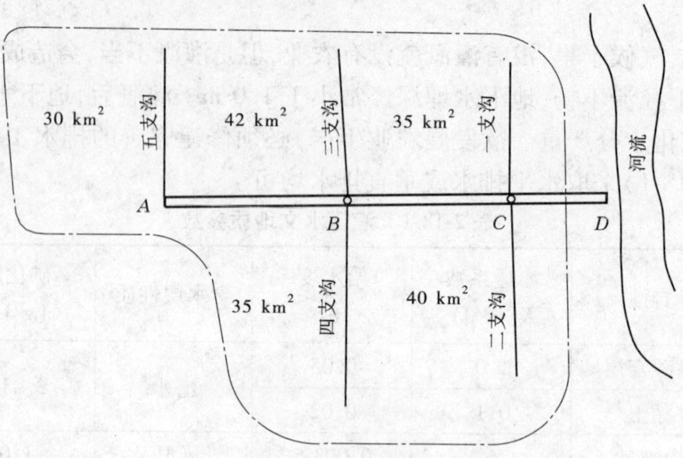

图 2-19-1　灌区排水系统布置图

表 2-19-1　各支沟控制面积表

沟名	一支沟	二支沟	三支沟	四支沟	五支沟
控制面积（km^2）	35	40	42	35	30

根据水文气象资料，十年一遇最大日暴雨量 $P=128$ mm。根据作物耐淹试验，排除地面积水时间不得超过 2 d。排水模数经验公式为

$$q_{max} = 0.032R^{0.92}F^{-0.33} \quad (m^3/(s \cdot km^2)) \tag{2-19-1}$$

式中　R——设计径流量，mm；

F——排水沟设计断面所控制的排涝面积，km^2。

径流系数 $\alpha=0.30$。

二、要求

（1）确定不同控制面积大小的排水模数。

（2）推算各支沟及干沟 AB、BC、CD 各段的设计排涝流量。

三、作题指导

（1）认真复习《灌溉排水工程学》中有关“排水沟道的规划布置与设计流量”部分内容。

（2）首先求得 $q_{max} \sim F$ 关系曲线和 $q_{平均}$ 分析比较确定不同控制面积的排水模数。

（3）根据控制面积大小，推算设计流量。

习题二十　重盐碱地冲洗改良设计

一、资料

某灌区,位于华北内陆平原,地势低洼,地面坡度1/8 000,气候寒冷,冰冻期长,降雨量少,蒸发量大,气候干旱,水文地质条件差,地下径流不畅,地下水位高,矿化度大于3 g/L,多年逐月平均降雨量、蒸发量、地下水埋深和土壤含水量及河流月平均流量如表2-20-1所示。

表2-20-1　灌区水文资料

月份	1	2	3	4	5	6	7	8	9	10	11	12
降雨量(mm)	1.46	2.33	5.39	13.51	9.9	10.49	39.28	41.20	17.78	5.71	2.44	0.37
蒸发量(mm)	41.7	62.0	140.8	248	382.5	393.0	321.0	271.5	206.0	142.9	71.7	34.7
地下水埋深(m)	1.0	2.0	1.5	1.0	0.5	0.6	0.2	0.8	1.0	0.2	0.5	0.8
土壤含水量(干土重,%)	25	25	20.0	18.0	17.0	16.5	20	17.0	17.5	25	20	17.7
河流月平均流量(m^3/s)	0.5	0.5	0.6	1.0	2.0	10.0	100	50.0	30.0	20.0	5.0	1.0

多年月平均气温6.9 ℃,3月气温由零下转到零上,4月回升到8 ℃以上。7月气温最高(23.3 ℃),9月以后明显下降,11月降到零度以下,土壤开始冻结,2月冻结深度最大(1.2 m),5月上旬化通,冻结期达半年之久。

土壤质地为壤土,次生盐碱化比较严重。1 m土层平均含盐量1%,主要集中于表层,0~40 m土层含盐量占80%,盐分组成以氯化物硫酸盐为主。土壤容重1.5 g/m^3,田间持水量25%(干土重,%),渗透系数1.0 m/d,地下水临界深度1.5 m,降雨入渗系数0.8,地下水停止蒸发深度3.0 m。主要作物为春小麦、玉米、葵花、甜菜、牧草已建成比较完善的排水系统。末级排水沟(农沟)深2.5 m、间距200 m。根据试验资料,冲前土壤含盐量。排水沟间距和排盐系数的关系如图2-20-1所示。

二、要求

(1)选择适宜的冲洗季节,并说明理由;
(2)确定冲洗脱盐标准,并说明理由;
(3)计算冲洗定额;
(4)制定冲洗制度。

三、作题指导

(1)认真复习《灌溉排水工程学》中有关"防治盐碱土的水利技术"部分内容。

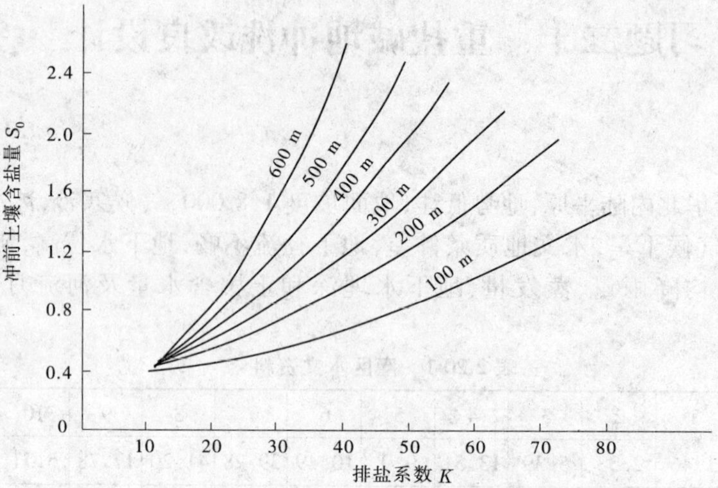

图 2-20-1 冲前土壤含盐量与排水沟间距和排盐系数关系

(2)参考书:《土壤与农作学》。

习题二十一 引配水计划的编制

一、资料

某灌区气候干旱,全靠河水灌溉。已建成完善的灌溉渠系,有干渠一条(采取混凝土衬砌防渗)、支渠三条(见图 2-21-1)。

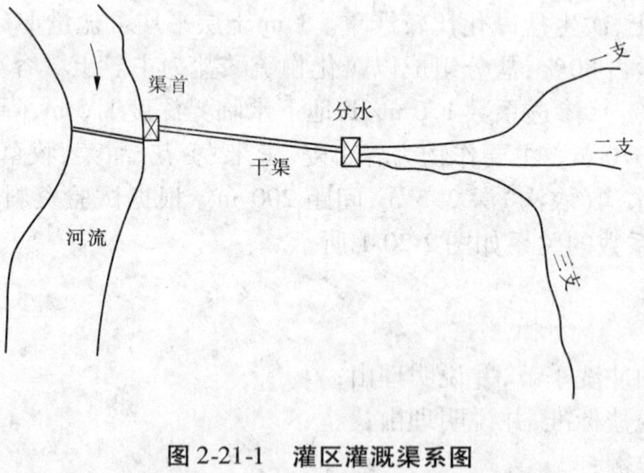

图 2-21-1 灌区灌溉渠系图

4 月 20 日 ~11 月 10 日为灌溉引水期,渠首历年实测月(旬)平均流量见表 2-21-1。渠首引水率(引水量占河流来水量百分比)、干渠渠道水利用率和三条支渠的灌溉面积,综合灌水定额,灌溉水利用率见表 2-21-2。

表 2-21-1　某河灌溉期间历年月(旬)平均流量　　(单位:m^3/s)

灌溉阶段	春灌			夏灌			秋灌		
	4月下旬	5月	6月	7月	8月	9月上旬	9月中下旬	10月	11月上旬
1964年	12.8	21.8	80.7	122.0	152.0	65.8	37.4	23.9	18.7
1965年	10.9	23.2	86.3	158.6	118.5	52.1	41.1	22.5	16.3
1966年	13.7	17.9	85.9	133.9	158.2	92.1	62.2	26.5	16.8
1967年	14.0	32.9	72.1	106.5	112.6	37.7	28.1	17.9	13.8
1968年	12.6	26.4	90.2	144.0	94.6	34.0	23.5	17.1	14.1
1969年	14.1	33.6	113.8	159.6	144.6	40.5	41.3	22.8	16.8
1970年	12.7	26.4	37.0	142.7	93.6	76.7	38.8	21.5	16.1
1971年	14.6	18.7	44.2	147.0	101.0	71.0	44.7	21.6	15.7
1972年	12.0	33.2	81.8	110.4	163.0	58.5	40.3	23.9	16.4
1973年	15.6	21.1	64.2	123.4	92.3	61.6	31.8	19.0	15.5
1974年	14.9	26.1	66.7	150.0	114.6	58.7	27.4	18.0	12.9
1975年	10.6	17.1	61.7	121.3	123.9	59.5	21.1	21.5	16.1
1976年	14.0	28.4	81.4	103.2	74.5	57.0	32.1	19.7	14.2
1977年	11.3	14.0	72.3	80.4	111.0	95.0	33.1	20.3	13.5
1978年	12.1	16.1	89.0	141.0	112.0	39.7	30.2	18.3	12.7
1979年	14.3	17.9	74.3	98.3	128.8	53.2	26.4	19.3	13.7
1980年	13.6	42.2	59.3	97.5	85.8	62.2	25.2	7.2	10.9
1981年	12.4	40.5	82.0	159.0	123.5	47.6	33.5	23.2	15.6
1982年	11.4	38.5	69.7	117.7	123.3	49.2	34.4	20.7	15.3
1983年	4.2	4.6	13.4	57.5	78.4	24.9	4.7	4.4	3.8
1984年	5.4	3.8	29.8	45.0	69.8	22.5	6.5	4.3	3.4
1985年	15.3	28.0	75.1	105.9	105.1	49.7	25.6	16.7	12.7
1986年	9.5	21.1	50.3	132.9	128.7	45.2	27.8	18.8	13.5

表 2-21-2　灌区灌溉参数表

灌溉阶段	渠首引水率(%)	干渠渠道水利用率(%)	支渠								
			一支渠			二支渠			三支渠		
			灌溉面积(万亩)	综合灌水定额(m^3/亩)	灌溉水利用率(%)	灌溉面积(万亩)	综合灌水定额(m^3/亩)	灌溉水利用率(%)	灌溉面积(万亩)	综合灌水定额(m^3/亩)	灌溉水利用率(%)
春灌	95	95	1.0	80	65	0.64	80	70	0.8	80	60
夏灌	84	95	1.5	70	65	0.96	70	70	1.2	70	60
秋灌	95	95	2.5	100	65	1.6	100	70	2.0	100	60

二、要求

(1)用分阶段假设年法预测灌溉期间相应于经验频率 $P=60\%$ 的河道来水量；

(2)编制引、配水计划。

三、作业指导

(1)进行频率分析时，建议采用相关软件，将流量自大而小排列。

(2)编制干、支渠的引、配水计划，可按表 2-21-3 和表 2-21-4 的格式进行。

表 2-21-3　干渠引、配水计划表

阶段	月份	河道来水		引水率（%）	引水量		渠道水利用率（%）	可分水量		配水量								
										一支渠			二支渠			三支渠		
		Q（m^3/s）	W（万 m^3）		Q（m^3/s）	W（万 m^3）		Q（m^3/s）	W（万 m^3）	配水比（%）	Q（m^3/s）	W（万 m^3）	配水比（%）	Q（m^3/s）	W（万 m^3）	配水比（%）	Q（m^3/s）	W（万 m^3）
春灌	4月下旬																	
	5月																	
	6月																	
夏灌	7月																	
	8月																	
	9月上旬																	
秋灌	9月中下旬																	
	10月																	
合计	全年																	
	春灌																	
	夏灌																	
	秋灌																	

表 2-21-4　支渠配水计算表

支渠名称	灌溉面积（万亩）	综合灌水定额（m^3/亩）	净灌溉用水量（万 m^3）	灌溉水利用系数	要求的毛配水量（万 m^3）	配水百分比		备注
						计算值	采用值	
一支渠								
二支渠								
三支渠								
合计								

第三部分　课程设计

课程设计一　庆丰灌区灌溉渠系规划设计

第一节　基本资料

一、地理位置及地形概述

××灌区位于××县西北部，××水库下游。其范围东起庆丰村，西至冲沟，南起盼河，北至黎明村一线总面积约7.5万亩。灌区地形北高南低，海拔1 245～1 277.5 m。坡度1/125～1/600（见附图4）。

二、气象

灌区多年平均降雨量400 mm，且多集中在7月、8月、9月；多年平均蒸发量1 600 mm，湿润系数仅为0.25，属干旱地区。农业生产受旱灾危胁极大。10年一遇1日最大暴雨80 mm，10年一遇3日最大暴雨112 mm，夏季易受洪涝灾害。

三、水文地质

灌区地层构造属第四纪上更新纪黏土、亚黏土、地上地下水均向盼河汇流。由于盼河一级阶地地势低洼平缓，土质黏重，出流不畅，故抬高了沿河阶地的地下水位，在低洼处甚至涌出地表，形成下湿地和草甸盐土。灌区地下水储量较丰富，水质较好。0～2 m土壤渗透性见表3-1-1。

表3-1-1　土层渗透系数

渗透性	渗透系数（m/d）	地理位置
中等	$K=3$	庆丰村、胜利村、幸福村、永胜村一线以北地区
弱	$K=1$	盼河以北一级阶地地区

四、灌区土壤

土壤质地及分布情况详见表3-1-2。

表 3-1-2 土壤质地及分布

位置	土壤质地	全盐（%）	土壤透水系数 A	土壤透水指数 m	容重（g/cm^3）
庆丰村、胜利村、幸福村、永胜村一线（南至光明村一线）	中黏土壤	0.1	1.9	0.4	1.4
汾河一级阶地地区	黏土	0.6	0.7	0.3	1.1

五、水源

建造的庆丰水库为年调节水库，土坝高 17 m，兴利库容 1 300 万 m^3，灌溉控制高程 1 276 m，装机 800 kW。

六、灌区农业生产概况

现有耕地 3.2 万亩，平均每个劳动力承担 20 亩。人少地多，耕作粗放，广种薄收。作物以春小麦、谷子、杂粮等为主，平均单产 100 kg。主要自然灾害是旱灾。

根据土壤改良分区及农业发展规划，灌区建成后作物种植比例及设计产量见表 3-1-3。

表 3-1-3 作物种植比例及设计产量

作物	春小麦	谷子	胡麻	马铃薯
种植比例（%）	50	25	12.5	12.5
现产量（kg/亩）	100	110	75	1 000
设计产量（kg/亩）	200	170	120	1 500

灌区修正灌水率图如图 3-1-1 所示。

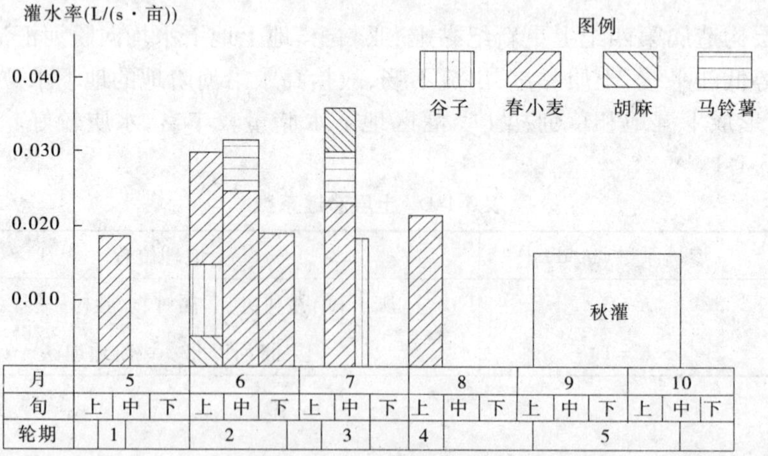

图 3-1-1 灌区修正灌水率图

第二节 设计依据与设计任务

一、设计依据

(1)1/33 500 灌区地形图(见附图4)。

(2)灌区综合毛灌溉定额统一采用:$M_{综毛}=230\ m^3$/亩。

(3)灌区土地利用系数:$h_{土}=0.75$,$\eta_{田}=0.95$。

(4)灌水率采用:设计灌水率 $q_{max}=0.341\ m^3/(s\cdot万亩)$,最小灌水率 $q_{min}=0.183\ m^3/(s\cdot万亩)$。

(5)其他有关资料已在第一部分摘录。

二、设计任务与要求

根据灌区自然、社会经济条件对灌区进行灌排渠系规划布置结构设计和工程量,经济效益分析计算。

(1)基本资料与灌区改建的必要性、可行性分析。

(2)灌排渠系规划布置。

①灌区范围,面积确定。

②灌区排水问题分析。

③灌排渠系规划布置与方案比较。

(3)灌溉渠道结构设计。

①渠道流量推算。

②渠道水位推求。

③灌溉渠道纵、横断面结构设计。

(4)工程量与经济效益分析计算。

课程设计二 准格尔旗红花沟果树微灌工程设计

课程设计目标:实施准格尔旗红花沟果树喷灌工程设计方案及初步设计。

课程设计任务:提交工程设计计算说明书一份,微灌系统布置图一张,干、支管道纵横断面图一张,系统首部、泵站蓄水池结构图一张。

设计内容要求:分析试区基本资料,对工程的必要性和可行性作出技术经济论证;根据气象资料运用彭曼-蒙特斯公式对果树需水量和耗水强度进行计算,制订微灌系统规划布置方案并比较选优,设计微灌制度。重点进行系统管网设计,包括系统流量推算和管网水力计算、水泵和动力设备的选型配套,以及附属土建工程设计和工程概算。

第一节　基本资料

一、地理位置

试区位于鄂尔多斯高原中南部，晋陕黄土高原边缘地带，属黄河流域范围。东经110°40′，北纬39°43′，海拔1 141 m。

二、地形

试区属丘陵形，地形起伏明显，长期的水土流失将坡面分割成狭长形条块，上宽下窄，三面环沟、一面临坡，上陡下缓，高差最大有48 m，坡度1/3～1/24，坡下阶地平缓开阔，坡向长300 m、宽200 m，总面积约88亩，除22亩果树外，其余为菜田和大田作物，目前均无灌溉条件，由于水资源缺乏，地形又比较复杂，微灌是该地区发展灌溉的唯一出路。

三、土壤和水文地质条件

试区土壤为细砂壤土，下部土层厚度为1 m，以下为粗砂。上部土层厚度1.5～2 m，以下为红黏土，土层分布不均，从冲沟断层可见北面坡上12 m以下为砒砂岩，而冲沟南面砒砂岩裸露于地表，东面土崖中部（约距坡面地表10 m处）有微弱水量渗出，地下水对作物几乎没有供给作用。

野外采样与室内渗吸试验表明：

第一小时内平均渗吸速度 $K_1 = 9.6$ cm/h，稳定入渗率 $K_n = 363$ mm/min。

按苏联卡庆斯基分类，属强透水性土壤，若采用地面灌溉，易造成田间水量渗漏。

土壤pH值为7.67～7.88；

土壤全盐量为0.049 28%～0.050 5%；

土壤基本无盐碱化，适合于果树灌溉。

四、果树种植情况

果树占坡地22亩，总数500株，有苹果梨、123、黄元帅、国光、菱锦、红玉、海红、杏、桃、李、枣、葡萄等近16个品种，以前5种为主，行距6 m、株距6 m，平均树冠2.5 m。80%已挂果，目前总产量约4 000 kg。

其余大田种植糜谷、荞麦、黑豆、玉米、马铃薯等农作物，亩产75 kg左右，旱年颗粒无收。

五、气象

据当地气象站（距23 km）17年观测资料分析，多年平均降雨量为330～401 mm，主要集中在7月、8月、9月；多年平均蒸发量为2 100 mm，为年降雨量的5倍以上，年湿润系数仅为0.17，年平均气温7.2 ℃，最高气温8.3 ℃，最低气温－3.9 ℃，露霜期149～163 d，年积温3 112.1 ℃，年日照时数3 127.3 h，日照充足，属干旱气候，最大冻土深度2 m，灌溉季节多风,多年平均(4~10 月)风速 2.5 m/s,主风向 SSE,对微喷有一定影响。

六、原有水利设施

果园东南部沟边有大口井一眼,井径 10 m,深 3.5 m,出水量为每小时 56 m^3,3 h 抽干,水位恢复期 2 d。因土壤渗漏,采用地面灌溉,只能浇大口井附近少量果树和菜地。经采样分析,井水水质良好,pH 值为 8.15,矿化度 0.495 g/L,为碳酸氢钙镁水,适宜灌溉。

七、社会经济情况

(略)

第二节 设计计算及规划布置

一、果树需水量与耗水强度的计算

(1)邻近地区有微灌试验资料,采用彭曼-蒙特斯公式计算确定果树需水量:

$$ET_0 = \frac{0.408\Delta(R_n - G) + \gamma \frac{900}{T + 273} \cdot u_2(e_s - e_a)}{\Delta + \gamma(1 + 0.34u_2)} \tag{3-2-1}$$

式中符号意义及各项计算数据参见习题二。

(2)运用降雨资料和果树需水量及当地地下水补给量,计算确定耗水强度 E_a 和喷灌补充强度 I_a。

$$E_a = K_r \times E_c = (G_c/0.85)E_c \quad (\mathrm{mm/d}) \tag{3-2-2}$$

式中 K_r——作物遮荫率对耗水量的修正系数,$K_r \leqslant 1$,一般取 0.8;

G_c——作物遮荫率,根据作物对地表的覆盖程度计算确定,一般取 60%。

二、喷灌系统规划布置

(一)工程规划的任务

(1)根据当地水资源状况和农业生产及人畜饮水等用水要求进行水利计算,确定工程规模和微灌系统的控制范围。

(2)根据水源位置、地形和作物种植情况,合理布置引、蓄、提水源工程、喷灌枢纽位置和骨干输配水管网。

(3)提出工程概算。选择喷灌典型地优先进行计算,用扩大技术经济指标估算出整个工程的投资、设备、用工和用材种类、数量以及工程效益。

(二)根据水量确定灌溉面积 A

$$A = Q \cdot t/0.667E_{a,\max} \tag{3-2-3}$$

式中 A——灌溉面积,亩;

Q——喷灌用水井的出水流量,m^3/h;

$E_{a,\max}$——月平均作物耗水量峰值,mm/d;

t——水井每天抽水小时数,h。

(三)方案制订与比较

(1)机压式、自压式和二者结合式,从中任选其一,并论证选择的理由。

(2)灌水设备选择发丝滴头和折射式微喷头,其水力性能参数见表3-2-1和表3-2-2。

表3-2-1 部分折射式微喷头水力性能参数(指数 $x=0.5$)

喷头型号	工作压力(kPa)	喷水量(L/h)	喷洒半径(m)	生产厂家
SWP-1	50~150	52~57	1.6~2.1	沈阳塑料七厂
SWP-2	50~150	44~75	1.8~1.9	
SWP-3	50~150	54~96	1.5~2.6	
WP-1	100	41~57	1.2	水利部农田灌溉研究所
WP-2	100	44~60	1.4	
WP-3	100	42~75	1.4	

表3-2-2 发丝滴头水力性能参数(流量偏差 $C_v=2.37\%$)

工作压力(m水柱)		2	4	6	8	10	12	15	18	20
平均流量(L/h)	绕圈	2.40	4.30	5.90	7.20	8.70	9.70	11.0	12.40	13.30
	伸直	4.42	7.48	10.53	12.06	13.43	14.70	16.40	18.18	19.28

三、灌溉制度设计

(一)基本资料

1. 土壤湿润比 P

$$P = \frac{n \cdot S_e \cdot S_w}{S_r \cdot S_t} \times 100\% \qquad (3\text{-}2\text{-}4)$$

式中 n——1株果树下布置的灌水器数目,个;

S_t——果树株距,m;

S_r——果树行距,m;

S_e——灌水器或出水口间距,m;

S_w——湿润带宽度,m。

本设计 P 查表确定:微喷头 $P=40\%$,发丝滴头 $P=24\%$。

2. 设计水分常数

凋萎系数 W_0 和田间持水量 F_d 均可查表确定。

本设计采用值查表得:$F_d=12\%$,$W_0=4\%$(占土体积的百分数,%)。

(二)灌水定额 I 的计算

$$I = \beta \cdot (F_d - W_0) Z \cdot P \cdot 1\,000 \quad (\text{mm}) \qquad (3\text{-}2\text{-}5)$$

式中 β——土壤中允许消耗的水量占土壤有效水量的比例(%);

Z——微灌土壤计划湿润层深度,m;

本设计取 $\beta=60\%$，$Z=1.2$ m。

(三)灌水周期 T 的计算

$$T=\frac{I}{E_a}\quad(\mathrm{d})$$

(四)一次灌水延续时间 t 的确定

$$t=\frac{I\cdot S_e\cdot S_1}{n\cdot\eta\cdot q}\tag{3-2-6}$$

式中 t——一次灌水延续时间，h；

S_1——毛管间距，m，本设计 $S_1=S_r$；

η——灌溉水利用系数，$\eta=0.9\sim0.95$；

q——灌水器流量，L/h。

(五)灌水总量 M 的确定

$$M=\sum m_i\tag{3-2-7}$$

式中 m_i——全年各次喷灌用水量，m^3。

四、系统管网设计

(一)系统流量推算

由毛管 Q_m→支管 Q_z→干管 Q_g 逐级向上推算。

$$Q_m=N\cdot n\cdot q=(\frac{L}{S_t})\cdot q\tag{3-2-8}$$

$$Q_z=\sum Q_m\tag{3-2-9}$$

$$Q_g=\sum Q_z\tag{3-2-10}$$

式中 N——每条毛管所灌溉的果树株数；

其余符号意义同前。

计算成果均列表表示(表格自行设计)。

(二)管网水力计算

(1)初定管径。经济管径经验公式：

$$D=13\sqrt{Q}\tag{3-2-11}$$

(2)沿程水力损失 H_f 的计算公式：

$$H_f=f\cdot\frac{L}{D}\cdot\frac{v^2}{2g}\tag{3-2-12}$$

式中 L——管道长度，m；

v——管道过水断面平均流速，m/s；

D——管道内径，m；

f——沿程阻力系数。

本设计采用山西水科所根据管道水力试验资料提出的计算公式：

$$H_f=a\cdot Q^m\cdot L\tag{3-2-13}$$

$$m = 10\ 753(D/2.5)^{0.018}$$

$$a = 1.006 \times 10^{-8} S^{-(0.123\lg D + 4.885)}$$

(3)多孔出流管道沿程水头损失计算：采用多口系数 F 预以修正。可查表3-2-4确定 F 值。

(4)变径管多孔出流沿程水头损失计算(需分段进行)。

(5)局部水头损失计算：

$$H_j = \sum \zeta \frac{v^2}{2g} \tag{3-2-14}$$

五、水泵及动力机的选配

(1)系统设计扬程 H：

$$H = Z_2 - Z_1 + \sum H_f + H_j + \text{水头工作压力} \tag{3-2-15}$$

式中　Z_2、Z_1——灌区最大控制高程和井水位高程，m。

(2)系统设计流量 Q：

$$Q = \sum q \quad (q\ \text{为各毛管流量}) \tag{3-2-16}$$

(3)水泵安装高程 H_a 的确定：

$$H_a = Z_1 + H_{cy} - \Delta H \tag{3-2-17}$$

式中　H_{cy}——水泵允许吸程，m；

ΔH——安全值，一般取0.5。

准格尔旗果树生育阶段需水量计算结果见表3-2-3，多孔系数 F 值表见表3-2-4。

表3-2-3　准格尔旗果树生育阶段需水量计算结果

生育期 树种	根系生长活动期(月-日) 需水量 E_0	萌芽期(月-日) 需水量 E_1	开花期(月-日) 需水量 E_2	果实初熟期(月-日) 需水量 E_3	果实完熟期(月-日) 需水量 E_4	落叶期(月-日) 需水量 E_5	总需水量 E
金冠	03-01～04-19	04-20～05-09	05-10～05-16	05-17～10-05	10-06～10-15	10-16～11-05	246 d
	36.1	62.67	32	584.9	12.5	21.4	749.2
国光	03-01～04-19	04-20～05-09	05-01～05-10	05-17～10-25	10-26～11-05	11-06～11-25	266 d
	36.1	62.7	32	610.94	8.7		750.4
苹果梨	03-01～04-17	04-18～04-30	05-01～05-10	05-11～10-05	10-06～11-15	10-16～11-05	246 d
	32.54	22.3	43.01	598.2	11.14	18.82	726.04
海红	03-01～04-07	04-08～04-28	04-29～05-12	05-13～08-25	08-26～10-02	10-03～10-25	234 d
	14.66	36.85	55.0	479.4	107.0	26.64	721.4
杏	03-01～04-09	04-10～04-19	04-20～05-03	05-04～06-26	06-27～07-13	07-14～10-22	231 d
	16.5	17.78	31.6	241.5	90.1	318.5	716.0
黄太平	03-01～04-10	04-11～04-30	05-01～05-12	05-13～07-15	07-16～08-15	08-16～10-25	234 d
	18.32	34.75	51.6	301.0	138.2	173.9	717.8

表3-2-4　多孔系数 F 值表($x=0.5$)

N	不同 m 的 F 值									
	1.724	1.730	1.737	1.746	1.753	1.761	1.768	1.775	1.783	1.790
3	0.383	0.382	0.381	0.380	0.379	0.378	0.377	0.376	0.375	0.374
4	0.375	0.374	0.373	0.372	0.371	0.370	0.369	0.368	0.367	0.366
5	0.371	0.370	0.369	0.368	0.367	0.366	0.365	0.364	0.363	0.362
6	0.370	0.369	0.368	0.367	0.366	0.365	0.364	0.363	0.362	0.361
7	0.369	0.368	0.367	0.366	0.365	0.364	0.363	0.362	0.361	0.360
8	0.368	0.367	0.366	0.365	0.364	0.363	0.362	0.361	0.360	0.359
9	0.368	0.367	0.366	0.365	0.364	0.363	0.362	0.361	0.360	0.359
10	0.367	0.366	0.365	0.364	0.363	0.362	0.361	0.360	0.359	0.358
11	0.367	0.366	0.365	0.364	0.363	0.362	0.361	0.360	0.359	0.358
12	0.367	0.366	0.365	0.364	0.363	0.362	0.361	0.360	0.359	0.358
13	0.367	0.366	0.365	0.364	0.363	0.362	0.361	0.360	0.359	0.358
14	0.367	0.366	0.365	0.364	0.363	0.362	0.361	0.360	0.359	0.358
15	0.367	0.366	0.365	0.364	0.363	0.362	0.361	0.360	0.359	0.358
16	0.367	0.366	0.365	0.364	0.363	0.362	0.361	0.360	0.359	0.358
17	0.367	0.366	0.365	0.364	0.363	0.362	0.361	0.360	0.359	0.358
18	0.367	0.366	0.365	0.364	0.363	0.362	0.361	0.360	0.359	0.358
19	0.367	0.366	0.365	0.364	0.363	0.362	0.361	0.360	0.359	0.358
20	0.366	0.365	0.364	0.363	0.362	0.361	0.360	0.359	0.358	0.357
24	0.366	0.365	0.364	0.363	0.362	0.361	0.360	0.359	0.358	0.357
30	0.366	0.365	0.364	0.363	0.362	0.361	0.360	0.359	0.358	0.357
40	0.366	0.365	0.364	0.363	0.362	0.361	0.360	0.359	0.358	0.357
50	0.366	0.365	0.364	0.363	0.362	0.361	0.360	0.359	0.358	0.357

注：$x=a_0/a$，其中 a_0 为第一孔口到管道进口的距离，a 为孔口间距离。

课程设计三　××县喷灌工程设计

课程设计目标：实施沙漠综合治理项目中喷灌工程实施方案及初步设计。

课程设计任务：完成工程设计计算说明书，绘制田间管网规划布置图一张，纵横断面及细部结构图一张（以上两张图可任选其一），系统首部结构图一张。

设计内容要求：认真分析灌区基本资料，按照遵循工程的必要性和可行性作出技术经济论证。根据气象资料，运用彭曼－蒙特斯公式对牧草需水量和耗水量进行计算；制订喷灌系统规划布置方案并比较选优；设计喷灌灌溉制度。重点进行喷灌管网设计，包括系统流量推算和管网水力计算；水泵和动力设备的选型配套，以及附属土建工程设计和工程概预算。

第一节　基本资料

一、地理位置

灌区位于××县境内的沙区，东经106°21′～106°26′，北纬40°24′～40°37′，东与内蒙古河套平原相连，南与煤炭工业城市乌海相毗邻，东南为我国新建城市鄂尔多斯能源重化工基地相连。总面积17.23万亩，有可开发利用面积11.53万亩。

二、地形地貌

灌区地质构造与河套平原同是一个断陷盆地的一部分，受古河湖冲积－湖积而成，下伏地层由古河湖细砂组成，地表为黄河冲积而成的黏土层，水是本地区地貌成因的主要因子。大多数地势较平坦，主要地貌类型为流动沙粒，半固定沙丘、固定沙丘、平缓沙地等组成，海拔1 042 m。

三、气候

灌区属中温带干旱区，大陆性气候特征非常明显，终年干旱少雨，风大沙多，雨量少而集中，冷热变化剧烈，光热资源丰富。全年日照时数达3 300 h以上，太阳辐射年均为153.69 $kcal/cm^2$，有效辐射达75.39 $kcal/cm^2$，年均气温7.7 ℃，高出10 ℃的积温3 222～3 489 ℃，无霜期144 d，作物生长季节的年平均气温日差14.2 ℃，十分有利于作物干物质和糖分的积累。年降水量147 mm，年最大风速19 m/s。平均风速2.8 m/s，主风向为西南风，次风向为东北风。

四、土壤

该区地处棕盖土向荒漠土过渡地带，地带性土壤为灰漠土，土质为黏土与壤土相间分布组成，土层厚度一般在17 m以上，地表分布有大小各异的沙丘，高度为0.5～2 m，地势较为平缓。土壤有机质含量较低，肥力较差。

五、水资源

该灌区与河套平原同属黄河有效灌溉范围，但由于地势较高，近年黄河水量不足，不能发展引黄灌溉，需开采地下水资源。据内蒙古水文地质资料测算：该地区地下水动贮量可达5亿 m^3，而且水质较好，矿化度小于2 g/L，可满足人畜饮用和各类作物灌溉需求，一般单井出水量可达80～120 m^3/h。

六、水质

《内蒙古自治区巴盟磴口县地区盐碱土改良水文地质分区图说明书》中论述如下：××县地区除西北角巴音毛道一带有局部咸水分布外，其余地区均为淡水层。西北部咸水分布为上咸下淡，土层厚为 4.28～52.81 m 的咸水层，由东北向西南变薄，宽度较小，一般在 3～5 km，多以矿化度为 2～5 g/L 的硫酸氯化钠型水为主，局部矿化度高达 6.89 g/L。因而该地区的浅水不适宜作为灌溉水源，需要开发利用地下水资源。

七、植被

该地区地处沙漠地带，沙质荒漠植被为主要植被类型，植被区系成分较单纯，植被覆盖度较小，生物量较低，主要植物有白刺、沙冬青、沙蒿、沙竹等，具有根系发达、耐沙打、沙埋、抗地表高温等特点。

八、社会经济条件

交通：110 国道、包兰铁路都通过磴口县城巴彦高勒镇，并有公路与灌区相通。交通十分便利。

电力：西北与东北电网主干线从本县通过，10 kW 供电线路距灌区 20 余 km，只需架接 10 kW 供电线路 42.75 km，就能将电力输送到灌区，并能满足灌区用电的需要。

社会环境：灌区由于交通、电力的开通，带动了本地区的经济发展，人们的生活水平较稳定，平均受教育程度在初中水平以上。另外，近几年大批的科技工作者到该地区搞开发与治理研究，为当地的发展奠定了一定的基础。

九、ET_0 计算所需气象资料

ET_0 计算所需气象资料见表 3-3-1～表 3-3-4。

表 3-3-1　日平均气温　（单位：℃）

日期	1月	2月	3月	4月	5月	6月	7月	8月	9月	10月	11月	12月
1	-17.5	-13.1	-4.1	11.3	14.4	21.3	22.9	25.1	17.1	17.0	7.8	-6.1
2	-15.0	-12.5	-4.7	9.8	18.8	25.6	21.6	24.8	17.1	12.1	8.7	-6.3
3	-10.9	-9.10	-6.8	13.3	22.6	25.6	25.4	23.9	18.8	11.6	8.6	-12.0
4	-13.6	-12.9	-5.1	16.7	17.6	24.1	24.5	25.5	20.6	13.6	7.8	-14.9
5	-8.30	-9.3	1.5	16.3	12.6	19.9	25.6	24.4	19.5	17.6	3.7	-16.3
6	-9.10	-9.6	2.2	11.9	17.1	22.8	27.3	25.0	20.4	14.4	4.0	-14.7
7	-13.0	-13.0	2.9	7.5	12.4	23.0	29.5	22.5	22.5	9.2	2.8	-11.6
8	-15.2	-12.2	3.3	3.6	16.3	21.3	26.3	25.7	24.5	11.2	2.7	-7.3

续表 3-3-1

日期	1月	2月	3月	4月	5月	6月	7月	8月	9月	10月	11月	12月
9	-14.2	-15.6	8.8	3.2	18.1	23.2	25.4	25.2	23.9	14.8	5.8	-8.3
10	-12.9	-12.7	-7.3	6.9	19.9	23.4	24.4	27.8	24.7	14.0	4.6	-9.1
11	-14.6	-11.7	-10.2	7.8	20.6	27.0	27.9	26.2	21.6	17.7	1.9	-12.4
12	-13.3	-9.9	-8.6	7.6	22.8	24.6	29.7	25.5	13.4	9.0	1.5	-12.9
13	-11.8	-7.0	-3.6	10.3	21.2	22.5	28.4	26.5	13.4	4.3	0.0	-13.7
14	-13.1	-9.4	-1.6	8.7	22.6	22.9	27.4	26.8	15.1	5.5	-1.7	-13.2
15	-14.2	-3.7	3.3	12.5	17.7	24.2	28.3	20.5	17.5	9.5	-0.9	-12.2
16	-13.4	-5.0	0.1	12.3	13.0	27.8	31.3	20.0	17.1	10.5	1.1	-10.7
17	-10.8	-7.5	-4.2	13.0	15.5	27.3	30.8	18.7	12.7	8.2	-0.6	-10.7
18	-11.0	-15.8	-1.9	9.6	19.2	27.5	28.2	22.5	14.7	8.2	0.6	-9.3
19	-11.2	-14.4	1.4	6.2	15.6	28.7	21.5	22.6	17.8	8.7	-1.3	-9.0
20	-12.2	-9.5	3.5	6.6	15.9	28.5	21.5	17.6	15.1	11.8	-2.9	-12.2
21	-10.5	-4.8	6.4	10.1	16.6	31.4	23.2	17.7	12	8.5	-3.7	-13.0
22	-9.8	-5.2	4.8	13.9	19.2	32.3	23.0	18.7	14.2	8.2	-3.2	-5.1
23	-8.1	-5.4	2.9	15.4	20.5	29.1	25.6	19.5	15.9	9.7	-1.8	-7.1
24	-9.0	-6.8	3.9	13.5	20.8	27.3	26.2	22.9	17.0	7.8	-1.6	-7.2
25	-9.8	-8.1	7.6	14.7	19.3	22.0	30.4	23.7	18.5	8.8	-1.9	-6.5
26	-7.9	-5.1	8.3	18.0	19.3	23.7	23.1	23.3	17.7	6.7	1.2	-7.5
27	-6.8	-1.1	9.6	20.9	21.0	22.2	22.4	25.4	17.6	2.8	1.0	-7.0
28	-11.1	-2.9	8.7	20.9	23.0	22.2	23.9	26.5	17.5	3.0	-2.8	-8.1
29	-15.6		7.0	24.6	19.9	24.1	25.6	24.8	17.7	4.0	-1.6	-8.4
30	-12.6		7.9	17.1	22.0	26.1	24.5	25.2	17.5	4.1	-1.6	-6.2
31	-13.4		12.3		21.4		26.1	23.6		6.1		-5.0

表 3-3-2　日均风速　　（单位：m/s）

日期	1月	2月	3月	4月	5月	6月	7月	8月	9月	10月	11月	12月
1	1.8	2.1	3.1	4.1	1.5	2.2	2.9	1.9	3.2	2.9	2.3	1.3
2	1.6	4.2	1.8	1.5	1.7	2.0	1.0	2.7	1.5	3.0	3.2	2.3
3	1.8	2.8	2.9	2.6	2.3	1.1	2.3	1.9	2.4	1.3	3.0	2.1
4	1.7	3.8	2.5	3	3.6	2.5	2.4	2.3	2.2	0.7	0.8	1.9
5	2.7	4.5	3.5	3.2	2.7	4.0	1.3	2.6	2.1	2.3	5.0	2.1
6	1.7	1.6	3.0	4.5	4.6	2.6	1.8	2.4	1.0	3.4	6.2	1.1
7	1.5	3.3	2.9	6.0	2.5	3.4	1.7	2.0	0.8	1.9	3.2	2.9
8	1.7	2.6	2.9	4.2	1.9	1.9	2.9	2.5	2.0	2.1	2.2	2.9
9	0.9	2.6	6.1	2.7	3.0	2.4	1.5	1.7	0.7	2.5	4.1	2.1
10	1.3	3.1	5.6	0.8	3.1	2.2	1.8	0.9	1.3	0.9	2.4	2.0
11	1.3	1.2	3.3	4.5	0.8	1.0	1.2	1.8	1.4	1.7	1.1	1.7
12	0.5	1.3	1.3	3.1	2.4	5.7	1.3	2	2.1	3.2	2.3	1
13	2.4	2.0	1.7	3.1	2.1	1.9	3.1	2.2	0.8	3.3	1.2	2.2
14	1.0	0.6	2.0	3.1	2.8	1.9	3.5	1.4	1.6	4.4	0.8	3.3
15	0.8	2.9	3.9	1.4	5.6	1.0	2.4	3.4	2.9	4.6	0.9	4.4
16	1.6	3.3	5.9	4.1	2.8	2.9	3.3	1.7	4.2	2.6	1.9	2.9
17	0.8	3.8	1.5	4.4	1.6	1.4	4.9	1.7	2.7	0.7	2.3	1.9
18	1.2	3.3	1.8	3.6	2.9	1.8	2.3	2.7	1.9	1.3	2.6	3.4
19	0.7	2.8	1.1	3.3	2.8	2.6	2.6	2.5	3.4	1.0	2.1	2.0
20	1.0	3.0	2.3	2.8	2.8	1.6	1.9	2.3	3.0	2.3	1.8	2.0
21	1.2	4.9	1.4	2.2	1.8	1.4	2.2	1.0	1.4	1.3	2.0	4.9
22	2.3	2.1	2.5	3.0	1.6	3.0	2.1	1.6	1.2	1.3	3.9	4.7
23	3.0	2.4	2.4	3.1	1.5	2.5	1.4	0.9	2.0	2.8	4.1	4.1
24	2.9	4.2	1.1	3.0	2.6	2.9	2.6	1.4	2.4	0.8	4.3	4.1
25	0.9	2.3	1.7	2.6	2.8	2.1	2.6	2.2	1.7	1.8	4.5	4.0
26	1.6	1.8	0.9	4.2	2.3	1.0	2.9	2.2	1.2	3.2	4.8	0.8
27	1.5	2.5	1.8	4.5	2.1	2.8	1.7	2.7	1.1	2.4	6.5	2.0
28	2.8	1.1	3.2	3.0	3.1	2.9	1.7	2.7	1.3	1.2	4.9	1.9
29	2.0		4.1	3.2	4.3	2.5	1.6	2.0	1.1	1.5	4.0	2.4
30	2.4		1.5	3.5	2.9	2.1	2.2	2.3	1.1	2.6	6.3	3.1
31	1.8		2.1		4.6		3.5	4.4		3.2		4.8

注：为 11 m 高风速。

表 3-3-3　日平均相对湿度　（%）

日期	1月	2月	3月	4月	5月	6月	7月	8月	9月	10月	11月	12月
1	71	43	46	30	21	21	36	49	45	36	35	49
2	72	49	30	31	21	17	52	47	49	29	36	61
3	70	44	29	22	15	25	36	51	43	53	31	54
4	79	56	34	10	22	28	33	47	29	45	40	46
5	68	54	28	18	16	15	29	48	51	39	25	44
6	63	78	25	15	12	13	33	49	54	22	28	47
7	68	69	25	24	25	19	28	60	40	36	32	33
8	73	68	21	44	16	27	36	53	27	31	38	45
9	71	50	15	13	23	23	30	61	34	27	25	61
10	69	46	37	18	22	21	41	48	35	48	29	48
11	77	57	29	20	16	13	32	43	34	48	55	51
12	73	59	25	18	16	24	30	49	71	65	54	45
13	63	61	27	12	22	30	32	54	70	48	41	47
14	65	64	58	26	28	28	35	59	68	46	46	48
15	73	47	39	20	60	23	43	50	67	27	54	45
16	70	60	22	18	45	16	32	47	38	24	63	43
17	69	40	31	18	32	24	36	41	36	46	64	50
18	66	30	22	29	22	26	54	36	56	52	48	48
19	64	24	26	15	35	21	66	40	38	60	56	51
20	73	32	33	20	46	22	57	70	36	38	47	62
21	74	33	56	24	48	17	46	70	39	42	45	40
22	70	43	35	22	23	15	55	75	44	45	35	21
23	41	51	33	35	21	23	50	72	57	38	39	28
24	55	46	34	24	23	29	42	45	51	47	35	37
25	67	42	31	21	43	43	34	40	48	41	42	36
26	78	55	34	14	37	46	71	45	56	33	40	45
27	78	65	31	12	39	44	64	33	60	49	39	41
28	45	72	28	18	45	35	50	33	63	52	38	50
29	44		32	13	49	26	46	36	56	42	38	53
30	38		36	21	27	28	52	39	41	55	37	50
31	39		32		18		48	48		40		43

表 3-3-4　实际日照时数　（单位:h）

日期	1月	2月	3月	4月	5月	6月	7月	8月	9月	10月	11月	12月
1	5.8	8.8	9.8	11.1	12.3	14	3.5	12.7	10.9	11.0	9.2	8.0
2	6.1	8.0	10.2	11.3	12.3	13.2	4.3	12.1	12.4	4.1	8.9	8.2
3	6.0	8.3	10.4	11.5	11.6	13.3	13.0	13.2	12.6	10.6	8.9	8.3
4	6.8	9.0	10.5	11.8	2.7	10.0	3.1	12.9	12.3	9.4	7.3	8.0
5	7.3	5.6	10.7	10.3	12.8	13.0	12.5	8.2	10.0	7.1	9.1	8.2
6	7.8	0.0	10.3	10.0	12.7	14.0	12.0	7.9	11.9	10.3	9.5	8.0
7	7.9	9.0	10.4	5.6	13.0	13.1	8.8	4.4	11.2	11.1	9.5	8.0
8	7.8	5.7	10.5	2.9	12.0	4.6	13.2	13.0	11.8	10.7	9.1	7.8
9	6.2	9.4	6.5	12.0	12.3	13.2	13.5	12.7	11.3	10.0	9.4	7.8
10	7.6	8.9	10.4	7.4	12.9	14.0	14.0	12.3	7.0	10.1	9.3	7.3
11	7.3	8.5	10.7	10.1	12.9	13.7	13.6	4.2	3.3	9.3	9.1	8.0
12	7.9	8.3	11.0	12.0	11.5	13.3	13.9	12.2	0.0	4.9	6.0	8.0
13	8.2	1.7	8.9	12.2	12.8	13.9	7.3	11.8	11.8	10.8	9.2	7.9
14	8.0	2.1	9.0	11.8	11.7	14.0	12.2	9.8	1.5	10.3	8.9	8.1
15	7.8	9.4	9.9	11.9	3.6	13.2	12.8	3.8	8.5	10.1	6.7	7.9
16	7.2	7.8	10.8	8.3	0.0	13.7	12.5	10.8	11.2	10.1	7.1	7.8
17	8.3	4.2	10.9	12.2	11.7	12.7	12.0	12.9	11.8	10.3	6.0	8.0
18	8.5	9.7	9.9	11.7	10.5	13.0	9.7	12.7	10.9	10.0	8.4	8.0
19	7.8	9.8	11.0	12.4	7.2	13.5	0.0	7.9	0.4	4.2	8.7	7.4
20	7.3	8.6	1.3	12.1	1.1	13.6	1.3	0.0	0.0	9.4	8.6	6.5
21	6.1	6.3	7.2	12	12.6	13.3	12.4	8.5	11.6	9.7	8.7	8.0
23	8.3	9.0	11.3	12.4	11.7	6.2	13.3	8.6	11.6	9.7	8.6	7.7
24	5.7	7.5	11.5	12.2	12.9	11.5	13.3	12.0	11.1	9.4	8.4	8.0
25	6.8	9.7	11.0	12.4	12.9	1.7	11.4	11.1	10.8	9.3	8.5	7.9
26	6.6	7.2	10.3	11.2	8.5	13.4	0.0	12.2	8.1	9.2	8.3	7.7
27	6.7	9.6	10.2	12.5	13.4	9.1	12.2	11.6	10.3	9.6	8.5	7.6
28	4.8	7.8	10.8	9.3	9.2	8.3	13.5	11.5	5.3	9.4	8.4	7.3
29	6.2		11.8	11.7	12.8	9.5	13.2	11.1	8.7	9.7	8.5	7.6
30	8.6		9.4	11.9	10.8	12.7	5.7	10.6	9.8	9.4	8.4	2.8
31	8.7		7.2		13.8		13.2	12.1		9.0		7.1

第二节　设计规划布置及计算

灌区的水利工程为打井灌溉，关闭黄灌渠道，实行机电井低压管道灌溉和喷灌等节水灌溉措施，近期发展灌溉面积4.5万亩，远期发展灌溉面积7.5万亩，最终达到12万亩。

一、地下水资源计算

（略）

二、需、用水量计算

（1）作物为豆科类牧草，采用彭曼－蒙特斯公式计算需水量：

$$ET_0 = \frac{0.408\Delta(R_n - G) + \gamma \frac{900}{T + 273} u_2 (e_s - e_a)}{\Delta + \gamma(1 + 0.34u_2)} \tag{3-3-1}$$

ET_0 的具体计算过程参见本书中的习题二。

（2）根据作物种类计算灌溉用水量：

$$M = k_c \cdot ET_0 \tag{3-3-2}$$

式中　M——灌溉用水量，mm；

k_c——作物系数；

ET_0——作物需水量，mm/d。

三、喷灌管网系统规划布置

（1）根据当地水资源状况和作物需水要求，确定工程规模和喷灌系统的控制范围。灌溉面积按下式确定：

$$A = Q \cdot t/0.667E_{a,max} \tag{3-3-3}$$

式中　A——灌溉面积，亩；

Q——喷灌用水井的出水流量，m^3/h；

$E_{a,max}$——月平均作物耗水量峰值，一般取5 mm/d；

t——水井每天抽水小时数，h。

（2）根据水源位置、地形和作物情况，合理布置喷灌管网。

①喷头选择。

本工程控制面积较大，属机械增压喷灌系统，为了控制流量和运行耗能以及中低压管材的承压适应性能，选用流量、射程均较小的喷头（工程塑料喷头），其性能见表3-3-5。

表3-3-5　喷头工作性能

名称	型号	喷嘴直径(in)	工作压力(kPa)	射程(m)	流量(m^3/h)	备注
塑料摇臂式喷头	PYSK20	3/4	400	19	4.26	可控角
塑料摇臂式喷头	PYSS20	3/4	450	16.5	2.27	双喷嘴
塑料摇臂式喷头	PYS30	3/4	450	19.5	2.76	双喷嘴

喷头(国产设备)种类目前国内有塑料和金属两种,本工程选用塑料喷头,其理由是价格低,好管理(不易被盗),重量轻、便于移动使用。

②喷头组合形式。

组合形式以常见的正方形、三角形形式比较确定。喷头组合形式对于喷头间距、毛管间距以及平均单头喷洒有效面积等因素影响很大,合理选择可使工程造价相对降低,组合形式比较结果要列表说明(见表3-3-6)。

表3-3-6 喷头组合情况表

布置形式	喷头射程(m)	喷头间距(m)	毛管间距(m)	单喷头控制面积(m^2)
三角形				
正方形				

(3)确定管网的管道间距。

(4)管网布置有树枝状布置和环状布置。两种布置任选一种,但要说明理由。

(5)通过水力计算确定管网各级管道管径及首部增压设施。

(6)工程预算及经济评价(略)。

四、灌溉制度的制定

(1)灌水定额的计算:

$$m = \beta(\theta_{田} - \theta_{凋}) \cdot H \cdot \gamma \qquad (3\text{-}3\text{-}4)$$

式中 m——灌水定额,mm;

β——土壤允许消耗的水量占土壤有效水量的比例,一般取60%;

$\theta_{田}$——作物田间持水量,取12%(体积);

$\theta_{凋}$——凋萎系数,取4%(体积);

H——喷灌土壤计划湿润层深度,取0.3 m;

γ——土壤孔隙率,取40%。

(2)灌水周期的计算:

$$T = m/e \qquad (3\text{-}3\text{-}5)$$

式中 T——灌水周期,d;

m——灌水定额,mm;

e——日平均耗水量,mm/d。

(3)一次灌水延续时间的确定:

$$t = A \cdot m/(q \cdot n) \qquad (3\text{-}3\text{-}6)$$

式中 t——一次灌水所需时间,h;

A——同时喷洒面积,整个喷灌系统的面积,m^2;

m——灌水定额,mm;

q——单喷头流量,m^3/h;

n——同时工作的喷头数,个。

(4)灌溉定额的确定：

$$M = \sum_{i=1}^{n} m_i \tag{3-3-7}$$

式中 M——灌溉定额，mm；

m_i——各次灌水定额，mm。

五、系统管网水力计算

(一)系统流量推求

系统流量的推算方法是自下而上逐级、逐段进行推算。即由毛管 Q_m 推求出支管 Q_z 再推求出干管 Q_g。

$$Q_m = N \cdot q = (L/S_t) \cdot q \tag{3-3-8}$$

$$Q_z = \sum Q_m \tag{3-3-9}$$

$$Q_g = \sum Q_z \tag{3-3-10}$$

式中 N——每条毛管上喷头的数量；

q——灌水喷头流量，m^3/h；

S_t——毛管上喷头间距，m；

L——管道长度，m；

Q_m——毛管流量，m^3/h；

Q_z——支管流量，m^3/h；

Q_g——干管流量，m^3/h。

(二)管网水力计算

(1)初定管径：按经济管径(从《水力学》书上查)计算。

(2)沿程水力损失的计算：

$$H_f = f \cdot \frac{L}{D} \cdot \frac{v^2}{2g} \tag{3-3-11}$$

式中 L——管道长度，m；

v——管道过水断面平均流速，m/s；

D——管道内径，m；

f——沿程阻力系数。

(3)多孔出流管道沿程水头损失计算：采用多孔系数 F 预以的修正。可查课程设计二中“多孔系数 F 值表”。

(4)变径管多孔出流沿程水头损计算：常分段进行。

(5)局部水头损失计算：

$$H_j = \sum \zeta \frac{v^2}{2g} \tag{3-3-12}$$

式中 v——管道过水断面平均流速，m/s；

ζ——局部阻力系数。

六、水泵及动力设施的选配

（1）扬程：

$$H = \sum H_f + H_j + (\text{喷头工作压力})\Delta H \qquad (3\text{-}3\text{-}13)$$

式中　ΔH——喷头工作压力，一般大喷头取 35 m，小喷头取 25 m。

（2）流量：

$$Q = \sum q(\text{同时工作的喷头数} \times \text{单喷头流量}) \qquad (3\text{-}3\text{-}14)$$

式中　q——单喷头流量，m^3/h。

（3）校核：水泵流量应小于或等于单井出水流量。

第四部分　实验指导

实验一　土壤渗吸速度实验

一、实验目的

(1)加深对土壤渗吸速度变化的一般规律的了解。

(2)了解土壤质地对土壤渗吸速度的影响。

(3)掌握土壤渗吸速度的常规测定方法及装置原理。

二、实验设备

水在土壤中入渗分为有压入渗和无压入渗。如漫灌、畦灌和沟灌都属于有压入渗。喷灌、滴灌属于无压入渗。本试验是模拟有压入渗条件下,土壤渗吸速度的测定。

本实验为室内实验,试验装置如图 4-1-1 所示。实验仪器大体分为两部分,即试样渗吸桶和供水马氏瓶。双环入渗实验的外环外径为 15 cm、内径 14 cm;内环的外径 10 cm、内径 9 cm,高 15 cm。安装后要求内环顶端与渗吸筒齐平,下端插入土内 10 cm。实验桶正上方为自动供水箱(即为马氏瓶),使内环保持稳定的水层深度。供水马氏瓶外径 6 cm、内径 5 cm。此外,再配备秒表、水桶、水勺和刮土板等实验用具。

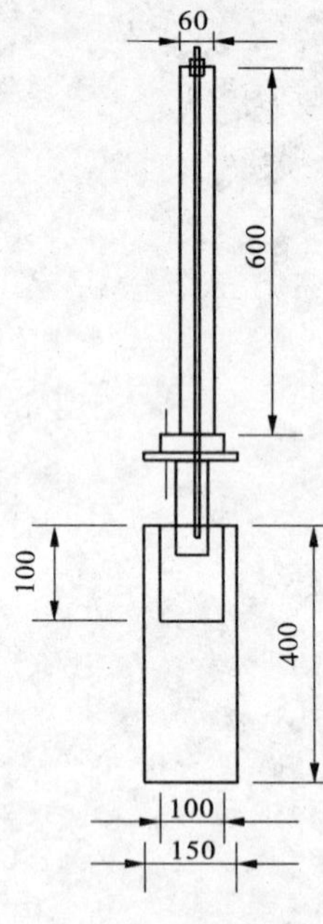

图 4-1-1　实验装置示意图
(单位:mm)

三、实验方法及步骤

(一)实验准备工作

1. 人员分工

每组实验人员 3 ~ 5 人,其中一人计时兼指挥,一人读取供水水位数值,一人加水,其余人员做记录和观察渗吸规律。

2. 准备工作

(1)测量试样桶容积 V,按欲模拟土壤干容重 $\gamma_{干}$ 和内环一并称重,计算出干土重 M'。

(2)将筛网贴紧桶底铺好,然后开始填装。土样一般分 5 ~ 6 次填装,均匀夯实,层间要“打毛”。土样全部装好后用刮板刮平表面,最后将马氏瓶安装好待用。

(3)关闭供水箱(马氏瓶)的出水口,向水箱内注水,然后用胶塞密封注水进水口。

(4)在试样桶环内表层铺塑料薄膜,再向环内注入约 5 cm 深的水层,打开供水箱开关,用注射器抽水,直至马氏瓶能正常供水(目的是调节马氏瓶)。

(5)检查秒表是否正常及回零位。

(6)记录供水箱原始水位读数。

(二)实验方法及步骤

实验人员必须精力集中,认真负责,在统一指挥下,分工协作,做好记录。

(1)迅速抽取塑料薄膜,并开始计时水位数值。

(2)读取第一分钟末供水箱的水位,按试验要求读取水位数值。

(3)实验至渗吸速度稳定后(即每两次水位读数差相同),实验结束。

(三)注意事项

(1)供水箱出水口必须淹没在内环水面以下 0.5 ~1.0 cm。

(2)水位读数要读取每分钟末的数值,该数是计算渗吸规律重要的参数之一。

(3)实验开始时迅速向外环加水至 0.5 ~1.0 cm 时,使内外环水位大致保持相同水深,但外环加水不计入总量。

(4)内环的供水量,由水箱上的标尺读数换算获取。

四、实验原理及资料分析整理

(一)实验原理

根据土壤水分运动的土壤物理性质可知,渗吸速度与时间之间的对数值呈线性关系,所以可以在双对数纸上求得该线性关系的斜率,从而获得渗吸规律计算公式。

(二)实验资料分析与整理

(1)首先计算各时段末的渗吸水量和渗吸速度。

(2)在方格纸上点绘渗吸速度与时间的关系曲线。找出 $k \sim T$ 曲线的一般规律(见图 4-1-2)。

(3)双对数纸上点绘渗吸速度与时间的关系曲线,如图 4-1-3 所示。

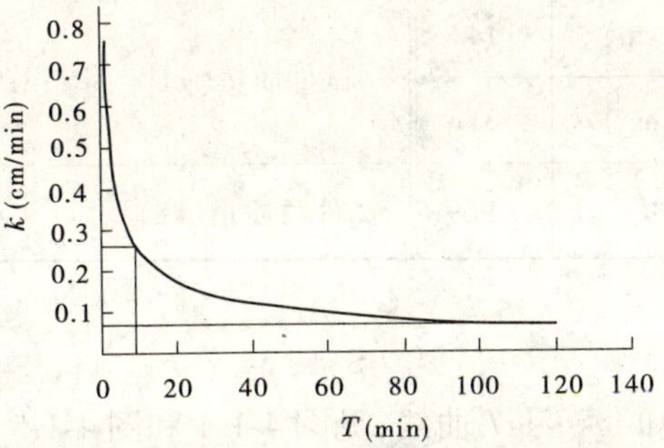

图 4-1-2　$k \sim T$ 曲线

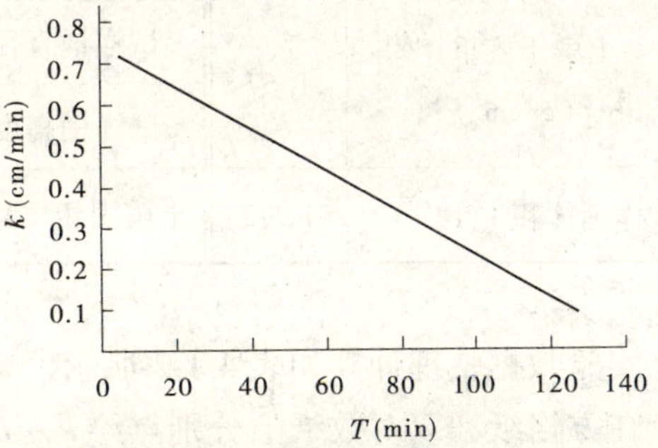

图 4-1-3　$\lg k \sim \lg T$ 曲线

(4)在双对数曲线(直线)上求出该直线的斜率 $\lg\theta$ 值。

$$\alpha = \lg\theta = \frac{\lg k_i - \lg k_T}{\lg T - \lg T_i} \tag{4-1-1}$$

(5)计算第一个单位时段末的土壤渗吸速度 k_1。

(6)计算土壤在时间 T 内的总吸水量(以水深计)。

$$H_T = \frac{k_1}{1-\alpha}T^{1-\alpha} \tag{4-1-2}$$

(7)计算平均渗吸速度:

$$k_T = \frac{H_T}{T} \tag{4-1-3}$$

(8)误差计算,即理论计算水量与实测水量的比值,其值应小于等于5.5%。计算公式为

$$e = \left|\frac{H_T - H}{H_T}\right| \leqslant 5.5\% \tag{4-1-4}$$

式中 H——实测 T 时段吸水总量,$H=(h_T-h_0)\frac{S_1}{S_2}$;$S_1$ 为马氏瓶面积,cm^2;S_2 为试样桶内环面积,cm^2。

五、实验结果分析

(1)分析土壤渗吸速度的一般变化规律。

(2)分析土壤质地对渗吸速度的影响。

(3)分析土壤容重、含水量对渗吸速度的影响。

六、实验示例

某次渗吸试验基本资料如表4-1-1所示。

表4-1-1 渗吸实验基本资料

土壤干容重 $\gamma_{干}$(g/cm^3)	1.67	试样桶直径(cm)	14	试件质量(g)	1 520
		试样桶高度(cm)	31		
试样桶体积 V(cm^3)	4 772	土壤固相质量 M_s(g)	7 969	试件总质量(kg)	9.489

实验数据整理计算如表4-1-2所示。

在方格纸和双对数纸上分别点绘 $k \sim T$ 和 $\lg k \sim \lg T$ 曲线,见图4-1-4和图4-1-5。

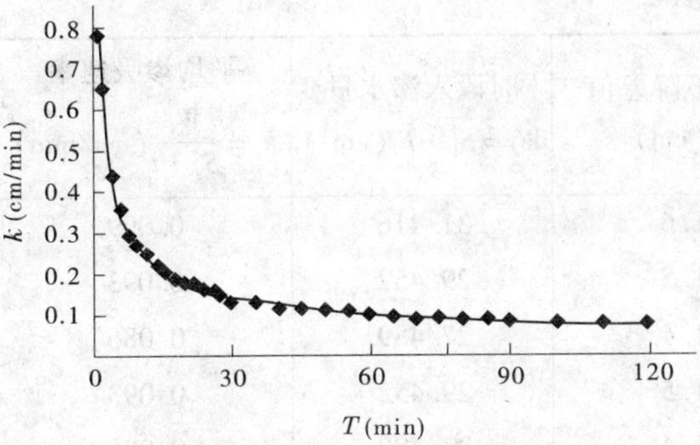

图 4-1-4　$k \sim T$ 曲线

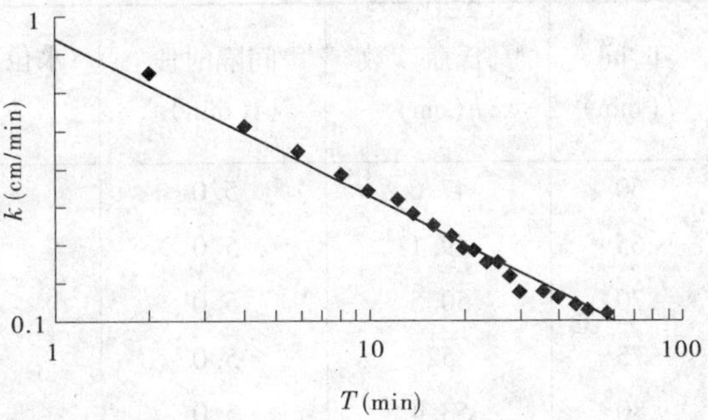

图 4-1-5　$\lg k \sim \lg T$ 曲线

表 4-1-2　渗吸速度实验计算表

时间 T(min)	马氏瓶读数 h(cm)	间隔时段 t(min)	水位下降差值 h_i(cm)	时段入渗水量 $W_i = S_1 \cdot h_i$(cm^3)	平均渗吸速率 $k_i = \frac{W_i}{S_2 \cdot t}$(cm/min)
0	12.2				
1	14.7	1.0	2.5	49.087	0.772
2	16.8	1.0	2.1	41.233	0.648
4	19.6	2.0	2.8	54.978	0.432
6	21.9	2.0	2.3	45.160	0.355
8	23.8	2.0	1.9	37.306	0.293
10	25.5	2.0	1.7	33.379	0.262
12	27.1	2.0	1.6	31.416	0.247
14	28.5	2.0	1.4	27.489	0.216
16	29.8	2.0	1.3	25.525	0.201
18	31.0	2.0	1.2	23.562	0.185
20	32.1	2.0	1.1	21.598	0.170
22	33.2	2.0	1.1	21.598	0.170
24	34.2	2.0	1.0	19.635	0.154
26	35.2	2.0	1.0	19.635	0.154
28	36.1	2.0	0.9	17.671	0.139
30	36.9	2.0	0.8	15.708	0.123
35	38.9	5.0	2.0	39.270	0.123
40	40.8	5.0	1.9	37.306	0.117
45	42.6	5.0	1.8	35.343	0.111
50	44.3	5.0	1.7	33.379	0.105
55	46.0	5.0	1.7	33.379	0.105

续表 4-1-2

时间 T(min)	马氏瓶读数 h(cm)	间隔时段 t(min)	水位下降差值 h_i(cm)	时段入渗水量 $W_i = S_1 \cdot h_i$(cm^3)	平均渗吸速率 $k_i = \frac{W_i}{S_2 \cdot t}$(cm/min)
60	47.6	5.0	1.6	31.416	0.099
65	49.1	5.0	1.5	29.452	0.093
70	50.5	5.0	1.4	27.489	0.086
75	52	5.0	1.5	29.452	0.093
80	53.4	5.0	1.4	27.489	0.086
85	54.8	5.0	1.4	27.489	0.086
90	56.1	5.0	1.3	25.525	0.080
100	58.7	10.0	2.6	51.051	0.080
110	61.3	10.0	2.6	51.051	0.080
120	63.9	10.0	2.6	51.051	0.080

土壤在 120 min 内总渗吸水量计算:

$$k_1 = 0.772 \text{ cm/min}$$

$$\alpha = \frac{\lg k_{10} - \lg k_{100}}{\lg T_{100} - \lg T_{10}} = \frac{\lg 0.262 - \lg 0.080}{\lg 100 - \lg 10} = 0.515 \tag{4-1-5}$$

实验记录平均入渗值为

$$H_t = \frac{k_1}{1-\alpha} T^{1-\alpha} = \frac{0.772}{1-0.515} \times 120^{1-0.515} = 16.229(\text{cm}) \tag{4-1-6}$$

实验记录入渗总量为

$$H = (h_{120} - h_0)\frac{S_1}{S_2} = (63.9 - 12.2) \times \frac{(5/2)^2\pi}{(9/2)^2\pi} = 15.957(\text{cm}) \tag{4-1-7}$$

误差计算:

$$e = \left|\frac{H_t - H}{H_t}\right| = \left|\frac{16.229 - 15.957}{16.229}\right| \times 100\% = 1.68\% \tag{4-1-8}$$

误差值在允许范围之内,试验各参数结果正确,可以应用。

平均渗吸速度为

$$k = \frac{H_t}{T} = \frac{16.229}{120} = 0.135(\text{cm/min}) \tag{4-1-9}$$

试验所需的记录表格如表 4-1-3、表 4-1-4 所示。

表 4-1-3　渗吸试验基本资料

<table>
<tr><td rowspan="2">土壤干容重
$\gamma_{干}$(g/cm^3)</td><td rowspan="2"></td><td>试样桶直径(cm)</td><td></td><td rowspan="2">试样质量(g)</td><td rowspan="2"></td></tr>
<tr><td>试样桶高度(cm)</td><td></td></tr>
<tr><td>试样桶体积 V(cm^3)</td><td></td><td>土壤固相质量 M_s(g)</td><td></td><td>试件桶总重量(kg)</td><td></td></tr>
</table>

表 4-1-4　渗吸速度试验计算表

时间 T(min)	马氏瓶读数 h(cm)	间隔时段 t(min)	水位下降差值 k_i(cm)	时段入渗水量 $W_i = S_1 \cdot h_i$(cm^3)	平均渗吸速率 $k_t = \frac{W_i}{S_2 \cdot t}$(cm/min)
0					
1					
2					
4					
6					
8					
10					
12					
14					
16					
18					
20					
22					
24					
26					
28					
30					
35					
40					
45					
50					
55					
60					
65					
70					
75					
80					
85					
90					
100					
110					
120					

实验二　土壤水扩散率 D 的测定

一、实验目的

本实验通过水平入渗测定土壤扩散率 $D(\theta)$，深入了解其意义。通过试验结果分析：

(1)土壤水分扩散率 $D(\theta)$ 随土壤水分含量的变化规律；

(2)不同质地土壤扩散率 $D(\theta)$ 的一般规律。

二、实验设备

实验仪器为水平土柱总长 770 cm，由一组 N 个有机玻璃圆管材料制成。圆管都是同一轴心圆，每个圆环内径 6 cm、宽 2.5 cm，合计 30 个。另外，配有量水器(马里奥特瓶)、天平、鼓风机干燥箱、水平尺和铝盒等试验用品。

三、实验原理

水平土柱法以土壤水分在较长的(理论上说是水平半无限边界)均质土柱中发生水平运动的情况下进行分析计算。已知一维土壤水水平运动(忽略重力作用)微分方程：

$$D(\theta) = K(\theta)\frac{\mathrm{d}\varphi_m}{\mathrm{d}\theta} \quad \text{或} \quad D(\theta) = \frac{K(\theta)}{C(\theta)} \tag{4-2-1}$$

式中 $C(\theta)$ 是比水容量，为 $\theta \sim \varphi_{\mathrm{m}}$ 水分特征曲线斜率，描述土壤水的一维水平运动的流方程：

$$\frac{\mathrm{d}\theta}{\mathrm{d}t} = \frac{\mathrm{d}}{\mathrm{d}x}\left[D(\theta)\frac{\mathrm{d}\theta}{\mathrm{d}x}\right] \tag{4-2-2}$$

利用导水率 $K(\theta)$ 与式(4-2-2)相对应的方程是：

$$\frac{\mathrm{d}\theta}{\mathrm{d}t} = \frac{\mathrm{d}}{\mathrm{d}x}\left[K(\theta)\frac{\mathrm{d}\varphi_{\mathrm{w}}}{\mathrm{d}x}\right] \tag{4-2-3}$$

比较方程式(4-2-2)与式(4-2-3)，扩散率 $D(\theta)$ 的变动范围小于 $K(\theta)$，另外在实践中湿度梯度 $\frac{\mathrm{d}\theta}{\mathrm{d}x}$ 较水势梯度 $\frac{\mathrm{d}\varphi_{\mathrm{h}}}{\mathrm{d}x}$ 易于测得。但要注意液态水运动并不是扩散，而是质流，只是取其与一般扩散方程的数学表达式相同而已。事实上，扩散方程不能用于滞后严重或层状土壤以及存有热梯度等情况下的土壤水运动。这样水流与含水量梯度无确定关系。由于方程式(4-2-2)是非线性偏微分方程，需对其进行 Boltzman 变换。先引入 Boltzman 变换参数 $\lambda(\theta)$，则：

$$\lambda(\theta) = xt^{-\frac{1}{2}} \tag{4-2-4}$$

x 为 t 时刻湿润锋前进的距离。对 $\lambda(\theta)$ 求导得：

$$\frac{\mathrm{d}\lambda}{\mathrm{d}t} = -\frac{1}{2}t^{-1}\lambda \tag{4-2-5}$$

$$\frac{\mathrm{d}\lambda}{\mathrm{d}x} = t^{\frac{1}{2}} \tag{4-2-6}$$

将式(4-2-5)、式(4-2-6)代入式(4-2-2)得：

$$\frac{1}{2\lambda(\frac{d\theta}{d\lambda})} = \frac{-d}{d\lambda\left[D(\theta)\frac{d\theta}{d\lambda}\right]} \tag{4-2-7}$$

只有确定水平入渗的初始和边界条件即可解得 $D(\theta)$ 值。本实验采用充分供水条件下水平土柱渗流测定 $D(\theta)$，这样方程式(4-2-7)的初始和边界条件为

$$\theta(x,t) = \theta_t \qquad (x \geqslant 0, t = 0) \tag{4-2-8}$$

$$\theta(x,t) = \theta_0 \qquad (x = 0, t > 0) \tag{4-2-9}$$

将式(4-2-8)、式(4-2-9)代入方程式(4-2-7)得：

$$D(\theta) = \frac{-1}{2(d\theta/d\lambda)}\int_{\theta_0}^{\theta_t}\lambda d\theta \tag{4-2-10}$$

测定终止时，记录供水时间 t，湿润锋长度，测定水平方向土壤含水量分布，绘制 $\lambda \sim \theta$ 关系曲线(见图4-2-1)，λ 值为水平方向的距离 x 与 $t^{-\frac{1}{2}}$ 的乘积，t 为测定终止时所用时间，θ 为 x 处的含水量。

根据图4-2-2得知，方程式(4-2-10) $\int_{\theta_0}^{\theta_t}\lambda d\theta$ 实际是图中的阴影部分，虽然可通过数方格直接计算，但比较麻烦，$\frac{d\theta}{dt}$ 是 $\lambda \sim \theta$ 关系曲线的斜率，可以进行近似计算。常用的计算方法是将 $\theta_t \sim \theta_0$ 分成 n 等份，间距为 $\Delta\theta$，从 θ_i 开始，每隔 $\Delta\theta$ 作 λ 轴的平行线与 $\lambda \sim \theta$ 曲线相交，将所求面积区域分为几个小梯形，小梯形平均边长为 λ_1，高为 $\Delta\theta$，这时：

$$\int_{\theta_0}^{\theta_i}\lambda d\theta \approx \sum_{i=1}^{n}\overline{\lambda_i}\Delta\theta \tag{4-2-11}$$

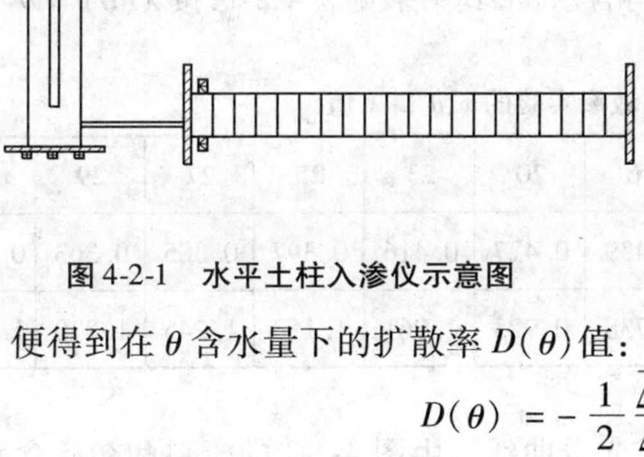

图4-2-1　水平土柱入渗仪示意图

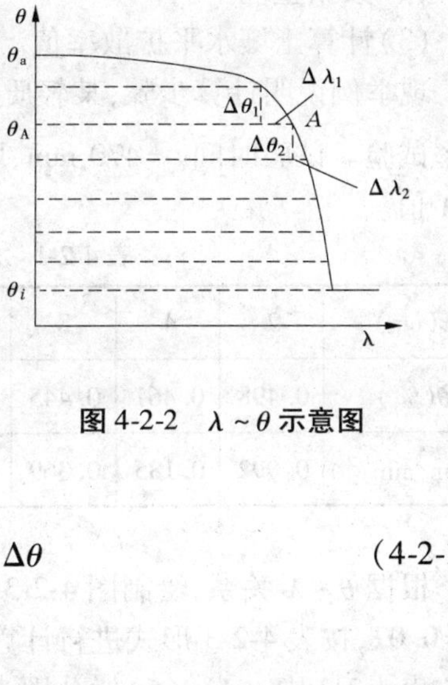

图4-2-2　$\lambda \sim \theta$ 示意图

便得到在 θ 含水量下的扩散率 $D(\theta)$ 值：

$$D(\theta) = -\frac{1}{2}\frac{\overline{\Delta\lambda}}{\Delta\theta}\sum_{\theta}^{i}\lambda \cdot \Delta\theta \tag{4-2-12}$$

四、水平土柱入渗仪

水平土柱入渗仪(见图4-2-1)中孔直径5 cm，水室断面与土柱断面一致，用马氏瓶控制水头。

五、实验步骤

水平土柱入渗仪由有机玻璃管制作而成。每一小节 2.5 cm,多个小节组成。由于有机玻璃管材料加工工艺不同,存在材料管壁不均衡,所以制作时要一气呵成。使用时将每节玻璃管按序号一一同轴连接,用四根丝杆加固并用螺旋拧紧。

使用前量取小圆管的内径和长度尺寸,按实验设计土壤容重计算填装土体积,称取过 1 mm 筛的风干土样并分若干等份,分层填装。

装土样:相邻的两个有机玻璃管用少量胶带连接起来,再把称好的土样分几次装入环内,用直径相仿的木棒压实,再接着装第二份,重复前道工序,直到把实验土刚好装完。如不足或剩余土样过多,则需全部倒出来重新填装,要使容器内的土样分量、容重、松紧等都相同,制成均匀土柱。

供水:将马氏瓶发泡位置调节在有机玻璃圆管内壁上沿的位置又刚好到出水口为好,整个容器处于水平状态,不允许有水势差的存在。土壤水入渗时只靠土壤本身的吸力水头,固定好马氏瓶位置,开启马氏瓶开关并记录时间(t_1),当湿润锋前进到整个土柱的3/4或4/5时停止供水,记录结束供水时间(t_2),$t_1 - t_2 = \Delta t$。

取土:结束供水后,立即拧开四只螺旋,切断水源,轻轻将有机玻璃管迅速打开,距水源最远的位置顺序取下土样,放在电子天平上称重,直至取到干土后 2~3 块。然后烘干,按常规法计算含水量。

六、结果整理与 $D(\theta)$ 值的计算

(1)绘制 $\lambda \sim \theta$ 关系曲线;

(2)数据整理举例;

(3)计算土壤水平扩散率值。

现举例说明计算步骤,某轻质土壤,干容重为 1.42 g/cm^3,在水平土柱内进行水平扩散率试验。试验时间 $t = 470$ min,取土样测得含水量,其结果见表4-2-1,按 $\lambda(\theta) = xt^{-\frac{1}{2}}$ 计算 λ 值。

表4-2-1　水平土柱扩散率实验的 x、θ 和 λ 值

x(cm)	2	4	8	12	16	20	23	25	27	29	30
θ(%)	0.498	0.461	0.445	0.443	0.439	0.427	0.416	0.397	0.385	0.363	0.355
λ(cm/min$^{1/2}$)	0.092	0.185	0.369	0.554	0.738	0.923	1.061	1.153	1.245	1.338	1.384

根据 $\theta \sim \lambda$ 关系,绘制图4-2-3,并修正成光滑曲线。由图4-2-3 的资料和初始含水量 $\theta_1 = 0.07$,按表4-2-3 形式进行计算,将 $D \sim \theta$ 关系点绘在单对数纸上,如图4-2-4 所示。

表4-2-2 中,(4)、(5)栏分别为(2)、(3)栏相邻行的差值;(6)栏为(5)栏与(4)栏之商;(7)、(8)栏分别为(6)、(3)栏相邻行的平均值;(9)栏为(4)栏与(8)栏之积;(10)栏为(9)栏的累计值;(11)栏按式(4-2-12)计算。

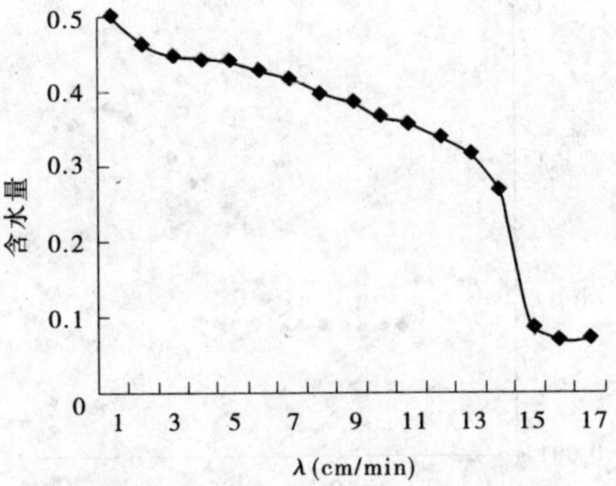

图 4-2-3　含水量 $\theta \sim \lambda$ 关系曲线

表 4-2-2　水平土柱 D 值计算表

X	θ (cm^3/cm^3)	λ ($cm/min^{1/2}$)	$\Delta\theta$	$\Delta\lambda$	$\frac{\Delta\lambda}{\Delta\theta}$	$\overline{\frac{\Delta\lambda}{\Delta\theta}}$	$\overline{\lambda}$	$\overline{\lambda}\Delta\theta$	$\sum\overline{\lambda}\Delta\theta$	D
(1)	(2)	(3)	(4)	(5)	(6)	(7)	(8)	(9)	(10)	(11)
34.5	0.07	1.591								
34.4	0.08	1.587	−0.01	0.004	−0.400	−0.325	1.589	−0.015 9	−0.015 9	2.582E−03
34.3	0.1	1.582	−0.02	0.005	−0.250	−0.225	1.585	−0.0317	−0.047 6	5.353E−03
34.2	0.12	1.578	−0.02	0.004	−0.200	−0.225	1.580	−0.031 6	−0.079 2	8.908E−03
34.1	0.14	1.573	−0.02	0.005	−0.250	−0.250	1.576	−0.031 5	−0.110 7	1.384E−02
34.0	0.16	1.568	−0.02	0.005	−0.250	−0.225	1.571	−0.031 4	−0.142 1	1.599E−02
33.9	0.18	1.564	−0.02	0.004	−0.200	−0.225	1.566	−0.031 3	−0.173 4	1.951E−02
33.8	0.2	1.559	−0.02	0.005	−0.250	−0.250	1.562	−0.031 2	−0.204 7	2.558E−02
33.7	0.22	1.554	−0.02	0.005	−0.250	−0.225	1.557	−0.031 1	−0.235 8	2.653E−02
33.6	0.24	1.550	−0.02	0.004	−0.200	−0.225	1.552	−0.031 0	−0.266 8	3.002E−02
33.5	0.26	1.545	−0.02	0.005	−0.250	−0.350	1.548	−0.031 0	−0.297 8	5.211E−02
33.3	0.28	1.536	−0.02	0.009	−0.450	−0.575	1.541	−0.030 8	−0.328 6	9.447E−02
33.0	0.30	1.522	−0.02	0.014	−0.700	−1.500	1.529	−0.030 6	−0.359 2	2.694E−01
32.0	0.32	1.476	−0.02	0.046	−2.300	−2.300	1.499	−0.030 0	−0.389 1	4.475E−01
31.0	0.34	1.430	−0.02	0.046	−2.300	−2.300	1.453	−0.029 1	−0.418 2	4.809E−01
30.0	0.36	1.384	−0.02	0.046	−2.300	−3.450	1.407	−0.028 1	−0.446 3	7.699E−01
28.0	0.38	1.292	−0.02	0.092	−4.600	−4.625	1.338	−0.026 8	−0.473 1	1.094E+00
26.0	0.40	1.199	−0.02	0.093	−4.650	−6.925	1.246	−0.024 9	−0.498 0	1.724E+00
22.0	0.42	1.015	−0.02	0.184	−9.200	−9.225	1.107	−0.022 1	−0.520 2	2.399E+00
18.0	0.44	0.830	−0.02	0.185	−9.250	−15.000	0.923	−0.018 5	−0.538 6	4.039E+00
9.0	0.46	0.415	−0.02	0.415	−20.750	−20.750	0.623	−0.012 5	−0.551 1	5.717E+00

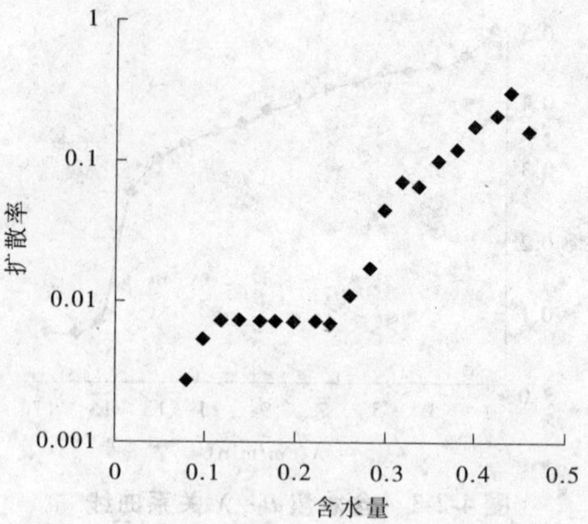

图 4-2-4　扩散率 $D \sim \theta$ 关系曲线

七、问题与思考

(1)绘制 $\lambda \sim \theta$ 关系曲线,用 $\lambda = xt^{-\frac{1}{2}}$ 计算,t 为测定时段(水开始进入土柱到开始取样所用时间),进水端 θ 可能偏高,需要修正,方法按进水端之前的趋势平推。

(2)求 $D(\theta)$ 与饱和度(θ_s)的关系式,将 $D(\theta)$ 与 θ_s($\theta_s = \theta/\theta_{饱}$,$\theta$ 为 $\lambda \sim \theta$ 关系曲线上的,不是实测值)绘到双对数纸上,估求 $\lg D$ 与 $\lg\theta_s$ 的拟合曲线,或用最小二乘法求拟合直线的解析式:

$$\lg D = \lg D_s + a\lg\theta_s \tag{4-2-13}$$

或

$$D = D_s\left(\frac{\theta}{\theta_{饱}}\right)^a \tag{4-2-14}$$

式中 D_s——饱和扩散率;

α——常指数,为直线的斜率;

$\lg D_s$——直线截距,$\lg D$ 与 $\lg\theta_s$ 显现由两段直线组成的折线,当饱和度 θ_s 小于某一值 θ_k 时,$\lg D$ 与 $\lg\theta_s$ 为一平缓直线;当大于 θ_k 时,则为一斜陡的直线。

(3)讨论土壤在不饱和范围内,含水量(或饱和度)、水分特征曲线、导水率和扩散率的关系及应用上的意义。

实验所需的记录表格如表 4-2-3 所示。

表 4-2-3　水平土柱 D 值计算表

X (cm)	θ (%)	λ (cm/min$^{1/2}$)	$\Delta\theta$ (%)	$\Delta\lambda$ (cm/min$^{1/2}$)	$\frac{\Delta\lambda}{\Delta\theta}$ (cm/min$^{1/2}$)	$\overline{\frac{\Delta\lambda}{\Delta\theta}}$ (cm/min$^{1/2}$)	$\bar{\lambda}$ (cm/min$^{1/2}$)	$\bar{\lambda}\Delta\theta$ (cm/min$^{1/2}$)	$\sum\bar{\lambda}\Delta\theta$ (cm/min$^{1/2}$)	D (cm/min)
(1)	(2)	(3)	(4)	(5)	(6)	(7)	(8)	(9)	(10)	(11)

实验三　沟灌条件下土壤水分运动规律实验

一、实验目的

(1)了解沟灌条件下,土壤水分运动的一般规律;

(2)了解沟灌条件下,非饱和湿润锋的扩展过程及土质对湿润过程的影响。

二、实验设备

(1)土槽。本实验在 130 cm×70 cm×15 cm 的长方形土槽内进行,模拟沟灌条件下二维水分运动过程。土槽内按试体容重分层均匀填装土样。土槽正面装有透明玻璃,并标有刻度。在土槽上方马氏瓶出水口正对的下面挖一个深度为 10 cm,顶宽 10 cm,底宽 4 cm 的梯形灌水沟,并在沟底垫一塑料膜,供马氏瓶调节水头。最后安装好马氏瓶,添加无气水准备实验使用。具体尺寸详见图 4-3-5。

(2)供水箱。在土槽顶部有两个直径 15 cm、高 50 cm 的有机玻璃供水水箱,可以自动向沟内补水(马氏瓶原理)。

(3)准备两个秒表和记录彩笔等。

三、实验原理

实验中保持沟中为一定水位,即为在稳定水位条件下的土壤水分平面运动。某一方面湿润锋推进距离与时间的关系为

$$L_{ti} = L_0 t^{\alpha} \tag{4-3-1}$$

式中　L_{ti}——t 时刻,湿润锋在 i 方向的扩展距离;

L_0——常系数;

α——常指数;

t——计算历时。

可见 $\lg L_{ti} \sim \lg t$ 为线性关系,所以可利用实验资料,推求得 L_0 及 α 值。

四、实验步骤

(1)人员分工:计时(兼指挥)1 人,1 人读供水箱水位数值,两人绘湿润锋轮廓线。

(2)由马氏瓶向土槽下方的梯形灌水沟内加水,供水停止后,再用注射器抽取沟内水,调节好马氏瓶能正常供水为止。

(3)从供水箱竖尺上读取初始值。

(4)实验开始时,迅速撤除沟底的塑料膜,同时启动秒表,按实验要求读取水尺数据并勾画湿润锋轮廓线。

(5)实验结束后,用角尺量取 X 坐标与 Y 坐标的值,备计算用。

五、实验资料分析整理

(1)根据湿润锋轮廓线记录,绘制出不同时刻湿润锋范围图。

(2)对沟灌条件下土壤的湿润情况进行描述。

(3)分析湿润锋随时间扩展的变化规律。

①在方格纸和双对数纸上分别点绘 $L_t \sim t$ 和 $\lg L_t \sim \lg t$ 曲线(x,y 方向分别点绘)。计算结果见表 4-3-2。

②在双对数纸上,$\lg L_t \sim \lg t$ 为一直线。谈直线的斜率即为 α 值,当 $t=1$ 时的 L_t 值即为 L_0 值。

$$L_t = L_0 t^{\alpha} \tag{4-3-2}$$

③根据式(4-3-2)计算 x 或 y 方向的 L_t 值,并与实验值比较。

(4)绘制累计灌水量及灌水流量随灌水历时变化曲线(见图 4-3-1)。

$$q = \frac{\Delta w}{\Delta t} \tag{4-3-3}$$

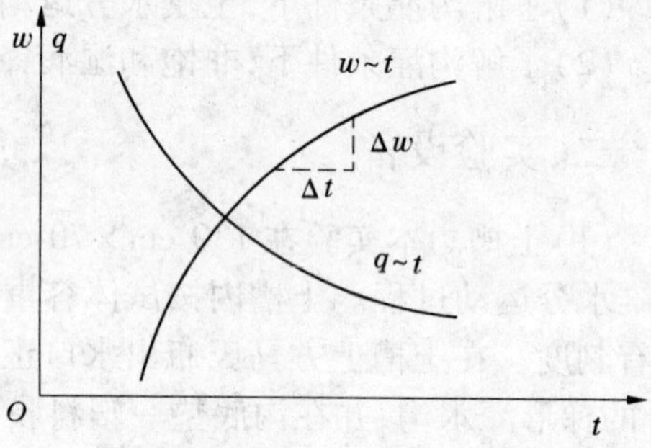

图 4-3-1 $w \sim t$ 关系曲线

六、实验结果分析

(1)分析湿润锋随时间变化的一般规律。

(2)分析有夹层时的湿润锋运动规律。

(3)分析土壤质地对湿润锋运动规律的影响。

七、实验示例

(一)实验基本资料

某次实验,试样为细砂土,土层深 27 cm,厚度为 10 cm,在土槽顶部中央开挖一灌水沟,湿润锋及灌水量记录见表 4-3-1,根据表 4-3-1记录绘制不同时刻湿润锋推进曲线(见图 4-3-2)。

表 4-3-1 湿润锋及灌水量记录结果

观测时间 (min)	x(cm)		y(cm)	供水箱水尺 h(cm)	灌水量 Δw(10^2 cm^3)	累计灌水量 w(10^2 cm^3)	灌水流量 q(10^2 cm^3/min)
	+	−					
0	0.0	0.0	0.0	103.0	0.0	0.0	0.0
1	5.1	4.2	2.4	103.9	3.6	3.6	3.6
2	6.6	6.7	3.4	104.4	2.0	5.6	2.0
3	7.3	8.1	4.2	104.8	1.6	7.2	1.6
4	8.3	9.0	4.8	105.1	1.2	8.4	1.2
5	9.0	9.7	5.3	105.3	0.8	9.2	0.8
6	9.3	10.01	5.9	105.5	0.8	10.0	0.8
7	9.7	11.07	6.1	105.8	1.2	11.2	1.2
8	10.6	11.1	6.4	106.0	0.8	12.0	0.8
9	11.1	11.4	6.5	106.2	0.8	12.8	0.8

续表 4-3-1

观测时间 (min)	x(cm)		y(cm)	供水箱水尺 h(cm)	灌水量 Δw(10^2 cm^3)	累计灌水量 w(10^2 cm^3)	灌水流量 q(10^2 cm^3/min)
	+	−					
10	11.3	11.8	6.7	106.4	0.8	13.6	0.8
12	11.8	12.4	7.2	106.8	1.6	15.2	0.8
14	12.4	12.9	7.5	107.1	1.2	16.4	0.6
16	13.0	13.5	8.1	107.4	1.2	17.6	0.6
18	13.4	13.9	8.8	107.6	0.8	18.4	0.4
20	13.9	14.4	9.0	107.9	1.2	19.6	0.6

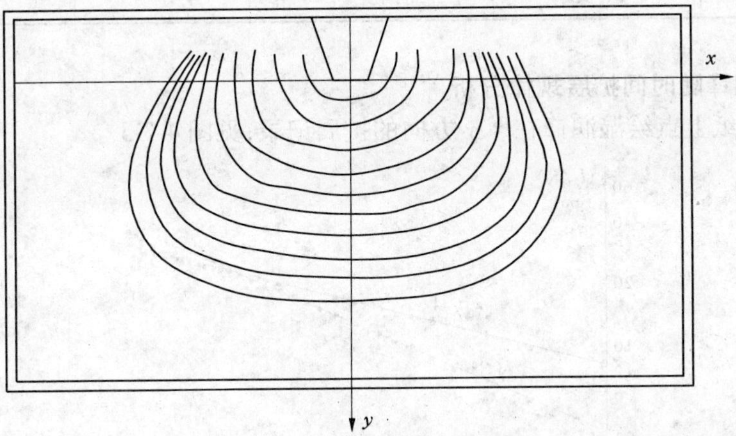

图 4-3-2 各时刻湿润锋推进曲线图

(二)土壤湿润情况

初始时水分在均质细砂土中运动,湿润锋按较规则的运动方式向四周扩展,在水平方向对称,整个锋面呈半椭圆状。湿润锋先向下湿润快,两侧扩散慢。随着入渗历时增加,湿润锋由长椭圆变成扁椭圆,入渗速度也逐渐变慢。

表 4-3-2 $\lg x \sim t$ 与 $\lg y \sim t$ 计算表

观测时间(min)	x(cm)	$\lg x$	y(cm)	$\lg y$
1	4.65	0.67	2.4	0.38
2	6.65	0.82	3.4	0.53
3	7.70	0.89	4.2	0.62
4	8.65	0.94	4.8	0.68
5	9.35	0.97	5.3	0.72
6	9.655	0.98	5.9	0.77

续表 4-3-2

观测时间(min)	x(cm)	lg$x$	y(cm)	lg$y$
7	10. 385	1. 016	6. 1	0. 79
8	10. 85	1. 035	6. 4	0. 81
9	11. 25	1. 011	6. 5	0. 82
10	11. 55	1. 063	6. 7	0. 83
12	12. 1	1. 083	7. 2	0. 86
14	12. 65	1. 102	7. 5	0. 88
16	13. 25	1. 122	8. 1	0. 908
18	13. 65	1. 135	8. 8	0. 944
20	14. 15	1. 15	9. 0	0. 954

(三)湿润锋随时间扩展规律分析

在双对数纸上点绘湿润锋在 x、y 方向的扩展记录,见图 4-3-3。

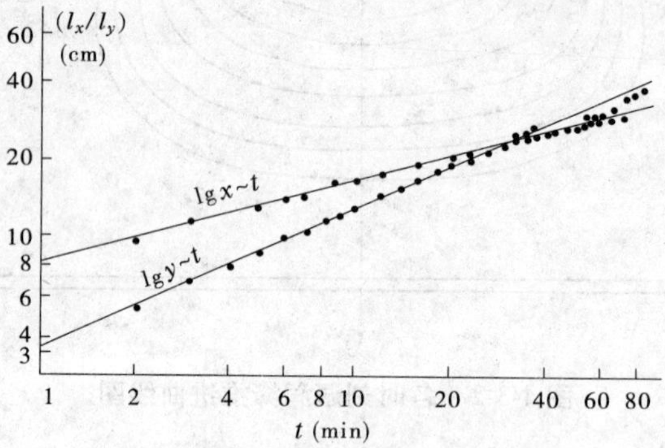

图 4-3-3　lg$x$ ~ t 与 lg$y$ ~ t 关系曲线

从图 4-3-3 可以看出,lg$x$ ~ t 与 lg$y$ ~ t 有较好的线性关系,用图解求得两直线(曲线)方程:

水平方向　　　　$\lg l_x = \lg 8.0 + 0.328\lg t, l_x = 8.0t^{0.328}$

垂直方向　　　　$\lg l_y = \lg 3.8 + 0.54\lg t, l_y = 3.8t^{0.541}$

式中　$\frac{l_x}{l_y}$——在 $x(y)$ 方向湿润锋扩展距离,cm;

t——计算历时,min。

(四)累计灌水量及灌水流量图

根据表 4-3-1 内水尺读数,计算累计灌水量及灌水流量:

$$\Delta w = (h_t - h_{t-1}) \times 2 \times r^2 \times \pi \tag{4-3-4}$$

$$q = \frac{\Delta w}{t_i - t_{t-1}} \tag{4-3-5}$$

式中　r——马氏瓶半径;

h_t、h_{t-1}——马氏瓶前后读数；

Δw——累计灌水量；

q——灌水流量。

计算结果见表4-3-1。根据表4-3-1值绘制累计灌水量及灌水流量图，见图4-3-4。实验装置见图4-3-5。

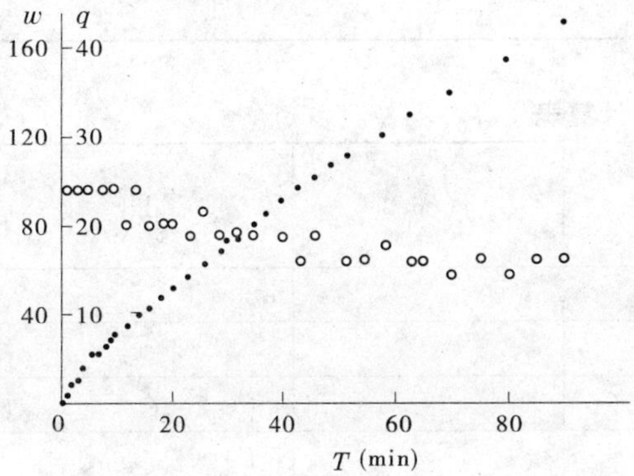

图4-3-4　累计灌水量、灌水流量图

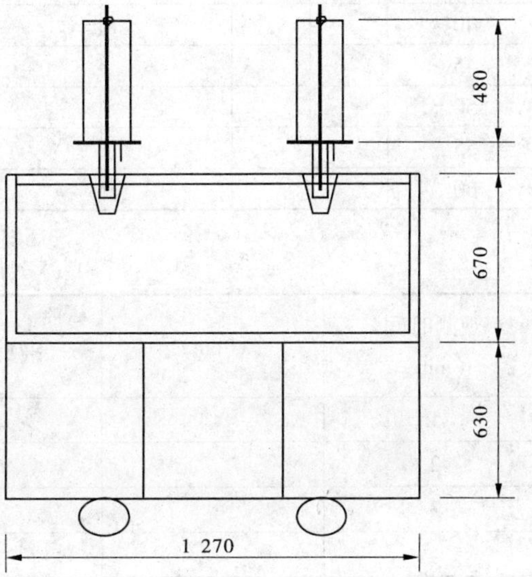

图4-3-5　二维窄缝式灌水技术实验装置　（单位：mm）

实验所需的记录表格如表4-3-3所示。

表4-3-3　湿润锋及灌水量记录表

观测时间 (min)	x(cm)		y(cm)	供水箱水尺 h(cm)	灌水量 $\Delta w(10^2\ cm^3)$	累计灌水量 $w(10^2\ cm^3)$	灌水流量 $q(10^2\ cm^3/min)$
	+	−					
0							
1							
2							
3							
4							
5							
6							
7							
8							
9							
10							
12							
14							
16							
18							
20							
25							

续表

观测时间(min)	x(cm)		y(cm)	供水箱水尺 h(cm)	灌水量 $\Delta w(10^2\ cm^3)$	累计灌水量 $w(10^2\ cm^3)$	灌水流量 $q(10^2\ cm^3/min)$
	+	-					
30							
35							
40							
45							
50							
55							
60							

$\lg x \sim t, \lg y \sim t$ 计算表

观测时间(min)	x(cm)	lgx(cm)	y(cm)	lgy
1				
2				
3				
4				
5				
6				
7				
8				
9				
10				
12				
14				
16				
18				
20				
25				
30				
35				
40				
45				
50				
55				
60				

实验四　明沟排水功能实验

一、目的要求

(1)了解排水明沟在非稳定排水过程中，沟间地段地下水动态变化规律；

(2)观察沟间地段地下水位降落过程和排水沟出流量随时间变化的规律；

(3)掌握利用地下水动态观测资料反求水文地质参数(水位传导系数，给水率)的方法，加深对排水计算理论的认识和理解；

(4)了解室内渗流模型实验装置及测试设备和测试方法。

二、实验装置

本实验是在 620 cm × 100 cm × 62 cm 的钢结构玻璃砂槽内进行的，试样是经过筛选洗净的细砂。

取沟间地段的一半为实验地段，排水沟为非完整沟，单侧入流；也可取沟间地段的全长为实验地段，排水沟为非完整的单侧入流；或可取沟间地段的全长为实验地段的全长为实验地段双侧入沟实验。在砂槽内每隔一定的距离装设一个观测井观测潜水位。观测井为内径 2 cm 的塑料花管，外包铜丝滤网，穿透整个砂层，由砂槽底部用软管引出与设在砂槽背面的测压管连接。

另要准备秒表两个，50 mL、100 mL 量杯和水桶各一个，地秤一台。

三、实验原理

本实验是模拟田间实验地段，经过灌溉(或降雨)之后，地下水位上升到接近地表并已达到稳定，灌溉(降雨)停止后，排水沟水位短时间内降低并控制在某一高程的情况下，研究沟间地段地下水位的非稳定降落及出流过程。沟间地段土层均质，不透水底板水平。试验开始前，排水沟水位与沟间地段水位齐平，处于稳定状态。实验开始后，排水沟水位骤降至某一高程保持不变。然后按预定的时间间隔测定各观测井的水位变化过程及排水沟的出流过程。

实验地段的初始条件及边界条件(见图 4-4-1)如下：

初始条件：　$h(x_1,t)=h_0,t=0$

边界条件：　$h(x_1,t)=0,x=0$

$$h(x_1,t)=h_1,x=\frac{1}{2}$$

沟间地段任一点、任一时间的地下水位(h)的计算公式为

$$h(x,t) = h_0(1-(S)^L) \qquad (x \leqslant \frac{L}{2}) \tag{4-4-1}$$

$$(S)^L = 1 - \sum_{n=1}^{\infty}(-1)^{n+1}\frac{2\cos\left[(1-\bar{x})\frac{(2n-1)\pi}{2}\right]}{\frac{(2n-1)\pi}{2}} \cdot e^{-\left(\frac{(2n-1)\pi}{2}\right)^2 \cdot \bar{t}} \tag{4-4-2}$$

$$\bar{t} = \frac{4at}{L^2}, \quad \bar{x} = \frac{x}{\frac{L}{2}}$$

当 $\bar{t}>0.3$ 时,$(S)^L$ 中的级数仅需取第一项。此时两条排水沟中间一点(即 $x=\frac{L}{2}$,$\bar{x}=1$)的水位高程(h_1)的计算公式可简化为

$$h_1 = h_0 \frac{4}{\pi}e^{-(\frac{\pi^2}{2i})\bar{t}} = h_0 \frac{4}{\pi}e^{-(\frac{\pi}{L})^2 at} \tag{4-4-3}$$

$$\frac{\pi h_1}{4h_0} = e^{-(\frac{\pi}{L})^2 at} \tag{4-4-4}$$

$$\frac{4h_0}{\pi h_1} = e^{(\frac{\pi}{L})^2 at} \tag{4-4-5}$$

取自然对数 $\left(\frac{\pi}{L}\right)^2 at = \ln\frac{4h_0}{\pi h_1}$。 (4-4-6)

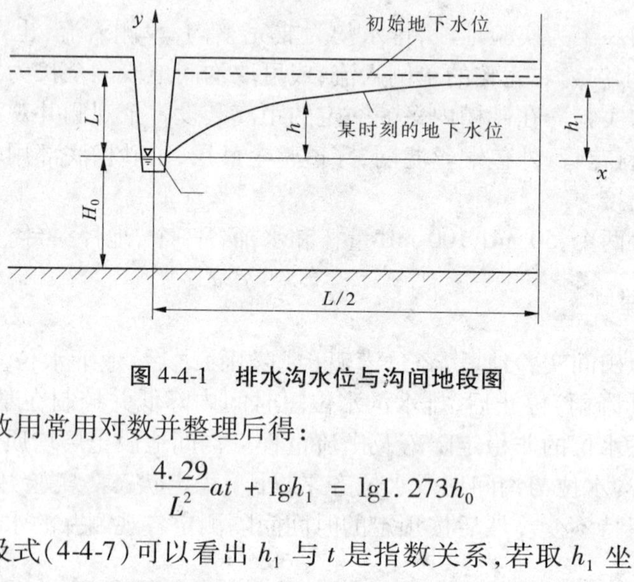

图 4-4-1 排水沟水位与沟间地段图

将式(4-4-6)改用常用对数并整理后得:

$$\frac{4.29}{L^2}at + \lg h_1 = \lg 1.273h_0 \tag{4-4-7}$$

从式(4-4-3)及式(4-4-7)可以看出 h_1 与 t 是指数关系,若取 h_1 坐标为对数坐标,在半对数纸上绘画 $t\sim\lg h_1$ 关系曲线将成一直线。因此,可以根据实验测得的 $t\sim h_1$ 关系,通过各种分析即可求得水位传导数 a 值。

沟间地段任一断面处任一时刻 t 的地下水单宽流量为

在一侧出流时: $q=K\bar{H}\frac{H_0}{L}(P)^1$

$$a = \frac{\overline{KH}}{\mu}, K\bar{H} = a\mu$$

代入 $q=a\mu\frac{H_0}{L}(P)^1$,又因 $H_0=h_0$,得:

$$q(x,t) = \frac{a\mu h_0}{L}(P)^1, x \leqslant \frac{1}{2} \tag{4-4-8}$$

$$(P^1) = \frac{1}{\sqrt{\pi t}}\sum_{n=0}^{\infty}(-1)^n\left[e^{-\frac{2n+\bar{x}}{2\sqrt{\bar{t}}}} - e^{-\left(\frac{2n+2-\bar{x}}{2\sqrt{\bar{t}}}\right)}\right] \tag{4-4-9}$$

当 $t>0.3$ 时,(P^1) 可简化为

$$(P^1) = 2\sin\frac{\pi(1-\bar{x})}{2}e^{-(\frac{\pi}{2})^2\bar{t}} \tag{4-4-10}$$

以 $x=0$ 代入上式,则

$$(P^1) = 2e^{-(\frac{\pi}{2})^2\bar{t}} = 2e^{-(\frac{\pi}{2})^2at} \tag{4-4-11}$$

代入式(4-4-8),得:

$$q_0 = 2\cdot\frac{a\mu h_0}{L}e^{-(\frac{\pi}{L})^2at} \tag{4-4-12}$$

这就是地下水自一侧流入排水沟的流量计算公式。

对式(4-4-12)取对数并整理后得:

$$\frac{4.286a}{L^2}t + \lg q_0 = \lg\frac{2a\mu h_0}{L} \tag{4-4-13}$$

从式(4-4-11)及式(4-4-13)可以看出,排水沟的出流量 q_0 与时间 t 是指数关系。由于 a 值已通过前述的 $\lg h_1 \sim t$ 关系曲线图解分析求得,故根据实测不同时刻排水沟的出流量 q_0,同样可以在半对数纸上点绘出 $\lg q_0 \sim t$ 关系曲线,用图解法求得含水层的给水度 μ 值。

当 $t_0=0$ $\qquad \lg q(0,0) = \lg\frac{2a\mu h_0}{L}$ (4-4-14)

$$q(0,0) = \frac{2a\mu h_0}{L} \tag{4-4-15}$$

由图 4-4-2 可求得 $q(0,0)$,则可求得 μ:

$$\mu = \frac{q(0,0)}{2ah_0}L \tag{4-4-16}$$

因 $\qquad \alpha\mu = K\bar{H} = T$ (4-4-17)

已知 a,μ,则可求得 T 值。

又可得 $\qquad H = \frac{T}{H}$ (4-4-18)

将求得的 K 值用有关手册查核,该土壤的经验 K 值、μ 值与实验 K、μ 比较核查。

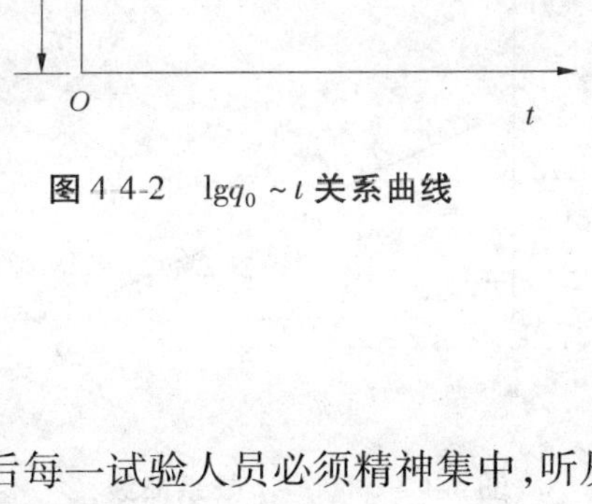

图 4-4-2 $\lg q_0 \sim t$ 关系曲线

最后绘制地下水降落过程线。

四、实验方法及步骤

实验开始前必须做好一切准备工作,实验开始后每一试验人员必须精神集中,听从指挥,做好记录,具体步骤如下:

(1)人员分工:

计时(兼指挥)1 人,1 ~ 10 号观测井及排水沟水位观测 10 人,排水沟出流量观测 2 人,测量排出的水量 3 ~ 5 人。

(2)找准观测井位,进行测压管排气,检查原始地下水位及排水沟水位是否齐平。若已齐平,即记下各观测井及排水沟水位(0 时段水位,见图 4-4-1)。

(3)实验开始,启动秒表,降低排水沟水位,按预定时刻观测记录各观测井的水位及排水沟的出流量。

(4)出流量的量测采用体积法。

五、实验资料分析整理

(一)水位传导系数 a 值的分析推断

(1)1[#]观测井观测资料整理见表 4-4-1。

表 4-4-1　1[#]观测井观测资料整理

时间(min)	0	2	4	6	8	10	12	14	16
h_1(cm)	6.1	45.7	34.2	29.0	26.7	25.2	23.4	22.1	21.1

(2)在半对数格纸上,时间 t 取常规坐标,两沟中间一点的水位高程 h_1 取对数坐标,点绘试验点据,通过多数点据绘画直线,该直线的斜率(J)为

$$J = \frac{4.286}{L^2}a \tag{4-4-19}$$

通过图解(见图 4-4-3)可以求得:

$$J = \frac{\lg h(t_1) - \lg h(t_2)}{\Delta t} \tag{4-4-20}$$

代入式(4-4-16)即可求得 a 值。

(二)给水度 μ 值的分析推断

在半对数纸上以时间 t 为横坐标,以排水沟单位长度出流量 q(取对数)为纵坐标,将实测数据点绘其上,通过多点画出直线,直线与纵轴的截距为 $\lg q_b$(见图 4-4-4)。

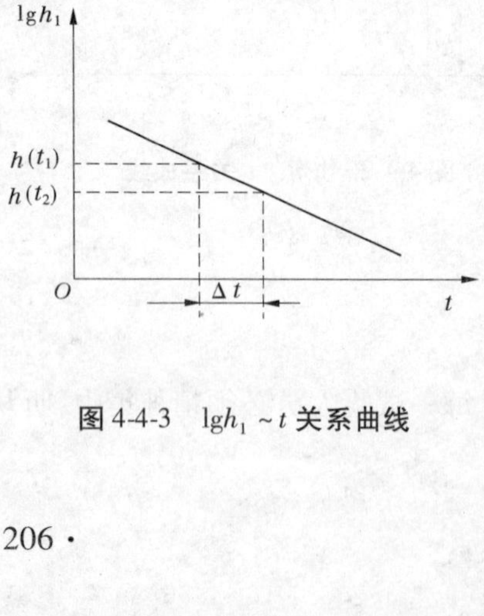

图 4-4-3　$\lg h_1 \sim t$ 关系曲线

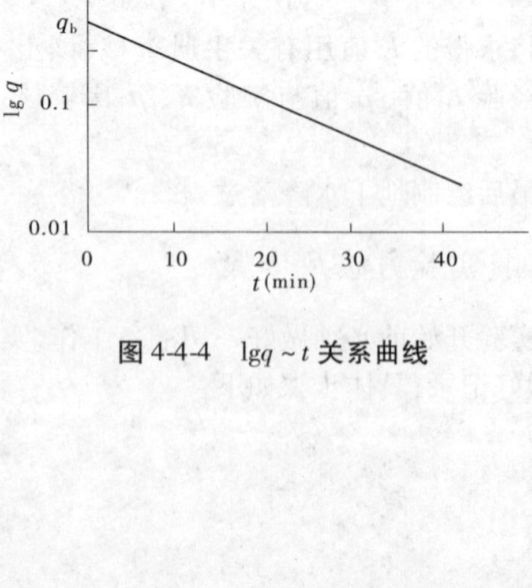

图 4-4-4　$\lg q \sim t$ 关系曲线

表 4-4-2　明沟排水实验观测记录表

时间(min)	不同井位排水沟水位值(cm)												排水沟出流量		
	1#	2#	3#	4#	5#	6#	7#	8#	9#	10#	左(cm)	右(cm)	测流时间(s)	水量(cm^3)	单位流量(cm^3/(s·cm))
0	61.1	61.0	61.2	61.4	61.3	61.3	61.3	61.3	61.3	61.2		61.2	0	0	0
2	45.7	51.2	57.9	60.0	60.5	60.5	60.0	54.8	59.0	45.4		24.8	120.0	48 342	6.498
4	34.2	34.9	53.8	58.3	59.8	59.8	59.1	56.8	58.2	40.8		14.0	120.0	21 262	2.858
6	29.0	36.8	47.6	55.6	58.6	58.7	56.8	56.8	57.2	36.1		13.2	120.0	5 130	0.690
8	26.7	33.3	43.6	52.1	56.7	57.0	56.8	55.5	42.0	31.0		13.2	120.0	2 032	0.273
10	25.2	31.0	39.7	47.4	53.0	53.5	53.1	52.6	37.1	28.1		13.2	120.0	1 590	0.214
12	23.4	28.4	35.6	41.0	43.9	44.1	42.9	47.5	31.8	25.2		13.2	120.0	1 282	0.172
14	22.1	26.2	32.4	36.6	38.5	38.6	37.7	38.9	28.7	23.2		13.1	120.0	1 090	0.147
16	21.1	24.8	30.3	34.3	36.3	36.4	35.3	34.6	26.8	21.9		13.1	120.0	932	0.125
18	20.4	23.8	29.0	32.4	34.1	34.2	33.3	32.0	25.6	21.1		13.1	120.0	870	0.117
20	19.7	22.8	27.7	30.8	32.3	32.4	31.3	30.3	24.4	20.4		13.1	120.0	700	0.094
24	18.8	21.5	25.6	28.4	29.8	29.8	28.8	28.7	22.8	19.4		13.1	120.0	1 312	0.176
28	18.1	20.6	24.0	26.9	28.0	28.1	27.7	26.6	21.7	18.6		13.1	240.0	1 140	0.077
32	17.5	20.0	23.1	25.7	26.7	26.8	25.9	25.1	20.8	18.0		13.0	240.0	960	0.065
36	17.1	19.2	22.4	25.0	25.8	28.8	25.0	23.9	20.2	17.5		13.0	240.0	840	0.056
40	16.7	18.7	21.6	23.9	24.8	24.9	24.1	23.0	19.6	17.2		13.0	240.0	780	0.052
45	16.2	18.2	20.8	23.0	25.9	24.0	23.1	22.3	19.0	16.8		13.0	300.0	870	0.047
50	15.9	17.7	20.0	22.0	23.1	23.2	22.4	21.5	18.5	16.4		13.0	300.0	790	0.042
55	15.6	17.2	19.7	21.5	22.3	22.3	21.6	20.2	18.1	16.1		13.0	300.0	780	0.042
60	15.4	16.9	19.1	20.9	21.7	21.8	21.1	19.8	17.7	15.9		13.0	300.0	590	0.032

$$\lg q_b = \lg \frac{2a\mu h_0}{L} \tag{4-4-21}$$

由于 a 值已在前面步骤求得,故由式(4-4-18)可求得 μ 值。

表 4-4-3　地下水位(h)计算表

1	2	3	4	5	6	7	8
井号	x	$\bar{x}$	$1-\bar{x}$	$\dfrac{2\cos\left[(1-\bar{x})\frac{\pi}{2}\right]}{\frac{\pi}{2}}$	$e^{-(\frac{\pi}{2})^2 \bar{t}}$	(5)×(6)	h
6	27.5	0.948	0.052	1.269	0.567	0.719	44.00
7	20.5	0.707	0.293	1.414	0.567	0.802	39.60
8	14.5	0.500	0.500	0.900	0.567	0.510	31.21
9	85.0	0.293	0.707	0.566	0.567	0.321	19.65
10	45.0	0.155	0.845	0.307	0.567	0.174	10.65
备注	$a=5.36$　$\bar{t}=0.23$　$h_0=26.8$　$t=3\ 600$ s						

(三)校核

将上述步骤求得的 a 值及 μ 值代入式(4-4-1),可求得任一时刻地下水面线,并与实测资料进行对照。

(四)试验示例

一侧排水入非完整沟不透水层位于有限深。排水沟尺寸见图 4-4-5。

作图时取用 $t>30$ min 以后测点。

$$q_0 = 0.068\ \text{cm}^3/(\text{s}\cdot\text{cm})$$

作图求得 $J=2\times10^{-3}$。

$$J = \frac{\lg h(t_1) - \lg h(t_2)}{\Delta t} = \frac{\lg 613 - \lg 605}{2} = 2.85\times10^{-3}$$

$$a = \frac{JL^2}{4.286} = \frac{2.85\times10^3\times(600-40)^2}{4.286} = 208.53(\text{cm}^2/\text{s})$$

$$\mu = \frac{q_0\cdot L}{2a\cdot h_0} = \frac{0.068\times2\times(600-40)}{2\times208.53\times26.8} = 6.81\times10^{-3}(\text{cm}^2/\text{s})$$

$$T = a\cdot\mu = 208.53\times6.81\times10^{-3} = 1.42(\text{cm}^2/\text{s}) = 12.27\ \text{m}^2/\text{d}$$

$$K = \frac{T}{H} = \frac{1.42}{43.7} = 3.25\times10^{-2}(\text{cm/s}) = 28.1\ \text{m/d}$$

由表 4-4-3 查得实验土质 $K=6\times10^{-3}\sim2\times10^{-2}$ cm/s,为中砂。

表 4-4-4　土壤的渗透系数参考值

土壤名称	K(m/d)	K(cm/s)
黏土	<0.005	$<6\times10^{-6}$
亚黏土	0.055～0.1	$6\times10^{-6}\sim10\times10^{-4}$
轻亚黏土	0.1～0.5	$1\times10^{-4}\sim10\times10^{-4}$
黄土	0.25～0.5	$3\times10^{-4}\sim6\times10^{-4}$
粉砂	0.5～0.1	$6\times10^{-4}\sim1\times10^{-3}$
细砂	1.0～5.0	$1\times10^{-3}\sim6\times10^{-3}$
中砂	5.0～20.0	$6\times10^{-3}\sim2\times10^{-2}$
均质中砂	35～50	$4\times10^{-2}\sim6\times10^{-2}$
粗砂	20～50	$2\times10^{-2}\sim6\times10^{-2}$
均质粗砂	60～75	$7\times10^{-2}\sim8\times10^{-2}$
圆砾	50～100	$6\times10^{-2}\sim1\times10^{-1}$
卵石	100～500	$1\times10^{-1}\sim6\times10^{-1}$
无填充物卵石	500～1 000	$6\times10^{-1}\sim1\times10^{-1}$
稍有裂隙岩石	20～60	$2\times10^{-2}\sim7\times10^{-2}$
裂隙多的岩石	>60	$>7\times10^{-2}$

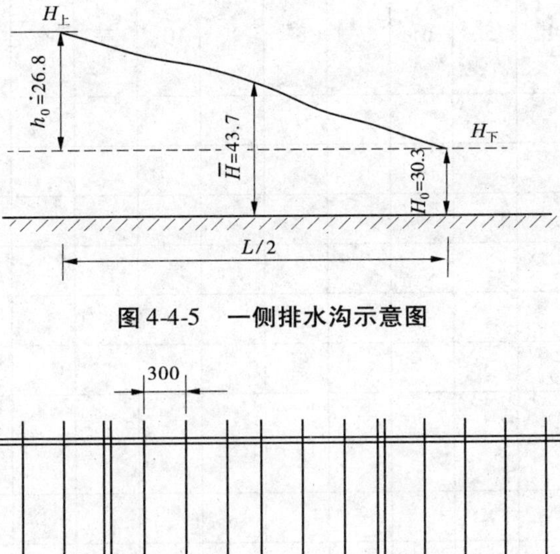

图 4-4-5　一侧排水沟示意图

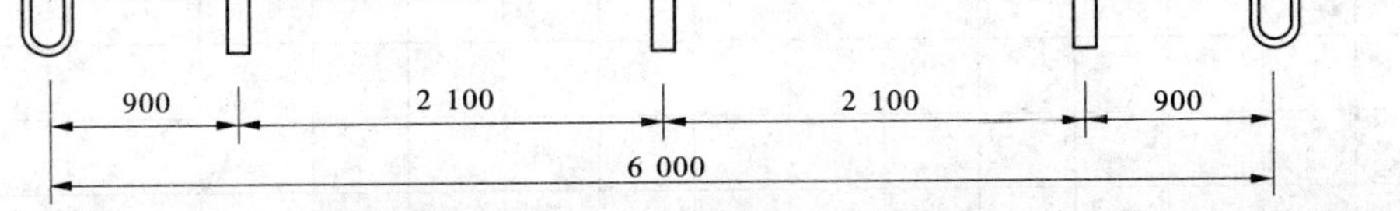

图 4-4-6　明沟排水实验砂槽实验装置(活动底坡)　(单位:mm)

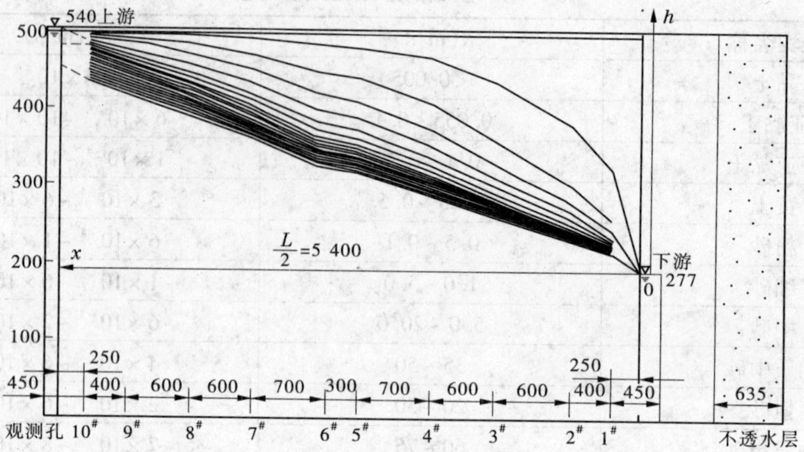

图 4-4-7　一侧明沟排水水位降落过程线　（单位：mm）

实验所需的记录表格如下。

明沟排水实验观测记录

时间(min)	不同井位排水沟水位值(cm)												排水沟出流量		
	1#	2#	3#	4#	5#	6#	7#	8#	9#	10#	左	右	测流时间(s)	水量(cm^3)	单位流量(cm^3/(s·cm))
0															
2															
4															
6															
8															
10															
12															
14															
16															
18															
20															
24															
28															
32															
36															

续表

时间(min)	不同井位排水沟水位值(cm)												排水沟出流量		
	1#	2#	3#	4#	5#	6#	7#	8#	9#	10#	左	右	测流时间(s)	水量(cm^3)	单位流量(cm^3/(s·cm))
40															
45															
50															
55															
60															
70															
80															
90															
100															

地下水位(h)计算表

1	2	3	4	5	6	7	8
井号	x	$\bar{x}$	$1-\bar{x}$	$\dfrac{2\cos\left[(1-\bar{x})\frac{\pi}{2}\right]}{\frac{\pi}{2}}$	$e^{-(\frac{\pi}{2})^2 \bar{t}}$	(5)×(6)	h
1							
2							
3							
4							
5							
6							
7							
8							
9							
10							
11							
12							
	备注	$a=$	$\bar{t}=$		$h_0=$	$t=$	

实验五　喷头技术参数测试

一、实验目的

了解摇臂式喷头的结构及工作原理,测定喷头的工作压力、喷灌强度及水滴直径等喷灌技术参数。

二、实验设备

本项实验需在喷灌实验场完成,另需雨量筒 100 个,50 mL、10 mL 量筒各 48 个,超声波流量计 1 台,直径 150 mm 定性滤纸 100 张,压力表 1 块,秒表 1 个,游标卡尺 1 把。

三、实验步骤

(1)选取一个具有扇形机构的旋转摇臂式喷头,检查该喷头是否完好无损。用游标卡尺准确量测喷头喷嘴内径,安装喷头,确保喷头与竖管的连接处无漏水。

(2)沿径向相隔 45°,布设 8 行雨量筒,筒距 2 ~ 4 m。为较准确测定射程,射程末端应适当加密。

(3)启动电动水泵,调节水泵出水管上分流阀,使水头进水口处的工作压力稳定在某一规定数值,在调节及未进入定喷水时,暂时固定某一喷射方向,避免水喷入量筒。系统喷水稳定后,使喷头开始自行旋转,同时开始计时。

(4)在稳定喷水状态,喷灌系统工作 20 ~ 30 min。在开始时刻、中间时刻及结束时刻分别测定喷头(竖管)流量。

(5)在稳定喷水过程中,在射程末端定点取样,测量水滴直径。测量时先将已涂色粉的滤纸放在水滴接收盒内,迅速平稳地在瞬间接受若干水滴,使滤纸上留下清晰的水滴印痕。每次试验要有 5 张以上有效滤纸。

(6)中止喷水,按东、东南、南、西南、西、西北、北、东北 8 个方向,分别用量筒量测各雨量筒内的水量,量测结果记入记录表内。

四、数据整理及计算

(一)计算点喷灌强度

点喷灌强度计算公式如下:

$$P_i = \frac{600\ W}{TA} \tag{4-5-1}$$

式中 P_i——点喷灌强度,mm/h;

W——量雨筒承接的水量,cm^3;

T——喷水历时,min;

A——量雨筒口面积,cm^2。

计算结果填入表 4-5-1。

表 4-5-1　喷头性能测试表

序号		1	2	3	4	5	$\overline{P}$	$5\%\overline{P}$	R(m)
距离									
东	W								
	P_i								
东南	W								
	P_i								
南	W								
	P_i								
西南	W								
	P_i								
西	W								
	P_i								
西北	W								
	P_i								
北	W								
	P_i								
东北	W								
	P_i								

(二)计算射程

某一径向的射程是指该径向内点喷灌强度等于径向各点喷灌强度平均值的5%的那一点到喷头的距离。具体计算步骤如下：

(1)计算各径向各点喷灌强度的平均值 $\overline{P}$，填入表 4-5-1。

(2)绘制径向水量分布曲线。

(3)计算出 $5\%\overline{P}$，并在径向水量分布曲线上找出喷灌强度 $5\%\overline{P}$ 的点。该点到喷头的距离即为射程。

(4)计算各径向射程的平均值，即得喷头的射程。

(三)计算单喷头平均喷灌强度

单喷头平均喷灌强度计算公式如下：

$$\overline{P} = \frac{1\,000q}{\pi R^2} \tag{4-5-2}$$

式中　$\overline{P}$——平均喷灌强度，mm/h；

q——喷头流量，m^3/h，取开始测试时刻、中间时刻与结束时刻的流量的平均值；

R——喷头射程，m。

五、注意事项

(1)本实验宜在无风时观测。有风条件下的喷灌实验比较复杂，在时间允许的条件下，可做有风条件下的喷灌实验，但需增加风速仪等设备。

(2)在喷灌实测运行阶段，应确保喷头工作压力稳定。普通压力表观测精度较差，有条件时，可采用更先进的工作压力观测方法。

实验六　微灌演示及灌水器技术参数测试

一、实验目的

了解微灌系统的组成以及过滤器、施肥罐、电磁阀、微喷头、滴头等微灌设备的结构与工作原理，演示微灌系统工作运行；测定微灌灌水器的流量偏差情况以及某一工作压力情况下毛管上灌水器的灌水均匀度。

二、实验设备

本实验的主要设备是室内微灌演示系统，另需要水银压力计 1 个，250 mL 盛水筒 25 个，100 mL 量筒 2 个，秒表 1 个。

三、实验步骤

（一）演示试验

（1）展示微灌系统的组成，讲解过滤器、施肥罐、灌水器（滴头和微喷头）、控制阀等微灌设备的结构及工作原理。

（2）启动微灌系统，演示微灌系统工作运行状态，观察滴头和微喷头出水特征。

（二）测定试验

（1）布置 $\phi12$ 的毛管，以 0.5 m 为间距，安装 25 个孔口滴头。

（2）启动电动机，调节闸阀，使毛管首部工作压力接近于滴头的设计工作压力。观察滴头有无漏水或流量过大或过小的异常现象，有异常现象时应及时处理。

（3）沿毛管排列受水管，受水管置于滴头附近。待系统运行达到稳定状态后，下达测试开始指令，将 25 个受水桶同时移至滴头下方开始受水（应由多位同学同时操作），同时开始计时。

（4）测试时间为 10 ~ 20 min。到规定的结束时间时，下达结束指令，25 个受水桶同时移开，中止受水。

（5）从毛管首段开始，依次用量筒量取各受水筒水量，并计算出相应的出流量，记入滴头出水量于表 4-6-1 内。

四、参数计算

（一）计算灌水器流量偏差系数

灌水器流量偏差系数计算公式为

$$C_v = \frac{s}{\bar{q}} \times 100\% \tag{4-6-1}$$

式中　C_v——流量偏差系数（%）；

s——出流量标准偏差；

$\bar{q}$——25 个滴头的平均流量。

表 4-6-1　滴头出水量记录表

滴头序号	1	2	3	4	5	6	7	8	9
受水量(mL)									
出流量(mL/s)									
滴头序号	10	11	12	13	14	15	16	17	18
受水量(mL)									
出流量(mL/s)									
滴头序号	19	20	21	22	23	24	25		
受水量(mL)									
出流量(mL/s)									

出流量标准偏差按下式计算：

$$s = \frac{\sqrt{\sum_{i=1}^{n}(q_i - \bar{q})^2}}{n-1} \tag{4-6-2}$$

式中　n——滴头数,本试验取 25。

(二)计算毛管上灌水器出水量均匀系数

根据上述测试结果,可计算出毛管上滴头出水量均匀系数,计算公式为

$$K = 1 - \frac{|\Delta\bar{q}|}{\bar{q}} \tag{4-6-3}$$

式中　K——滴头出水量均匀系数；

$|\Delta\bar{q}|$——滴头流量偏差平均值的绝对值。

$|\Delta\bar{q}|$可按下式计算：

$$|\Delta\bar{q}| = \frac{\sum_{i=1}^{n}|q_i - \bar{q}|}{n} \tag{4-6-4}$$

五、注意事项

(1)在测试过程中,毛管要保持水平。

(2)安装滴头时一定要小心,避免滴头与毛管连接处漏水。

(3)在时间允许的条件下,可重复测试一次,流量偏差系数和出水量均匀系数取两次测试的平均值。

附　录

常用计算程序

一、用彭曼－蒙特斯法计算逐日蒸发蒸腾量 ET_0 的 VB 计算程序

(一)VB 源程序代码

```
Sub Penman_Monteith( )
Dim boo As Boolean
Dim rowmax As Integer'最大行数
Dim row As Integer

Data Input
Dim Pi As Double'圆周率
Dim H As Double'海拔高度
Dim fai As Double'纬度
'Dim Tmax As Double'最高气温
'Dim Tmin As Double'最低气温
Dim Tmean As Double'平均气温
Dim T_i1 As Double
Dim T_i2 As Double
Dim T_i3 As Double
Dim n As Double'日照时数
Dim J As Integer'一年中的天数
Dim U2 As Double'2 米处风速

'Data Calculation
Dim ed As Double'实际水汽压
'Dim ea_max As Double'最高气温对应饱和水汽压
'Dim ea_min As Double'最低气温对应饱和水汽压
Dim ea As Double'饱和水汽压
Dim del As Double'饱和水汽压－气温斜率
Dim lamda As Double'汽化潜热
```

```
Dim Press As Double'汽压
Dim gama As Double'温度计常数
Dim dr As Double'
Dim delta As Double
Dim Nmax As Double

Dim Ra As Double
Dim Rns As Double
Dim Rnl As Double
Dim Rn As Double
Dim G As Double
Dim ETrad As Double
Dim ETaero As Double
Dim ETP As Double

'确定数据量
boo = True
rowmax = 1
Do While boo
  If Worksheets("输入"). Cella(rowmax, 3) = ""Then
     If Worksheets("输入"). Cells(rowmax + I,3) = "" Then
         boo = False
         rowmax = rowmax - 1
     Else
         rowmax = rowmax + 2
     End If
   Else
         rowmax = rowmax + 1
   End If
Loop

'基本参数
Pi = 3.1415926
H = Worksheets ("输入"). Cells(3, 2)
fai = Worksheets("输入"). Cells(2, 2)
fai = fai * Pi / 180

'清空
```

```
Worksheets("结果"). Select
Cells. Select
Selection. ClearContents
Range("A1"). Select
ActiveCell. FormulaR1C1 = "1"

Range("A2"). Select
ActiveCell. FormulaR1C1 = "日期"
Range("B1"). Select
ActiveCell. FormulaR1C1 = "2"
Range("B2"). Select
ActiveCell. FormulaR1C1 = "参照作物腾发量"
For row = 6 To rowmax

'数据输入
'Tmean = Tmax + Tmin
Tmean = Worksheets("输入"). Cells(row, 2) '平均气温
ed = Worksheets("输入"). Cells(row, 3) '平均水汽压
U2 = Worksheets("输入"). Cells(row. 4)' 2 m 风速
n = Work sheets("输入"). Cells(row, 5) '日照时数
J = Worksheets("输入"). Cells(row. 6) '天数

'气象参数
'ea_max = 6.11 * Exp(17.27 * Tmax/(Tmax + 237.3)) '平均气温对应饱和水汽压
'ea_min = 6.11 * Exp(17.27 * Tmin/(Tmin + 237.3)) '平均气温对应饱和水汽压
'ea = (ea_max + ea_min)/2
ea = 6.11 * Exp(17.27 * Tmean/(Tmean + 237.3)) '平均气温对应饱和水汽压
del = 4098 * ea/(Tmean + 237.3) ^ 2      '饱和水汽压 - 温度斜率
lamda = 2501 - 2.361 * Tmean      '汽化潜热
Press = 1013 * ((293 - 0.0065 * H)1/293) ^ 5.26      '汽压
gama = 1.63 * Press/lamda    '温度计常数

'地理参数
'日 - 地相对距离
dr = 1 + 0.033 * Cos(2 * Pi/365 * J)
'太阳的磁偏角
delta = 0.409 * Sin(2 * Pi/365 * J - 1.39)
'日落时角度
```

```
x =  - Sin(fai)/Cos(fai) * Sin(delta)/Cos(delta)
If x = 0 Then
    oumigas = Pi/2
Else If x > 0 Then
    oumigas = Atn(Sqr(1 - x^2)/x)
Else
    oumigas = Atn(Sqr(1 - x^2)/x) + Pi
End If
'最大天文日照时数
Nmax = 24/pi * oumigas

'辐射计算
'大气外层太阳辐射通量
Ra = 37.6/2.45 * dr * (oumigas * Sin(fai) * Sin(delta) + Cos(fai) * Cos(delta) * Sin
(oumigas) )
'净短波辐射
Rns = 0.77 * (0.25 + 0.5 * n/Nmax) * Ra
'净长波辐射
Rnl = 0.000000001 * (0.1 + 0.9 * n/Nmax) * (0.34 - 0.14 * Sqr(ed/10)) * ((Tmax
+ 273.15)^ 4 + (Tmin + 273.15)^ 4)
'作物表面净辐射
Rn = Rns - Rnl
'土壤热通量
If row > 8 Then
    T_i1 = (Worksheets("输入").Cells(row - 1,2) + Worksheets("输入").Cells
(row - 1,3))/2
    T_i2 = (Worksheets("输入").Cells (row - 2,2) + Worksheets ("输入").Cells
(row - 2,3))/2
    T_i3 = (Worksheets("输入").Cells (row - 3,2) + Worksheets ("输入").Cells
(row - 3,3))/2
        G = 0.1/2.45 * (Tmean - (T_i1 + T_i2 + T_i3)/3)
  Else
        G = 0
  End If

'腾发量估算
'辐射项
ETrad = 0.408 * del * (Rn - G)/(del + gama * (1 + 0.34 * U2))
```

```
'空气动力项
ETaero = 90/(Tmean + 273) * gama * U2 * (ea - ed)/(del + gama * (1 + 0.34 * U2))
'腾发量
ETP = ETrad + ETaero

'数据输出
Worksheets("结果").Cells(row - 3,1) = Worksheets("输入"),Cclls(row,1)
Worksheets("结果").Cells(row - 3,2)  =  ETP

Next  row

Worksheets("结果"). Select

Range("A1"). Select

End Sub
```

(二)程序计算过程演示

输入数据如下表。

输入说明:	气象资料请按行连续输入,有空行视为输入结束				
所在地的纬度:	40.65°				
所在地的高程:	1 045.8 m				
以下请按行连续输入所有的气象资料					
日期 (年-月-日)	平均气温 (℃)	水汽压 (kPa)	2 m 处风速 (m/s)	日照时数 (h)	累计天数 (d)
2000-01-01	-4.5	2.8	0.255	7.4	1
2000-01-02	-5.5	2.8	0	7.3	2
2000-01-03	-4.2	2.9	0.525	7.9	3
2000-01-04	-4.1	2.7	0.525	7.9	4
2000-01-05	-5.5	2.4	0.975	7.3	5
2000-01-06	-5.9	2.1	0.225	7.2	6
2000-01-07	-5.8	2.3	0.525	7.4	7
2000-01-08	-6.4	2.3	0.525	7	8
2000-01-09	-3.4	2.5	0	0.5	9
2000-01-10	-3.4	2.7	0.525	5.3	10
2000-01-11	-4.3	3.4	0	3.6	11
2000-01-12	-6.7	2.8	0.225	8.1	12
2000-01-13	-6.1	2.9	0.225	3.9	13

续表

日期（年-月-日）	平均气温（℃）	水汽压（kPa）	2 m处风速（m/s）	日照时数（h）	累计天数（d）
2000-01-14	−6.4	2.9	0.975	2.2	14
2000-01-15	−5.8	3.2	0.225	3.6	15
2000-01-16	−4.9	3.3	0.225	5.4	16
2000-01-17	−6.9	2.7	0.525	7	17
2000-01-18	−7.4	2.5	0.525	5.9	18
2000-01-19	−6.6	2.6	0.225	3.1	19
2000-01-20	−6	2.9	0	8	20
2000-01-21	−7.7	2.6	0	8.3	21
2000-01-22	−6.9	2.6	0.225	7.9	22
2000-01-23	−6.2	2.7	0.225	8.3	23
2000-01-24	−7	2.6	0.525	8.3	24
2000-01-25	−6.8	2.5	0.525	7.2	25
2000-01-26	−6.4	2.7	0.525	4.3	26
2000-01-27	−5.3	2.7	0.525	5.1	27
2000-01-28	−5.4	2.5	0.525	7.6	28
2000-01-29	−6.6	2.2	0.525	7.9	29
2000-01-30	−6.3	2.2	0.75	7.8	30
2000-01-31	−5.7	2.3	0	5.4	31
2000-02-01	−4.2	2.6	0.75	6.2	32
2000-02-02	−2.5	2.6	0	6.7	33
2000-02-03	−4.9	2.4	0.225	7.9	34
2000-02-04	−3.9	2.8	0	4	35
2000-02-05	−4.5	2.5	0.225	8.5	36
2000-02-06	−3.8	2.7	0.225	8.3	37
2000-02-07	−3.7	2.7	0.225	8.5	38
2000-02-08	−3.8	2.9	0.225	6	39
2000-02-09	−2.8	2.9	0.525	8.5	40
2000-02-10	−2.5	2.8	0.525	4.1	41
2000-02-11	−0.9	2.6	0.975	7.1	42
2000-02-12	−2.6	2.8	0.225	8.7	43
2000-02-13	−2.5	2.8	0.225	8.7	44
2000-02-14	−1.7	2.4	0.225	8.8	45
2000-02-15	−1.9	2.5	0	7.4	46

续表

日期（年-月-日）	平均气温（℃）	水汽压（kPa）	2 m 处风速（m/s）	日照时数（h）	累计天数（d）
2000-02-16	-0.1	2.7	0.75	6.2	47
2000-02-17	-1.1	2.7	0.525	8.5	48
2000-02-18	-1	3	0.225	8.2	49
2000-02-19	0	3	0	8.3	50
2000-02-20	-0.8	3	0.525	9	51
2000-02-21	-0.1	2.6	1.275	4.1	52
2000-02-22	-2.4	2.2	1.5	8.3	53
2000-02-23	-4.9	2.2	0.75	8.2	54
2000-02-24	-4.3	2.1	0.975	7.2	55
2000-02-25	-3.6	2.2	0.225	8.1	56
2000-02-26	-3.6	2.1	0.75	8.3	57
2000-02-27	-3.2	2	0.75	7.8	58
2000-02-28	-0.8	2.2	0	6.1	59
2000-02-29	-0.2	2.2	0.75	7.1	60
2000-03-01	2.4	2.8	0.75	8.1	61
2000-03-02	0.6	2.3	0.225	9.3	62
2000-03-03	0.1	2.4	0.525	7.9	63
2000-03-04	1.8	2.7	0.75	7.6	64
2000-03-05	1.9	3.5	0.525	2	65
2000-03-06	1.2	2.8	0	8.8	66
2000-03-07	1.2	3.2	0	1.7	67
2000-03-08	2.2	3.2	0.225	9.2	68
2000-03-09	3.9	3.6	0.525	9.3	69
2000-03-10	0.1	3.4	0.975	9.6	70
2000-03-11	4.9	3.6	0.75	8.2	71
2000-03-12	6.7	4	1.275	5.7	72
2000-03-13	9.2	4.2	0.225	10.4	73
2000-03-14	7.6	4.3	0.525	10.1	74
2000-03-15	7	4.4	0.975	9.3	75
2000-03-16	7.3	4.6	0.975	8.4	76
2000-03-17	8.9	4.6	1.275	8.8	77
2000-03-18	8.9	3.3	1.275	8.2	78

续表

日期 （年-月-日）	平均气温 （℃）	水汽压 （kPa）	2 m 处风速 （m/s）	日照时数 （h）	累计天数 （d）
2000-03-19	7	3.9	0.525	6.7	79
2000-03-20	5.9	2.8	1.275	10.2	80
2000-03-21	6.5	3	1.725	8.4	81
2000-03-22	4.9	3.5	0.75	8.8	82
2000-03-23	5.1	2.8	0.75	9	83
2000-03-24	7.2	2.8	1.5	9	84
2000-03-25	8	3.3	0.975	10	85
2000-03-26	9.5	4	0.525	10.1	86
2000-03-27	11.5	5.4	0.225	10.5	87
2000-03-28	12	4.6	0.525	8.3	88
2000-03-29	12.5	5.5	0.975	7.6	89
2000-03-30	14.5	6.6	0.75	7.6	90
2000-03-31	14.6	7.7	0.75	7.7	91
2000-04-01	14.2	6.9	0.75	0	92
2000-04-02	13.7	7.6	2.25	10.5	93
2000-04-03	12.1	7.4	0.75	11.3	94
2000-04-04	14.6	6.5	2.25	10.7	95
2000-04-05	14.3	6.2	0.75	5.2	96
2000-04-06	14.5	6.1	1.275	10.8	97
2000-04-07	13	5.7	1.275	11.5	98
2000-04-08	14.6	4.7	1.5	11.5	99
2000-04-09	14.1	4.4	2.25	10.4	100
2000-04-10	15.5	5.4	0.75	9.7	101
2000-04-11	18	5.8	0.975	11.1	102
2000-04-12	22.1	5.9	1.275	8.8	103
2000-04-13	17.3	4.3	1.5	7.6	104
2000-04-14	15.1	5	1.275	6.4	105
2000-04-15	15.4	7.1	0.225	0	106
2000-04-16	16.8	6.4	0.525	10.6	107
2000-04-17	16.2	5.8	1.275	10.9	108
2000-04-18	17.6	4.2	1.5	7.6	109
2000-04-19	15.9	6.2	0.225	2.9	110

续表

日期 （年-月-日）	平均气温 （℃）	水汽压 （kPa）	2 m 处风速 （m/s）	日照时数 （h）	累计天数 （d）
2000-04-20	15.7	5.6	0.975	8.2	111
2000-04-21	18.3	6.4	1.275	7	112
2000-04-22	17.2	7.1	0.225	11.8	113
2000-04-23	17.8	6.2	1.275	8.1	114
2000-04-24	16.8	5.8	2.475	5.8	115
2000-04-25	16.9	8.5	0	4	116
2000-04-26	16.6	8	0.525	11.8	117
2000-04-27	16.1	8.7	0.225	9.5	118
2000-04-28	17.6	6.2	2.025	9.8	119
2000-04-29	18.2	6.2	0.75	0	120
2000-04-30	18.5	6.9	0.975	9.8	121
2000-05-01	18.1	7	0.525	11.5	122
2000-05-02	19.2	8.3	0.525	12.1	123
2000-05-03	22.5	8.1	0.975	6.6	124
2000-05-04	19.5	7.9	2.025	5.3	125
2000-05-05	19.9	8.6	0.225	13.3	126
2000-05-06	20.5	8.7	1.725	12.7	127
2000-05-07	21.5	8.3	0.525	11.2	128
2000-05-08	22.2	9.3	1.275	6.7	129
2000-05-09	21.9	10.8	0	7.7	130
2000-05-10	22.1	12.9	0.225	11.2	131
2000-05-11	23.9	12.7	1.275	10.8	132
2000-05-12	24.9	13.7	1.275	8	133
2000-05-13	22.3	12.3	0.75	5	134
2000-05-14	20.6	12.5	1.5	11	135
2000-05-15	19.8	14.1	0.225	11.7	136
2000-05-16	18.2	12.8	0.75	9.7	137
2000-05-17	21.7	12.7	1.275	11.8	138
2000-05-18	23.2	12.4	0	11.8	139
2000-05-19	23.2	12.5	0	12.4	140
2000-05-20	23.4	12.9	0.75	7.7	141
2000-05-21	24.7	12.7	0.525	12.2	142

续表

日期 (年-月-日)	平均气温 (℃)	水汽压 (kPa)	2 m处风速 (m/s)	日照时数 (h)	累计天数 (d)
2000-05-22	26.3	11.5	1.5	10.2	143
2000-05-23	23.5	11.8	1.5	3.4	144
2000-05-24	18.9	12.7	1.275	10.3	145
2000-05-25	18.8	13	0.75	6.4	146
2000-05-26	19.7	12.8	0.525	12.3	147
2000-05-27	20.7	12.1	0	13.6	148
2000-05-28	21.7	10.9	0.975	12	149
2000-05-29	19.8	15.2	0.225	6.6	150
2000-05-30	21.2	12.2	1.725	9.4	151
2000-05-31	18.7	12.8	0.225	9.4	152
2000-06-01	19.8	11.7	0.75	7.3	153
2000-06-02	23.7	11.2	1.275	9.9	154
2000-06-03	19.1	11.4	2.25	0.5	155
2000-06-04	18.3	12.7	1.275	5.6	156
2000-06-05	20.5	10.8	1.275	12.5	157
2000-06-06	20.4	11.8	0.525	12.2	158
2000-06-07	21.9	13.1	0.225	12.3	159
2000-06-08	23.3	12.6	0.525	12	160
2000-06-09	24.8	12.8	1.275	12.2	161
2000-06-10	24.4	12.6	1.5	10.5	162
2000-06-11	21.4	11.6	2.775	5.4	163
2000-06-12	18.4	11	0.975	13.8	164
2000-06-13	21.2	10.1	0.75	12.8	165
2000-06-14	23	14.1	0	12.7	166
2000-06-15	24.4	13.6	1.5	10.6	167
2000-06-16	25.4	13.4	0.525	10.7	168
2000-06-17	26.3	13.6	1.275	11.3	169
2000-06-18	25.4	15.3	0.975	9	170
2000-06-19	25.7	17.1	0.75	10.9	171
2000-06-20	26.5	16.9	1.275	10.7	172
2000-06-21	23.3	16.2	2.025	0	173
2000-06-22	19.7	16.5	0.225	0.8	174

续表

日期 （年-月-日）	平均气温 （℃）	水汽压 （kPa）	2 m 处风速 （m/s）	日照时数 （h）	累计天数 （d）
2000-06-23	21.8	15.9	0.975	14	175
2000-06-24	21.7	16.7	0.975	12.3	176
2000-06-25	23.3	17.4	0.975	11.7	177
2000-06-26	23.9	18.3	0.975	13.2	178
2000-06-27	24.9	18.2	0.225	10.6	179
2000-06-28	25.9	18.2	0.75	11.8	180
2000-06-29	23.6	16.9	1.725	4.3	181
2000-06-30	23.2	17.2	0.75	13.9	182
2000-07-01	24	17.6	0.225	7.3	183
2000-07-02	22.5	16.8	0.75	9.9	184
2000-07-03	22.6	15.9	0	0.5	185
2000-07-04	23.7	14.2	0.75	5.6	186
2000-07-05	23.3	15.2	0.75	12.5	187
2000-07-06	24.4	16.8	0.975	12.2	188
2000-07-07	25.8	17.4	0.75	12.3	189
2000-07-08	26.9	19.1	0.525	12	190
2000-07-09	27.4	17.6	1.725	12.2	191
2000-07-10	28.2	16.7	0.975	10.5	192
2000-07-11	28.7	18.9	0.75	5.4	193
2000-07-12	29.4	18.4	0.975	13.8	194
2000-07-13	30.1	15.3	2.25	12.8	195
2000-07-14	26.9	18.5	1.5	12.7	196
2000-07-15	26	16.7	1.275	10.6	197
2000-07-16	24.1	18.6	0.975	10.7	198
2000-07-17	22.9	17.3	1.725	11.3	199
2000-07-18	23.7	18.1	0.525	9	200
2000-07-19	21.4	16.1	3.225	10.9	201
2000-07-20	21.8	17.2	1.5	10.7	202
2000-07-21	22.8	19	0.975	0	203
2000-07-22	24.7	20.6	0	0.8	204
2000-07-23	23.9	21.5	0.225	14	205
2000-07-24	22.5	20.4	0.975	12.3	206

续表

日期（年-月-日）	平均气温（℃）	水汽压（kPa）	2 m 处风速（m/s）	日照时数（h）	累计天数（d）
2000-07-25	23.7	19.8	0.75	11.7	207
2000-07-26	25.3	19.1	0.75	13.2	208
2000-07-27	22.6	18.9	1.5	10.6	209
2000-07-28	21.6	19.8	2.25	11.8	210
2000-07-29	24.8	19.6	1.275	4.3	211
2000-07-30	25.7	20	1.275	13.9	212
2000-07-31	25.9	15.8	0.75	0	213
2000-08-01	31.5	36	2.475	8.6	214
2000-08-02	30.6	33	0.525	8.9	215
2000-08-03	26.4	49	0.525	3.4	216
2000-08-04	29.4	37	1.275	12.7	217
2000-08-05	31.8	32	0.975	12.3	218
2000-08-06	33.9	29	0.975	12.4	219
2000-08-07	35.4	28	0.525	12.4	220
2000-08-08	35.5	24	0.225	12.2	221
2000-08-09	34.5	26	1.275	10.7	222
2000-08-10	31.5	33	3.75	0.4	223
2000-08-11	31	23	0.525	12.5	224
2000-08-12	31.2	33	0.525	11.2	225
2000-08-13	32	30	0.75	8.7	226
2000-08-14	30.3	39	0.525	4.1	227
2000-08-15	31	32	0.75	11.8	228
2000-08-16	31.5	28	0.525	10.9	229
2000-08-17	29.3	40	1.275	3.7	230
2000-08-18	23.1	49	0.525	0	231
2000-08-19	28	43	0.75	12.5	232
2000-08-20	30.7	29	1.725	11.1	233
2000-08-21	21.5	33	0.75	3.8	234
2000-08-22	21.8	33	0.225	11.6	235
2000-08-23	22.9	33	0.225	11	236
2000-08-24	22	29	0.75	12	237
2000-08-25	22.1	26	1.5	11.9	238

续表

日期（年-月-日）	平均气温（℃）	水汽压（kPa）	2 m 处风速（m/s）	日照时数（h）	累计天数（d）
2000-08-26	21.2	38	0.525	4.9	239
2000-08-27	23.2	35	0.525	10.4	240
2000-08-28	24.8	34	0.225	10.4	241
2000-08-29	25.2	26	1.275	9.3	242
2000-08-30	25.2	29	0.75	11.2	243
2000-08-31	23.3	23	0.525	11.5	244
2000-09-01	22.6	15.9	0.225	10.4	245
2000-09-02	20.5	11.1	1.725	3.4	246
2000-09-03	19.2	12.5	0.525	3.5	247
2000-09-04	19.1	12.8	0.525	6.1	248
2000-09-05	30.3	14.1	0.525	9	249
2000-09-06	18.5	14.8	0.525	6.1	250
2000-09-07	20.3	15.7	0.525	8.4	251
2000-09-08	19.6	11.9	1.725	9.2	252
2000-09-09	20.1	10.5	2.775	0	253
2000-09-10	18.3	12.4	0.525	2.7	254
2000-09-11	18.6	12.9	0.525	8.4	255
2000-09-12	17.1	13.3	0.225	10.8	256
2000-09-13	18.6	14.4	0.525	10.9	257
2000-09-14	19.1	13.9	0	10.8	258
2000-09-15	19.4	14.1	0	10.4	259
2000-09-16	21.1	13.7	0.975	10.5	260
2000-09-17	20.4	13.3	0.75	10.6	261
2000-09-18	19.8	13.5	0.75	10.7	262
2000-09-19	19.8	14.3	0.75	10.7	263
2000-09-20	19.9	15.1	0.225	8.9	264
2000-09-21	20	12.6	0.975	0.5	265
2000-09-22	16.3	13.4	1.5	2	266
2000-09-23	14.8	13.2	0.225	1.5	267
2000-09-24	14.5	12.4	0.525	10.8	268
2000-09-25	16.4	12.9	0.525	10.3	269
2000-09-26	17	12.8	0.75	5.7	270

续表

日期 （年-月-日）	平均气温 （℃）	水汽压 （kPa）	2 m 处风速 （m/s）	日照时数 （h）	累计天数 （d）
2000-09-27	14.4	10.1	0.525	10	271
2000-09-28	13.6	10.5	0.525	10.3	272
2000-09-29	15.2	11.6	0.525	9.8	273
2000-09-30	15.8	10.2	0.975	8.9	274
2000-10-01	16.3	11.3	0.75	8.7	275
2000-10-02	14.8	10.4	0.975	9.5	276
2000-10-03	14.8	11.6	0.225	9.2	277
2000-10-04	16.6	11.9	0.525	9.9	278
2000-10-05	14.8	11.4	0	9	279
2000-10-06	17.7	10.4	1.275	5.6	280
2000/10-07	13.9	9.8	0.525	0	281
2000-10-08	12.3	10.5	0.225	9.5	282
2000-10-09	10.4	8.8	0.975	7.7	283
2000-10-10	9.9	7	1.5	6.6	284
2000-10-11	8.4	6.7	0.525	4.8	285
2000-10-12	7.7	6.7	0.525	8.2	286
2000-10-13	8.8	7.4	0.225	8.5	287
2000-10-14	9.2	7.9	0.225	9.4	288
2000-10-15	9.7	7.9	0.225	8.9	289
2000-10-16	9.3	8	0.225	7.7	290
2000-10-17	10.4	5.8	0.225	8	291
2000-10-18	10.3	4.9	0.975	8.3	292
2000-10-19	6	5.8	0.525	4	293
2000-10-20	5.7	6	0.525	7.7	294
2000-10-21	6	6.2	0.225	7.7	295
2000-10-22	7	6.3	0.975	8.2	296
2000-10-23	5.3	5	1.5	9.2	297
2000-10-24	3.7	5.4	0.525	7.6	298
2000-10-25	4.3	5.8	0.525	7.4	299
2000-10-26	5.6	5.2	0.975	8.5	300
2000-10-27	4.8	5	0.975	8.6	301
2000-10-28	4.7	5.4	0.75	8	302

续表

日期（年-月-日）	平均气温（℃）	水汽压（kPa）	2 m 处风速（m/s）	日照时数（h）	累计天数（d）
2000-10-29	4.7	5.5	0.225	8.3	303
2000-10-30	5.3	5.4	0.225	7.7	304
2000-10-31	6.4	5.7	0.225	8.6	305
2000-11-01	5.4	5.6	0.225	6.8	306
2000-11-02	7.1	5.7	0.225	8.3	307
2000-11-03	6.6	4.9	1.5	7.3	308
2000-11-04	3.8	5.2	0	8	309
2000-11-05	4.7	5.3	0	8.4	310
2000-11-06	4.8	4.3	2.025	6.1	311
2000-11-07	0.7	3.9	0.525	5.3	312
2000-11-08	0.9	3.9	0	3.7	313
2000-11-09	3.3	4.1	0.975	1.1	314
2000-11-10	1.1	4.2	0.225	7.1	315
2000-11-11	-0.4	4	0.525	3.1	316
2000-11-12	0.6	4.1	0.225	6.4	317
2000-11-13	1.3	5.1	0.975	0	318
2000-11-14	0.9	5.2	0.525	4.8	319
2000-11-15	-0.5	4.6	0.225	6.9	320
2000-11-16	0.6	4.9	0.525	5.9	321
2000-11-17	-0.2	4.3	0.75	1.6	322
2000-11-18	-0.8	4.6	0.75	7.4	323
2000-11-19	-1.1	4.2	0.75	8	324
2000-11-20	-1	4.3	0.75	7.7	325
2000-11-21	-1.5	4.1	0.75	8.2	326
2000-11-22	-1.5	4	0.525	8.6	327
2000-11-23	-0.7	4.3	0.75	8	328
2000-11-24	0.4	4.3	0.525	7.8	329
2000-11-25	-1.4	4.1	0.975	8.5	330
2000-11-26	-2.4	4	0.525	7	331
2000-11-27	-2.5	3.9	0.225	8.2	332
2000-11-28	-2.6	3.9	0.225	8.2	333
2000-11-29	-3	4.2	0	0	334

续表

日期（年-月-日）	平均气温（℃）	水汽压（kPa）	2 m 处风速（m/s）	日照时数（h）	累计天数（d）
2000-11-30	-0.9	3.8	1.5	3.2	335
2000-12-01	-2.8	3.7	0.75	8	336
2000-12-02	-4.7	3.9	0.975	4.3	337
2000-12-03	-4.5	3.7	0.225	6.7	338
2000-12-04	-4.8	3.7	0.525	6	339
2000-12-05	-4	3.7	0	7	340
2000-12-06	-4.2	3.4	1.275	7.3	341
2000-12-07	-4.9	3.2	0.525	7.3	342
2000-12-08	-5	3.2	0.225	4.5	343
2000-12-09	-5.1	3.2	0.975	5.1	344
2000-12-10	-5.5	3.2	1.5	5.8	345
2000-12-11	-6.5	3.1	0.525	6.9	346
2000-12-12	-6.4	2.9	0.525	6.9	347
2000-12-13	-6.3	3	0.225	6.9	348
2000-12-14	-6	3.1	0.225	4.2	349
2000-12-15	-5.3	3.2	0.225	5.2	350
2000-12-16	-5.2	3	0.225	7.3	351
2000-12-17	-4.6	3.2	0.225	1	352
2000-12-18	-3	4	0.975	0	353
2000-12-19	-4.2	4.4	0.525	2	354
2000-12-20	-2.4	4.7	0.525	0.4	355
2000-12-21	-5.6	3.8	0.225	0	356
2000-12-22	-4.1	4	0.975	0	357
2000-12-23	-3.5	3.8	1.5	0	358
2000-12-24	-4.5	3.7	0.525	0	359
2000-12-25	-4.6	3.6	0.525	0	360
2000-12-26	-4.7	3.5	0.975	0	361
2000-12-27	-5.2	3.4	0.75	0	362
2000-12-28	-5.6	3.3	0.75	0	363
2000-12-29	-5.5	3.2	0.225	0	364
2000-12-30	-6.2	3	0.225	0	365
2000-12-31	-6.2	3	0.225	0	366

输出计算结果如下表。

日期（年-月-日）	参照作物腾发量	日期（年-月-日）	参照作物腾发量	日期（年-月-日）	参照作物腾发量
2000-01-01	0.12	2000-02-01	0.40	2000-03-01	0.89
2000-01-02	0.05	2000-02-02	0.18	2000-03-02	0.59
2000-01-03	0.20	2000-02-03	0.26	2000-03-03	0.72
2000-01-04	0.24	2000-02-04	0.19	2000-03-04	0.89
2000-01-05	0.35	2000-02-05	0.28	2000-03-05	0.62
2000-01-06	0.15	2000-02-06	0.29	2000-03-06	0.49
2000-01-07	0.24	2000-02-07	0.30	2000-03-07	0.36
2000-01-08	0.23	2000-02-08	0.29	2000-03-08	0.67
2000-01-09	0.13	2000-02-09	0.42	2000-03-09	0.88
2000-01-10	0.29	2000-02-10	0.42	2000-03-10	0.88
2000-01-11	0.12	2000-02-11	0.70	2000-03-11	1.05
2000-01-12	0.14	2000-02-12	0.35	2000-03-12	1.37
2000-01-13	0.16	2000-02-13	0.36	2000-03-13	0.92
2000-01-14	0.27	2000-02-14	0.39	2000-03-14	1.11
2000-01-15	0.16	2000-02-15	0.27	2000-03-15	1.32
2000-01-16	0.16	2000-02-16	0.66	2000-03-16	1.31
2000-01-17	0.20	2000-02-17	0.55	2000-03-17	1.63
2000-01-18	0.21	2000-02-18	0.42	2000-03-18	1.79
2000-01-19	0.18	2000-02-19	0.34	2000-03-19	1.05
2000-01-20	0.12	2000-02-20	0.57	2000-03-20	1.67
2000-01-21	0.12	2000-02-21	0.90	2000-03-21	1.91
2000-01-22	0.17	2000-02-22	0.93	2000-03-22	1.18
2000-01-23	0.17	2000-02-23	0.56	2000-03-23	1.27
2000-01-24	0.22	2000-02-24	0.66	2000-03-24	1.92
2000-01-25	0.24	2000-02-25	0.42	2000-03-25	1.61
2000-01-26	0.25	2000-02-26	0.64	2000-03-26	1.33
2000-01-27	0.21	2000-02-27	0.67	2000-03-27	1.16
2000-01-28	0.30	2000-02-28	0.34	2000-03-28	1.38
2000-01-29	0.29	2000-02-29	0.80	2000-03-29	1.72
2000-01-30	0.36			2000-03-30	1.61
2000-01-31	0.16			2000-03-31	1.57

续表

日期 （年-月-日）	参照作物腾发量	日期 （年-月-日）	参照作物腾发量	日期 （年-月-日）	参照作物腾发量
2000-04-01	1.22	2000-05-01	2.14	2000-06-01	2.11
2000-04-02	2.54	2000-05-02	2.22	2000-06-02	3.19
2000-04-03	1.64	2000-05-03	2.54	2000-06-03	2.53
2000-04-04	2.91	2000-05-04	3.22	2000-06-04	2.08
2000-04-05	1.57	2000-05-05	2.07	2000-06-05	3.07
2000-04-06	2.32	2000-05-06	3.53	2000-06-06	2.39
2000-04-07	2.25	2000-05-07	2.33	2000-06-07	2.21
2000-04-08	2.71	2000-05-08	2.82	2000-06-08	2.54
2000-04-09	3.24	2000-05-09	1.44	2000-06-09	3.43
2000-04-10	1.97	2000-05-10	2.02	2000-06-10	3.47
2000-04-11	2.44	2000-05-11	3.11	2000-06-11	3.67
2000-04-12	3.01	2000-05-12	2.92	2000-06-12	2.74
2000-04-13	2.91	2000-05-13	2.03	2000-06-13	2.77
2000-04-14	2.34	2000-05-14	2.93	2000-06-14	2.09
2000-04-15	0.85	2000-05-15	2.02	2000-06-15	3.38
2000-04-16	1.89	2000-05-16	2.08	2000-06-16	2.55
2000-04-17	2.63	2000-05-17	2.96	2000-06-17	3.49
2000-04-18	2.98	2000-05-18	1.92	2000-06-18	2.79
2000-04-19	1.08	2000-05-19	1.99	2000-06-19	2.73
2000-04-20	2.19	2000-05-20	2.34	2000-06-20	3.26
2000-04-21	2.58	2000-05-21	2.61	2000-06-21	2.45
2000-04-22	1.73	2000-05-22	3.73	2000-06-22	1.09
2000-04-23	2.64	2000-05-23	2.80	2000-06-23	2.85
2000-04-24	3.47	2000-05-24	2.53	2000-06-24	2.62
2000-04-25	0.97	2000-05-25	1.88	2000-06-25	2.71
2000-04-26	2.01	2000-05-26	2.31	2000-06-26	2.87
2000-04-27	1.57	2000-05-27	2.07	2000-06-27	2.20
2000-04-28	3.42	2000-05-28	2.89	2000-06-28	2.80
2000-04-29	1.62	2000-05-29	1.58	2000-06-29	2.60
2000-04-30	2.51	2000-05-30	3.11	2000-06-30	2.80
		2000-05-31	1.83		

续表

日期（年-月-日）	参照作物腾发量	日期（年-月-日）	参照作物腾发量	日期（年-月-日）	参照作物腾发量
2000-07-01	1.83	2000-08-01	2.88	2000-09-01	1.78
2000-07-02	2.37	2000-08-02	2.24	2000-09-02	2.51
2000-07-03	0.95	2000-08-03	0.85	2000-09-03	1.33
2000-07-04	2.17	2000-08-04	2.66	2000-09-04	1.45
2000-07-05	2.73	2000-08-05	3.10	2000-09-05	2.14
2000-07-06	2.89	2000-08-06	3.43	2000-09-06	1.34
2000-07-07	2.83	2000-08-07	3.06	2000-09-07	1.57
2000-07-08	2.66	2000-08-08	2.65	2000-09-08	2.54
2000-07-09	3.85	2000-08-09	3.67	2000-09-09	3.00
2000-07-10	3.13	2000-08-10	3.00	2000-09-10	1.15
2000-07-11	2.33	2000-08-11	2.83	2000-09-11	1.49
2000-07-12	3.51	2000-08-12	2.53	2000-09-12	1.40
2000-07-13	5.10	2000-08-13	2.52	2000-09-13	1.58
2000-07-14	3.57	2000-08-14	1.50	2000-09-14	1.30
2000-07-15	3.19	2000-08-15	2.73	2000-09-15	1.27
2000-07-16	2.63	2000-08-16	2.59	2000-09-16	2.03
2000-07-17	3.01	2000-08-17	1.33	2000-09-17	1.83
2000-07-18	2.15	2000-08-18	0.09	2000-09-18	1.77
2000-07-19	3.44	2000-08-19	2.11	2000-09-19	1.72
2000-07-20	2.65	2000-08-20	3.31	2000-09-20	1.27
2000-07-21	1.42	2000-08-21	0.81	2000-09-21	1.38
2000-07-22	0.94	2000-08-22	1.93	2000-09-22	1.25
2000-07-23	2.43	2000-08-23	1.89	2000-09-23	0.69
2000-07-24	2.45	2000-08-24	1.76	2000-09-24	1.26
2000-07-25	2.46	2000-08-25	1.80	2000-09-25	1.31
2000-07-26	2.77	2000-08-26	0.73	2000-09-26	1.20
2000-07-27	2.60	2000-08-27	1.57	2000-09-27	1.26
2000-07-28	2.61	2000-08-28	1.85	2000-09-28	1.20
2000-07-29	2.16	2000-08-29	2.09	2000-09-29	1.20
2000-07-30	3.14	2000-08-30	1.99	2000-09-30	1.50
2000-07-31	1.67	2000-08-31	1.99		

续表

日期（年-月-日）	参照作物腾发量	日期（年-月-日）	参照作物腾发量	日期（年-月-日）	参照作物腾发量
2000-10-01	1.32	2000-11-01	0.42	2000-12-01	0.25
2000-10-02	1.41	2000-11-02	0.46	2000-12-02	0.17
2000-10-03	0.98	2000-11-03	1.12	2000-12-03	0.13
2000-10-04	1.21	2000-11-04	0.30	2000-12-04	0.15
2000-10-05	0.84	2000-11-05	0.29	2000-12-05	0.09
2000-10-06	1.67	2000-11-06	1.23	2000-12-06	0.29
2000-10-07	0.74	2000-11-07	0.43	2000-12-07	0.18
2000-10-08	0.87	2000-11-08	0.22	2000-12-08	0.14
2000-10-09	1.02	2000-11-09	0.68	2000-12-09	0.25
2000-10-10	1.33	2000-11-10	0.30	2000-12-10	0.28
2000-10-11	0.76	2000-11-11	0.36	2000-12-11	0.14
2000-10-12	0.79	2000-11-12	0.28	2000-12-12	0.16
2000-10-13	0.68	2000-11-13	0.40	2000-12-13	0.11
2000-10-14	0.69	2000-11-14	0.30	2000-12-14	0.13
2000-10-15	0.68	2000-11-15	0.24	2000-12-15	0.12
2000-10-16	0.64	2000-11-16	0.30	2000-12-16	0.11
2000-10-17	0.69	2000-11-17	0.37	2000-12-17	0.17
2000-10-18	1.28	2000-11-18	0.30	2000-12-18	0.26
2000-10-19	0.62	2000-11-19	0.32	2000-12-19	0.12
2000-10-20	0.65	2000-11-20	0.31	2000-12-20	0.16
2000-10-21	0.53	2000-11-21	0.30	2000-12-21	0.15
2000-10-22	0.85	2000-11-22	0.26	2000-12-22	0.20
2000-10-23	1.07	2000-11-23	0.31	2000-12-23	0.32
2000-10-24	0.56	2000-11-24	0.30	2000-12-24	0.19
2000-10-25	0.54	2000-11-25	0.33	2000-12-25	0.20
2000-10-26	0.83	2000-11-26	0.23	2000-12-26	0.25
2000-10-27	0.79	2000-11-27	0.17	2000-12-27	0.22
2000-10-28	0.65	2000-11-28	0.16	2000-12-28	0.22
2000-10-29	0.44	2000-11-29	0.15	2000-12-29	0.17
2000-10-30	0.44	2000-11-30	0.53	2000-12-30	0.17
2000-10-31	0.46			2000-12-31	0.17

运用计算结果程序自动绘图，如下图所示。

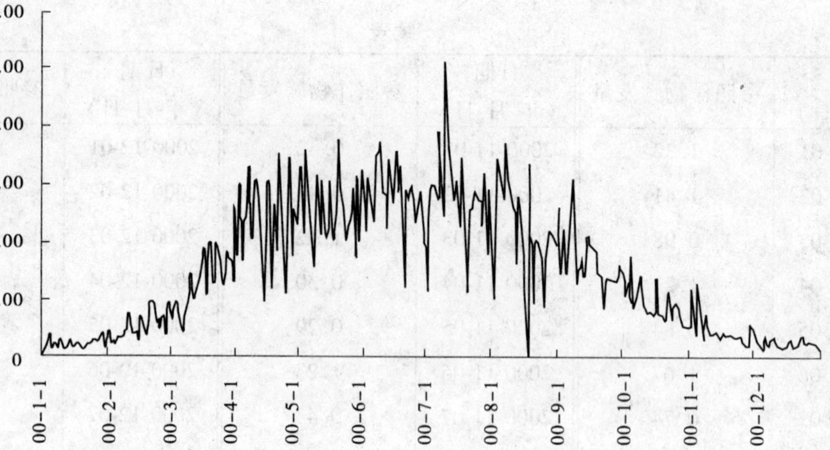

二、滴管管网流量与水力损失计算程序

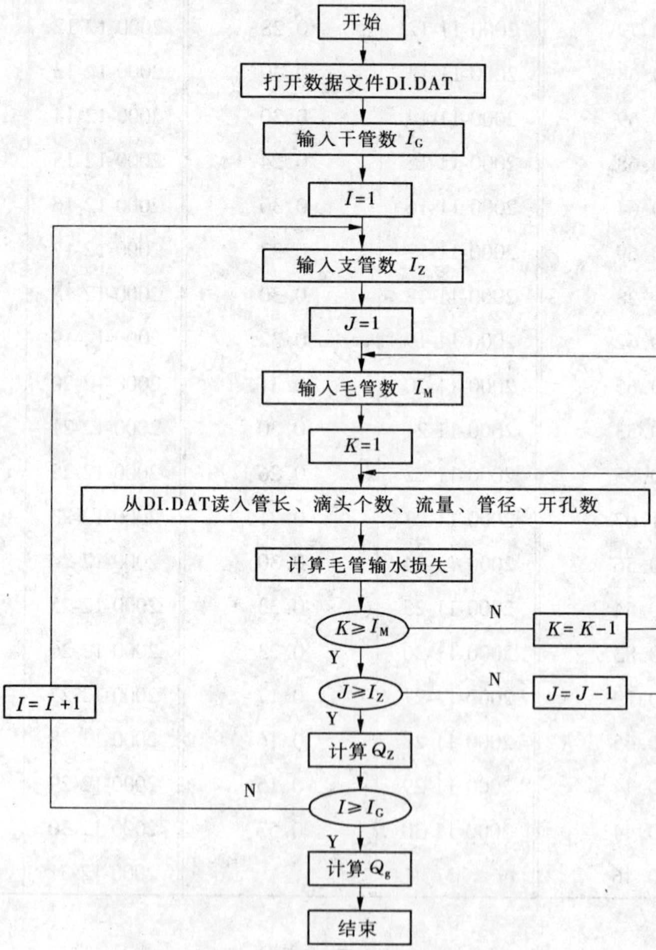

```
*      PROGRAM  LS.FOR(管道流量和损失计算程序)
     CHARACTER*5  FOUT
     X=0.5
     Sr=6.0
     WRITE(*,*)'请输入输出文件名,格式:A5'
     READ(*,5) FOUT
S    FORMAT(A5)
     OPEN(1,FILE='D1.DAT')
     OPEN(2,FILE='W1.LST',STATUS='NEW')
     WRITE(*,  *) 'INPUT:干管数'
     READ(*,*) IG
     DO 10  I=1,IG
       Qg=0.0
       WRITE(*,100) I
       READ(*,*) IZ
     DO 20  J=1,IZ+1
       IF (J. LE. IZ) THEN
          WRITE(2,600) I,J
          WRITE(2,*)'             G  Z  M  L  N  q       Q',
&                    '    D     N     HF'
          WRITE(2,*)
          WRITE(*,200)I,J
          READ(*,*) IM
       ELSE
           IM=0
       END IF
       Qz=0.0
     DO 30  K=1,IM+1
        READ(1,300)L,n1,q,D,N
        Qm=REAL(L)/Sr*REAL(N1)*Q
        IF (K.EQ.IM+1) THEN
            Qm=Qz
            Qg=Qg+Qz
            WRITE(2,*)
        END IF
        ZM=D**0.018*1.724
        A=1.006E-5*D**(-0.123  *  LOG10(D)-4.885)
&       F1=1.0/(ZM+1)+1.0/(2.0*REAL(N))+SQRT(ZM-1)/(6.0*REAL(N)**2)
```

```
    F = (REAL(N) * F1 + X - 1)/(REAL(N) + X - 1)
      IF(IM.EQ.0) THEN
      Qm = Qg
      F = 1.0
    ENDIF
    HF = (Qm) * * ZM * A * REAL(L)
          HF = HF * F
          WRITE(2,400)I,J,K,L,N1,Q,Qm,D,N,HF
          Qz =  Qz + Qm
30       CONTINUE
         WRITE(2, * )'               ------------------------',
   &                 '--------------------------'
20       CONTINUE
         Qgz = Qg + Qgz
10     CONTINUE
       WRITE(2, * )'                 * * * * * * * * * * * * * * * * * * * * * * *',
     &               '* * * * * * * * * * * * * * * * * * * * * *'
       WRITE(2, * )'总流量 = ',Qgz
100    FORMAT(1X,'请输入\[',I2,']干的支管数')
200    FORMAT(1X,'请输入\[',I2,']干\[',I2,']支的毛管数')
300    FORMAT(I4,I4,F5.1,F5.1,I4)
400    FORMAT(10X,3I3,I5,I3,F6.1,F10.3,F6.1,I5,F10. 4)
600    FORMAT(12x,'>-----------','\[',I2,']干\[',I2,']支', '---',
     &        '---------------<')
       END
```

* *

基本数据

数据依次为管长,滴喷头个数,滴喷头流量,管径,管开孔数。

格式:I4,I4,F5.1,I4。

示例:干管 1 条,支管 2 条,一支毛管 12 条;二支毛管 6 条。

数据顺序为:一支毛管,一支管,二支毛管,二支管,干管。

D1. DAT

```
45   6   5.9   1.20   8
45   6   5.9   1.20   8
45   6   8.7   1.20   8
50   6   8.7   1.50   9
50   6   8.7   1.50   9
```

55	1	87.0	1.50	10
55	1	87.0	1.50	10
60	1	87.0	1.50	10
60	1	87.0	1.50	10
60	1	87.0	1.50	10
60	1	87.0	1.50	10
60	1	87.0	1.50	10
75	0	0.0	5.00	12
60	6	9.7	1.50	12
50	6	9.7	1.50	9
35	6	9.7	1.20	6
45	6	9.7	1.20	8
60	6	9.7	1.50	12
55	6	9.7	1.50	10
100	0	0.0	3.20	6
20	0	0.0	6.50	4

* *

* 计算结果 *

>------------\[1]干[1]支-------------<

G	Z	M	L	N	q	Q	D	N	HF
1	1	1	45	6	5.9	265.500	1.2	8	1.1366
1	1	2	45	6	5.9	265.500	1.2	8	1.1366
1	1	3	45	6	8.7	391.500	1.2	8	2.2251
1	1	4	50	6	8.7	435.000	1.5	9	1.0217
1	1	5	50	6	8.7	435.000	1.5	9	1.0217
1	1	6	55	1	87.0	797.500	1.5	10	3.1984
1	1	7	55	1	87.0	797.500	1.5	10	3.1984
1	1	8	60	1	87.0	870.000	1.5	10	4.0583
1	1	9	60	1	87.0	870.000	1.5	10	4.0583
1	110	60	1	87.0	870.000	1.5	10	4.0583	
1	111	60	1	87.0	870.000	1.5	10	4.0583	
1	112	60	1	87.0	870.000	1.5	10	4.0583	
1	113	75	0	0.0	7737.500	5.0	12	0.7596	

>-----------\[1]干[2]支-------------<

G	Z	M	L	N	q	Q	D	N	HF
1	2	1	60	6	9.7	582.000	1.5	12	1.9990
1	2	2	50	6	9.7	485.000	1.5	9	1.2342

1	2	3	35	6	9.7	339.500	1.2	6	1.3898
1	2	4	45	6	9.7	436.500	1.2	8	2.6858
1	2	5	60	6	9.7	582.000	1.5	12	1.9990
1	2	6	55	6	9.7	533.500	1.5	10	1.5912
1	2	7	100	0	0.0	2958.500	3.2	6	1.6440
1	3	1	20	0	0.0	10696.0000	6.5	4	0.2727

* *

总流量 = 10696.0000000

三、明渠均匀流计算程序

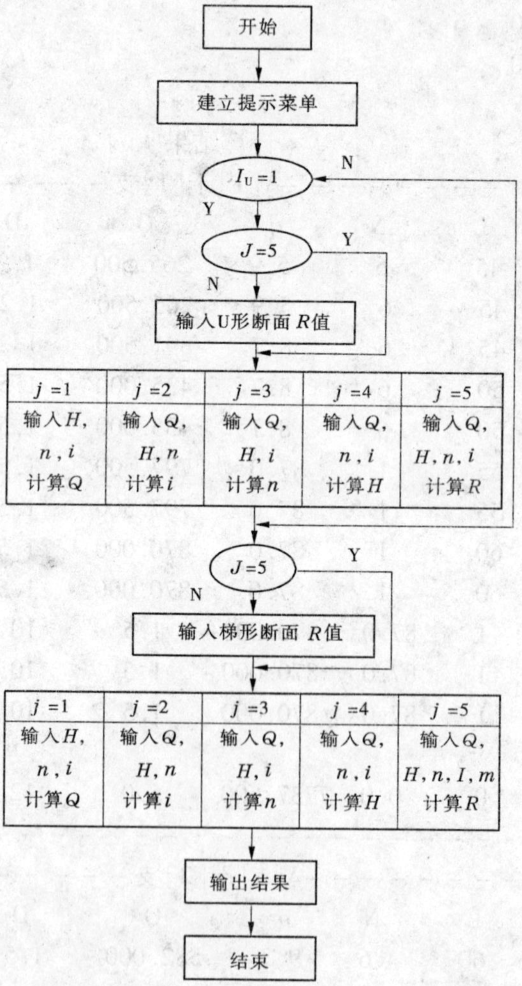

```
*
      REAL I,N,K,M
      WRITE( * , * )
999   WRITE( * , * )'                    *   *   *   *   *   *   *   *   *   '
      WRITE( * , * )'                    *  1 - - -  计算\[Q]  2 - - -  计算\[I]  * '
      WRITE( * , * )'                    *  3 - - -  计算\[n]  4 - - -  计算\[H]  * '
      WRITE( * , * )'                    *  5 - - -  计算\[B]  0 - - -  退出      * '
      WRITE( * , * )'                    *   *   *   *   *   *   *   *   *   *   * '
      WRITE( * . * )
      WRITE( * , * )'       请选择:(0 - -5)'
      READ( * , * ) J
      IF (J. EQ. 0) GOTO  10
      WRITE(  * , *  )'    请选择:\[0 - -梯形断面;1 - - -U 形断面\]'
      READ( * , * ) IU
      IF (IU. EQ. 1) THEN
        IF (J. NE. 5) THEN
          WRITE( * , * ) 'R ='
          READ( * , * ) R
        ENDIF
        IF (J. EQ. 1) THEN
          WRITE( * , * )'INPUT  : H,N,I'
          READ( * , * ) H, N,I
          CALL AXU(R,H,A,P,K)
          Q = K * SQRT(I * 1.0)/N
          Q = (INT(1000 * Q +0.5))/1000.0
          WRITE( * , * )'Q = ',Q
          GOTO 999
          ENDIF
          IF (J. EQ. 2) THEN
            WRITE(  * , *  )'INPUT  : Q,H,N'
            READ( * , * ) Q,H,N
            CALL AXU(R,H,A,P,K)
            I = (Q * N/K) * *2
            I = (INT(100000 * I +0.5)/100000.0
            WRITE( * , * )'     I = ',I
            GOTO 999
          ENDIF
          IF (J. EQ. 3) THEN
```

```
        WRITE( *, *) ' INPUT : Q,H,I'
        READ( *, * )Q,H,I
        CALL AXU(R,H,A,P,K)
        N = K * SQRT(I * 1.0)/Q
        N = (INT(100000 * N + 0.5))/100000. 0
        WRITE( *, * )' N = ',N
        GOTO 999
      ENDIF
      IF (J.EQ.4) THEN
        WRITE( *, * )' INPUT ; Q, N,I'
        READ( *, *) Q,N,I
        Y = Q * N/SQRT(I)
        H =5.0
100     CALL AXU(R,H,A,P,K)
        H1 = H * (Y/K) * *0.6
        IF (ABS(H - H1).LT.0.001) THEN
          H = (INT(1000 * H + 0.5))/1000.0
          WRITE( *, * )' H = ', H
          GOTO 999
        ELSE
          H = H1
          GOTO 100
        ENDIF
      ENDIF
      IF (J. EQ. 5) THEN
        WRITE( * , * )' INPUT ; Q, H,N,I'
        READ( *, *) Q,H,N,I
        Y = Q * N/SQRT(I)
        R =5.0
200     CALL AXU(R,H,A,P,K)
        R1 = R * Y/K
        IF (ABS(R - R1).LE.0.001)THEN
          R = (INT(1000 * R1 + 0.5))/1000.0
          WRITE( *, * )'R = ',R
          GOTO 999
        ELSE
          R = R1
          GOTO 200
```

```
      ENDIF
    ENDIF
  ENDIF
  IF (IU.EQ.0)THEN
      IF (J.NE.5)THEN
        WRITE(*,*)'B=',' M='
        READ(*,*) B,M
      ENDIF
      IF(J.EQ.1)THEN
      WRITE(*,*)'INPUT :H,N,I'
      RENAD(*,*)H,N,I
      CALL AXT(B,M,H,A,P,K)
      Q=K*SQRT(I*1.0)/N
      Q=(INT(1000*Q+0.5))/1000.0
      WRITE(*,*)'Q=',Q
      GOTO 999
  ENDIF
  IF (J.EQ.2) THEN
      WRITE(*,*)'INPUT : Q,H,N'
      READ(*,*)Q,H,N
      CALL AXT(B,M,H,A,P,K)
      I=(Q*N/K)**2
      I=(INT(100000*I+0.5))/100000.0
      WRITE(*,*)'   I=',I
      GOTO 999
  ENDIF
  IF (J.EQ.3) THEN
      WRITE(*,*) '  INPUT : Q,H,I'
      READ(*,*)Q,H,I
      CALL AXT(B,M,H,A,P,K)
      N=K*SQRT(I*1.0)/Q
      N=(INT(100000*N+0.5))/100000.0
      WRITE(*,* )'   N=',N
      GOTO 999
  ENDIF
  IF (J.EQ.4) THEN
      WRITE(*,*)' INPUT: Q,N,I'
      READ(*,*) Q,N,I
```

```
          Y = Q * N/SQRT(I)
          H =5.0
300       CALL AXT(B,M,H,A.P,K)
          HI = H * (Y/K) * *0.6
          IF(ABS(H - H1).LT.0.001)THEN
             H = (INT(1000 * H +0.5))/1000.0
             WRITE( * , * )'H = ',H
             GOTO 999
          ELSE
             H = H1
             GOTO 300
          ENDIF
       ENDIF
       IF (J.EQ.5) THEN
          WRITE( * , * )' INPUT: Q,H,N,I,M'
          READ( * , * ) Q,H,N,I,M
          Y = Q * N/SQRT(I)
          B =5.0
400       CALL AXT(B,M,H,A,P,K)
          B1 = B * Y/K
          IF (ABS(B - B1).LE.0.001) THEN
             B = (INT(1000 * B1 +0.5))/1000.0
             WRITE( * , * )'B = ',B
             GOTO 999
          ELSE
             B = B1
             GOTO 400
          ENDIF
       ENDIF
       ENDIF
       GOTO 999
10     END
* * * * * * * * * * * * * * * * * * * * * * * * *
       SUBROUTINE AXT(B,M,H,A,P,K)
       REAL M,K
       A = (B + M * H) * H
       P = B +2 * H * SQRT(1 + M * M)
       K = A * * (5.0/3.0)/(P * * (2.0/3.0))
```

```
      END
* * * * * * * * * * * * * * * * * * * * * * * * *
      SUBROUTINE AXU(R,H,A,P,K)
      REAL K
      IF (H.GT.R) THEN
        A=3.1416*R*R/2.0+2.0*(H-R)*R
      P=3.1416*R+2*(H-R)
          K=A**(5.0/3.0)/(P**(2.0/3.0))
        ELSE
         S1=(R-H)/R
         S2=3.1416/2-ATAN(SQRT(1-S1*S1)/S1)
         A=R*R*S2-R*(R-H)*SQRT(1-S1*S1)
         P=2.0*R*S2
         K=A**(5.0/3.0)/(P**(2.0/3.0))
       ENDIF
       END
* * * * * * * * * * * * * * * * * * * * * * * * *
```

ET_0 计算所需表格

附表 1　大气压强 P 值表

$$P = 101.3\left(\frac{293 - 006\,5Z}{293}\right)^{5.26}$$

Z (m)	P (kPa)	Z (m)	P (kPa)	Z (m)	P (kPa)	Z (m)	P (kPa)
0	101.3	1 000	90.0	2 000	79.8	3 000	70.5
50	100.7	1 050	89.5	2 050	79.3	3 050	70.1
100	100.1	1 100	89.0	2 100	78.8	3 100	69.6
150	99.5	1 150	88.4	2 150	78.3	3 150	69.2
200	99.0	1 200	87.9	2 200	77.9	3 200	68.8
250	98.4	1 250	87.4	2 250	77.4	3 250	68.3
300	97.8	1 300	86.8	2 300	76.9	3 300	67.9
350	97.2	1 350	86.3	2 350	76.4	3 350	67.5
400	96.7	1 400	85.8	2 400	76.0	3 400	67.1
450	96.1	1 450	85.3	2 450	75.5	3 450	66.6
500	95.5	1 500	84.8	2 500	75.0	3 500	66.2
550	95.0	1 550	84.3	2 550	74.6	3 550	65.8
600	94.4	1 600	83.8	2 600	74.1	3 600	65.4
650	93.8	1 650	83.3	2 650	73.7	3 650	65.0
700	93.3	1 700	82.8	2 700	73.2	3 700	64.6
750	92.7	1 750	82.8	2 750	72.7	3 750	64.1
800	92.2	1 800	81.8	2 800	72.3	3 800	63.3
850	91.6	1 850	81.3	2 850	71.8	3 850	63.7
900	91.1	1 900	80.8	2 900	71.4	3 900	62.9
950	90.6	1 950	80.3	2 950	71.0	3 950	62.5
1 000	90.0	2 000	79.8	3 000	70.5	4 000	62.1

附表2 湿度常数 γ 值表

$$\gamma=\frac{C_{p}P}{\varepsilon\lambda}=0.665\times10^{-3}P$$

Z (m)	γ (kPa/℃)	Z (m)	γ (kPa/℃)	Z (m)	γ (kPa/℃)	Z (m)	γ (kPa/℃)
0	0.067	1 000	0.060	2 000	0.053	3 000	0.047
100	0.067	1 100	0.059	2 100	0.052	3 100	0.046
200	0.066	1 200	0.058	2 200	0.052	3 200	0.046
300	0.065	1 300	0.058	2 300	0.051	3 300	0.045
400	0.064	1 400	0.057	2 400	0.051	3 400	0.045
500	0.064	1 500	0.056	2 500	0.050	3 500	0.044
600	0.063	1 600	0.056	2 600	0.049	3 600	0.043
700	0.062	1 700	0.055	2 700	0.049	3 700	0.043
800	0.061	1 800	0.054	2 800	0.048	3 800	0.042
900	0.061	1 900	0.054	2 900	0.047	3 900	0.042
1 000	0.060	2 000	0.053	3 000	0.047	4 000	0.041

注:$\lambda=2.45$ MJ/kg,温度 20 ℃。

附表3　饱和水汽压 e_s 值表

$$e^0(T)=0.6108\exp\left[\frac{17.27T}{T+237.3}\right]$$

T (℃)	e_s (kPa)	T (℃)	e_s (kPa)	T (℃)	e_s (kPa)	T (℃)	e_s (kPa)
1.0	0.657	13.0	1.498	25.0	3.168	37.0	6.275
1.5	0.681	13.5	1.547	25.5	3.263	37.5	6.448
2.0	0.706	14.0	1.599	26.0	3.361	38.0	6.625
2.5	0.731	14.5	1.651	26.5	3.462	38.5	6.806
3.0	0.758	15.0	1.705	27.0	3.565	39.0	6.991
3.5	0.785	15.5	1.761	27.5	3.671	39.5	7.181
4.0	0.813	16.0	1.818	28.0	3.780	40.0	7.376
4.5	0.842	16.5	1.877	28.5	3.891	40.5	7.574
5.0	0.872	17.0	1.938	29.0	4.006	41.0	7.778
5.5	0.903	17.5	2.000	29.5	4.123	41.5	7.986
6.0	0.935	18.0	2.064	30.0	4.243	42.0	8.199
6.5	0.968	18.5	2.130	30.5	4.366	42.5	8.417
7.0	1.002	19.0	2.197	31.0	4.493	43.0	8.640
7.5	1.037	19.5	2.267	31.5	4.622	43.5	8.867
8.0	1.073	20.0	2.338	32.0	4.755	44.0	9.101
8.5	1.110	20.5	2.412	32.5	4.891	44.5	9.339
9.0	1.148	21.0	2.487	33.0	5.030	45.0	9.582
9.5	1.187	21.5	2.564	33.5	5.173	45.5	9.832
10.0	1.228	22.0	2.644	34.0	5.319	46.0	10.086
10.5	1.270	22.5	2.726	34.5	5.469	46.5	10.347
11.0	1.313	23.0	2.809	35.0	5.623	47.0	10.61
11.5	1.357	23.5	2.896	35.5	5.780	47.5	10.885
12.0	1.403	24.0	2.984	36.0	5.941	48.0	11.163
12.5	1.449	24.5	3.075	36.5	6.106	48.5	11.447

附表4　饱和水汽压曲线坡度Δ值表

$$\Delta = 4\ 089\left[0.610\ 8\ \exp\left(\frac{17.27T}{T+237.3}\right)\right]\Big/(T+237.3)^2$$

T (℃)	Δ (kPa/℃)	T (℃)	Δ (kPa/℃)	T (℃)	Δ (kPa/℃)	T (℃)	Δ (kPa/℃)
1.0	0.047	13.0	0.098	25.0	0.089	37.0	0.342
1.5	0.049	13.5	0.101	25.5	0.194	37.5	0.350
2.0	0.050	14.0	0.104	26.0	0.199	38.0	0.358
2.5	0.052	14.5	0.107	26.5	0.204	38.5	0.367
3.0	0.054	15.0	0.110	27.0	0.209	39.0	0.375
3.5	0.055	15.5	0.113	27.5	0.215	39.5	0.385
4.0	0.057	16.0	0.116	28.0	0.220	40.0	0.393
4.5	0.059	16.5	0.119	28.5	0.226	40.5	0.402
5.0	0.061	17.0	0.123	29.0	0.231	41.0	0.412
5.5	0.063	17.5	0.126	29.5	0.237	41.5	0.421
6.0	0.065	18.0	0.130	30.0	0.243	42.0	0.431
6.5	0.067	18.5	0.133	30.5	0.249	42.5	0.441
7.0	0.069	19.0	0.137	31.0	0.256	43.0	0.451
7.5	0.071	19.5	0.141	31.5	0.262	43.5	0.461
8.0	0.073	20.0	0.145	32.0	0.269	44.0	0.471
8.5	0.075	20.5	0.149	32.5	0.275	44.5	0.482
9.0	0.078	21.0	0.153	33.0	0.282	45.0	0.493
9.5	0.080	21.5	0.157	33.5	0.289	45.5	0.504
10.0	0.082	22.0	0.161	34.0	0.296	46.0	0.515
10.5	0.085	22.5	0.165	34.5	0.303	46.5	0.526
11.0	0.087	23.0	0.170	35.0	0.311	47.0	0.538
11.5	0.090	23.5	0.174	35.5	0.318	47.5	0.55
12.0	0.092	24.0	0.179	36.0	0.326	48.0	0.562
12.5	0.095	24.5	0.184	36.5	0.334	48.5	0.574

附表5　1年当中的日期序数表

天数	1月	2月	3月	4月	5月	6月	7月	8月	9月	10月	11月	12月
1	1	32	60	91	121	152	182	213	244	274	305	335
2	2	33	61	92	122	153	183	214	245	275	306	336
3	3	34	62	93	123	154	184	215	246	276	307	337
4	4	35	63	94	124	155	185	216	247	277	308	338
5	5	36	64	95	125	156	186	217	248	278	309	339
6	6	37	65	96	126	157	187	218	249	279	310	340
7	7	38	66	97	127	158	188	219	250	280	311	341
8	8	39	67	98	128	159	189	220	251	281	312	342
9	9	40	68	99	129	160	190	221	252	282	313	343
10	10	41	69	100	130	161	191	222	253	283	314	344
11	11	42	70	101	131	162	192	223	254	284	315	345
12	12	43	71	102	132	163	193	224	255	285	316	346
13	13	44	72	103	133	164	194	225	256	286	317	347
14	14	45	73	104	134	165	195	226	257	287	318	348
15	15	46	74	105	135	166	196	227	258	288	319	349

续附表 5

天数	1月	2月	3月	4月	5月	6月	7月	8月	9月	10月	11月	12月
16	16	47	75	106	136	167	197	228	259	289	320	350
17	17	48	76	107	137	168	198	229	260	290	321	351
18	18	49	77	108	138	169	199	230	261	291	322	352
19	19	50	78	109	139	170	200	231	262	292	323	353
20	20	51	79	110	140	171	201	232	263	293	324	354
21	21	52	80	111	141	172	202	233	264	294	325	355
22	22	53	81	112	142	173	203	234	265	295	326	356
23	23	54	82	113	143	174	204	235	266	296	327	357
24	24	55	83	114	144	175	205	236	267	297	328	358
25	25	56	84	115	145	176	206	237	268	298	329	359
26	26	57	85	116	146	177	207	238	269	299	330	360
27	27	58	86	117	147	178	208	239	270	300	331	361
28	28	59	87	118	148	179	209	240	271	301	332	362
29	29	(60)	88	119	149	180	210	241	272	302	333	363
30	30		89	120	150	181	211	242	273	303	334	364
31	31		90		151		212	243	—	304	—	365

注:如果闰年加 1。

附表6　大气外层太阳辐射通量 R_a 值表

$$R_a = \frac{24(60)}{\pi} G_{sc} d_r (\varphi_s \sin\varphi \sin\delta + \cos\varphi \sin\omega_s)$$

北半球												纬度(°)	南半球											
1月	2月	3月	4月	5月	6月	7月	8月	9月	10月	11月	12月		1月	2月	3月	4月	5月	6月	7月	8月	9月	10月	11月	12月
0.0	2.6	10.4	23.0	35.2	42.5	39.4	28.0	14.9	4.9	0.1	0.0	70	41.4	28.6	15.8	4.9	0.2	0.0	0.0	2.2	10.7	23.5	37.3	45.3
0.1	3.7	11.7	23.9	35.3	42.0	38.9	28.6	16.1	6.0	0.7	0.0	68	41.0	29.3	16.9	6.0	0.8	0.0	0.0	3.2	11.9	24.4	37.4	44.7
0.6	4.8	12.9	24.8	35.6	41.4	38.8	29.3	17.3	7.2	1.5	0.1	66	40.9	30.0	18.1	7.2	1.5	0.1	0.5	4.2	13.1	25.4	37.6	44.1
1.4	5.9	14.1	25.8	35.9	41.2	38.8	30.0	18.4	8.5	2.4	0.6	64	41.0	30.8	19.3	8.4	2.4	0.6	1.2	5.3	14.4	26.3	38.0	43.9
2.3	7.1	15.4	26.6	36.3	41.2	39.0	30.6	19.5	9.7	3.4	1.3	62	41.2	31.5	20.4	9.6	3.4	1.2	2.0	6.4	15.5	27.2	38.3	43.9
3.3	8.3	16.6	27.5	36.6	41.2	39.2	31.3	20.6	10.9	4.4	2.2	60	41.5	32.3	21.5	10.8	4.4	2.0	2.9	7.6	16.7	28.1	38.7	43.9
4.3	9.6	17.7	28.4	37.0	41.3	39.4	32.0	21.7	12.1	5.5	3.1	58	41.7	33.0	22.6	12.0	5.5	2.9	3.9	8.7	17.9	28.9	39.1	44.0
5.4	10.8	18.9	29.2	37.4	41.4	39.6	32.6	22.7	13.3	6.7	4.2	56	42.0	33.7	23.6	13.2	6.6	3.9	4.9	9.9	19.0	29.8	39.5	44.1
6.5	12.0	20.0	30.0	37.8	41.5	39.8	33.2	23.7	14.5	7.8	5.2	54	42.2	34.3	24.6	14.4	7.7	4.9	6.0	11.1	20.1	30.6	39.9	44.3
7.7	13.2	21.1	30.8	38.2	41.6	40.1	33.8	24.7	15.7	9.0	6.4	52	42.5	35.0	25.6	15.6	8.8	6.0	7.1	12.2	21.2	31.4	40.2	44.4
8.9	14.4	22.2	31.5	38.5	41.7	40.2	34.4	25.7	16.9	10.2	7.5	50	42.7	35.6	26.6	16.7	10.0	7.1	8.2	13.4	22.2	32.1	40.6	44.5
10.1	15.7	23.3	32.2	38.8	41.8	40.4	34.9	26.6	18.1	11.4	8.7	48	42.9	36.2	27.5	17.9	11.1	8.2	9.3	14.6	23.3	32.8	40.9	44.5
11.3	16.9	24.3	32.9	39.1	41.9	40.6	35.4	27.5	19.2	12.6	9.9	46	43.0	36.7	28.4	19.0	12.3	9.3	10.4	15.7	24.3	33.5	41.1	44.6
12.5	18.0	25.3	33.5	39.3	41.9	40.7	35.9	28.4	20.3	13.9	11.1	44	43.2	37.2	29.3	20.1	13.5	10.5	11.6	16.8	25.2	34.1	41.4	44.6
13.8	19.2	26.3	34.1	39.5	41.9	40.8	36.3	29.2	21.4	15.1	12.4	42	43.3	37.7	30.1	21.2	14.6	11.6	12.8	18.0	26.2	34.7	41.6	44.6
15.0	20.4	27.2	34.7	39.7	41.9	40.8	36.7	30.0	22.5	16.3	13.6	40	43.4	38.1	30.9	22.3	15.8	12.8	13.9	19.1	27.1	35.3	41.8	44.6
16.2	21.5	28.1	35.2	39.9	41.8	40.8	37.0	30.7	23.6	17.5	14.8	38	43.4	38.5	31.7	23.3	16.9	13.9	15.1	20.2	28.0	35.8	41.9	44.5
17.5	22.6	29.0	35.7	40.0	41.7	40.8	37.4	31.5	24.6	18.7	16.1	36	43.4	38.9	32.4	24.3	18.1	15.1	16.2	21.2	28.8	36.3	42.0	44.4
18.7	23.7	29.9	36.1	40.0	41.6	40.8	37.6	32.1	25.6	19.9	17.3	34	43.4	39.2	33.0	25.3	19.2	16.2	17.4	22.3	29.6	36.7	42.0	44.3

续附表 6

北半球												纬度(°)	南半球											
1 月	2 月	3 月	4 月	5 月	6 月	7 月	8 月	9 月	10 月	11 月	12 月		1 月	2 月	3 月	4 月	5 月	6 月	7 月	8 月	9 月	10 月	11 月	12 月
19.9	24.8	30.7	36.5	40.0	41.4	40.7	37.9	32.8	26.6	21.1	18.5	32	43.3	39.4	33.7	26.3	20.3	17.4	18.5	23.3	30.4	37.1	42.0	44.1
21.1	25.8	31.4	36.8	40.0	41.2	40.6	38.0	33.4	27.6	22.2	19.8	30	43.1	39.6	34.3	27.2	21.4	18.5	19.6	24.3	31.1	37.5	42.0	43.9
22.3	26.8	32.2	37.1	40.0	40.9	40.4	38.2	33.9	28.5	23.3	21.0	28	43.0	39.8	34.8	28.1	22.5	19.7	20.7	25.3	31.8	37.8	41.9	43.6
23.4	27.8	32.8	37.4	39.9	40.6	40.2	38.3	34.5	29.3	24.5	22.2	26	42.8	39.9	35.3	29.0	23.5	20.8	21.8	26.3	32.5	38.0	41.8	43.3
24.6	28.8	33.5	37.6	39.7	40.3	39.9	38.3	34.9	30.2	25.5	23.3	24	42.5	40.0	35.8	29.8	24.6	21.9	22.9	27.2	33.1	38.3	41.7	43.0
25.7	29.7	34.1	37.8	39.5	40.0	39.6	38.4	35.4	31.0	26.6	24.5	22	42.2	40.1	36.2	30.6	25.6	23.0	24.0	28.1	33.7	38.4	41.4	42.6
26.8	30.6	34.7	37.9	39.3	39.5	39.3	38.3	35.8	31.8	27.7	25.6	20	41.9	40.0	36.6	31.3	26.6	24.1	25.0	28.9	34.2	38.6	41.2	42.1
27.9	31.5	35.2	38.0	39.0	39.1	38.9	38.2	36.1	32.5	28.7	26.8	18	41.5	40.0	37.0	32.1	27.5	25.1	26.0	29.8	34.7	38.7	40.9	41.7
28.9	32.3	35.7	38.1	38.7	38.6	38.5	38.1	36.4	33.2	29.6	27.9	16	41.1	39.9	37.2	32.8	28.5	26.2	27.0	30.6	35.2	38.7	40.6	41.2
29.9	33.1	36.1	38.1	38.4	38.1	38.1	38.0	36.7	33.9	30.6	28.9	14	40.6	39.7	37.5	33.4	29.4	27.2	27.9	31.3	35.6	38.7	40.2	40.6
30.9	33.8	36.5	38.0	38.0	37.6	37.6	37.8	36.9	34.5	31.5	30.0	12	40.1	39.6	37.7	34.0	30.2	28.1	28.9	32.1	36.0	38.6	39.8	40.0
31.9	34.5	36.9	37.9	37.6	37.0	37.1	37.5	37.1	35.1	32.4	31.0	10	39.5	39.3	37.8	34.6	31.1	29.1	29.8	32.8	36.3	38.5	39.3	39.4
32.8	35.2	37.2	37.8	37.1	36.3	36.5	37.2	37.2	35.6	33.3	32.0	8	38.9	39.0	37.9	35.1	31.9	30.0	30.7	33.4	36.6	38.4	38.8	38.7
33.7	35.8	37.4	37.6	36.6	35.7	35.9	36.9	37.3	36.1	34.1	32.9	6	38.3	39.7	38.0	35.6	32.7	30.9	31.5	34.0	36.8	38.2	38.2	38.0
34.6	36.4	37.6	37.4	36.0	35.0	35.3	36.5	37.3	36.6	34.9	33.9	4	37.6	38.3	38.0	36.0	33.4	31.8	32.3	34.6	37.0	38.0	37.6	37.2
35.4	37.0	37.8	37.1	35.4	34.2	34.6	36.1	37.3	37.0	35.6	34.8	2	36.9	37.9	38.0	36.4	34.1	32.6	33.1	35.2	37.1	37.7	37.0	36.4
36.2	37.5	37.9	38.8	34.8	33.4	33.9	35.7	37.2	37.4	36.3	35.6	0	36.2	37.5	37.9	36.8	34.8	33.4	33.9	35.7	37.2	37.4	36.3	35.6

注:1. 在每月的第 15 天提供的 R_a 值估计值(误差小于 1%),冬季每月纬度高于 55°(南、北半球)的地方的偏差可能大于 1%。

2. 可以除以 $\lambda = 2.45$ mm/d 转换为等效值。

附表 7　最大日照时数表

$$N=\frac{24}{\pi}\omega_s$$

北半球												纬度(°)	南半球											
1月	2月	3月	4月	5月	6月	7月	8月	9月	10月	11月	12月		1月	2月	3月	4月	5月	6月	7月	8月	9月	10月	11月	12月
0.0	6.6	11.0	15.6	21.3	24.0	24.0	17.6	12.8	8.3	0.0	70	24.0	17.4	13.0	8.4	2.7	0.0	0.0	6.4	11.2	15.7	21.7	24.0	0.0
2.1	7.3	11.1	15.3	19.7	24.4	22.3	17.0	12.7	8.7	0.0	68	21.9	16.7	12.9	8.7	4.3	0.0	1.7	7.0	11.3	15.3	19.9	24.0	2.1
3.9	7.8	11.2	14.9	18.7	22.0	20.3	16.4	12.7	9.0	1.9	66	20.1	16.2	12.8	9.1	5.3	2.0	3.7	7.6	11.3	15.0	18.8	22.1	3.9
5.0	8.2	11.2	14.7	17.9	20.3	19.2	16.0	12.6	9.3	3.7	64	19.0	15.8	12.8	9.3	6.1	3.7	4.8	8.0	11.4	14.7	18.0	20.3	5.0
5.7	8.5	11.3	14.4	17.3	19.2	18.4	15.7	12.6	9.5	4.8	62	18.3	15.5	12.7	9.6	6.7	4.8	5.6	8.3	11.4	14.5	17.4	19.2	5.7
6.4	8.8	11.4	14.2	16.8	18.4	17.7	15.3	12.5	9.7	5.6	60	17.6	15.2	12.6	9.8	7.2	5.6	6.3	8.7	11.5	14.3	16.9	18.4	6.4
6.9	9.1	11.4	14.1	16.4	17.8	17.2	15.1	12.5	9.9	6.2	58	17.1	14.9	12.6	9.9	7.6	6.2	6.8	8.9	11.5	14.1	16.5	17.8	6.9
7.3	9.3	11.5	13.9	16.0	17.3	16.8	14.8	12.4	10.1	6.7	56	16.7	14.7	12.5	10.1	8.0	6.7	7.2	9.2	11.6	13.9	16.1	17.3	7.3
7.7	9.5	11.5	13.8	15.7	16.8	16.4	14.6	12.4	10.2	7.1	54	16.3	14.5	12.5	10.2	8.3	7.2	7.6	9.4	11.6	13.8	15.8	16.9	7.7
8.0	9.7	11.5	13.6	15.4	16.5	16.0	14.4	12.4	10.3	7.5	52	16.0	14.3	12.5	10.4	8.6	7.5	8.0	9.6	11.6	13.7	15.5	16.5	8.0
8.3	9.8	11.6	13.5	15.2	16.1	15.7	14.3	12.3	10.4	7.9	50	15.7	14.2	12.4	10.5	8.8	7.9	8.3	9.7	11.7	13.6	15.3	16.1	8.3
8.6	10.0	11.6	13.4	15.0	15.8	15.5	14.1	12.3	10.6	8.2	48	15.4	14.0	12.4	10.6	9.0	8.2	8.5	9.9	11.7	13.4	15.0	15.8	8.6
8.8	10.1	11.6	13.3	14.8	15.5	15.2	14.0	12.3	10.7	8.5	46	15.2	13.9	12.4	10.7	9.2	8.5	8.8	10.0	11.7	13.3	14.8	15.5	8.8
9.1	10.3	11.6	13.2	14.6	15.3	15.0	13.8	12.3	10.7	8.7	44	14.9	13.7	12.4	10.8	9.4	8.7	9.0	10.2	11.7	13.3	14.6	15.3	9.1
9.3	10.4	11.7	13.2	14.4	15.0	14.8	13.7	12.3	10.8	9.0	42	14.7	13.6	12.3	10.8	9.6	9.0	9.2	10.3	11.7	13.2	14.4	15.0	9.3
9.5	10.5	11.7	13.1	14.2	14.8	14.6	13.6	12.2	10.9	9.2	40	14.5	13.5	12.3	10.9	9.8	9.2	9.4	10.4	11.8	13.1	14.3	14.8	9.5
9.6	10.6	11.7	13.0	14.1	14.6	14.4	13.5	12.2	11.0	9.4	38	14.4	13.4	12.3	11.0	9.9	9.4	9.6	10.5	11.8	13.0	14.1	14.6	9.6
9.8	10.7	11.7	12.9	13.9	14.4	14.2	13.4	12.2	11.1	9.6	36	14.2	13.3	12.3	11.1	10.1	9.6	9.8	10.6	11.8	12.9	13.9	14.4	9.8

续附表 7

北半球												纬度(°)	南半球											
1月	2月	3月	4月	5月	6月	7月	8月	9月	10月	11月	12月		1月	2月	3月	4月	5月	6月	7月	8月	9月	10月	11月	12月
10.0	10.8	11.8	12.9	13.8	14.3	14.1	13.3	12.2	11.1	9.7	34	14.0	13.2	12.2	11.1	10.2	9.7	9.9	10.7	11.8	12.9	13.8	14.3	10.0
10.1	10.9	11.8	12.8	13.6	14.1	13.9	13.2	12.2	11.2	9.9	32	13.9	13.1	12.2	11.2	10.4	9.9	10.1	10.8	11.8	12.8	13.7	14.1	10.1
10.3	11.0	11.8	12.7	13.5	13.9	13.8	13.1	12.2	11.3	10.1	30	13.7	13.0	12.2	11.3	10.5	10.1	10.2	10.9	11.8	12.7	13.5	13.9	10.3
10.4	11.0	11.8	12.7	13.4	13.8	13.6	13.0	12.2	11.3	10.2	28	13.6	13.0	12.2	11.3	10.6	10.2	10.4	11.0	11.8	12.7	13.4	13.8	10.4
10.5	11.1	11.8	12.6	13.3	13.6	13.5	12.9	12.1	11.4	10.4	26	13.5	12.9	12.2	11.4	10.7	10.4	10.5	11.1	11.9	12.6	13.3	13.6	10.5
10.7	11.2	11.8	12.6	13.2	13.5	13.3	12.8	12.1	11.4	10.5	24	13.3	12.8	12.2	11.4	10.8	10.5	10.7	11.2	11.9	12.6	13.2	13.5	10.7
10.8	11.3	11.9	12.5	13.1	13.3	13.2	12.8	12.1	11.5	10.7	22	13.2	12.7	12.1	11.5	10.9	10.7	10.8	11.2	11.9	12.5	13.1	13.3	10.8
10.9	11.3	11.9	12.5	12.9	13.2	13.1	12.7	12.1	11.5	10.8	20	13.1	12.7	12.1	11.5	11.1	10.8	10.9	11.3	11.9	12.5	13.0	13.2	10.9
11.0	11.4	11.9	12.4	12.8	13.1	13.0	12.6	12.1	11.6	10.9	18	13.0	12.6	12.1	11.6	11.2	10.9	11.0	11.4	11.9	12.4	12.9	13.1	11.0
11.1	11.5	11.9	12.4	12.7	12.9	12.9	12.5	12.1	11.6	11.1	16	12.9	12.5	12.1	11.6	11.3	11.1	11.1	11.5	11.9	12.4	12.8	12.9	11.1
11.3	11.6	11.9	12.3	12.6	12.8	12.8	12.5	12.1	11.7	11.2	14	12.7	12.4	12.1	11.7	11.4	11.2	11.2	11.5	11.9	12.3	12.7	12.8	11.3
11.4	11.6	11.9	12.3	12.6	12.7	12.6	12.4	12.1	11.7	11.3	12	12.6	12.4	12.1	11.7	11.4	11.3	11.4	11.6	11.9	12.3	12.6	12.7	11.4
0.0	6.6	11.0	15.6	21.3	24.0	24.0	17.6	12.8	8.3	0.0	70	24.0	17.4	13.0	8.4	2.7	0.0	0.0	6.4	11.2	15.7	21.7	24.0	0.0
2.1	7.3	11.1	15.3	19.7	24.4	22.3	17.0	12.7	8.7	0.0	68	21.9	16.7	12.9	8.7	4.3	0.0	1.7	7.0	11.3	15.3	19.9	24.0	2.1
3.9	7.8	11.2	14.9	18.7	22.0	20.3	16.4	12.7	9.0	1.9	66	20.1	16.2	12.8	9.1	5.3	2.0	3.7	7.6	11.3	15.0	18.8	22.1	3.9
5.0	8.2	11.2	14.7	17.9	20.3	19.2	16.0	12.6	9.3	3.7	64	19.0	15.8	12.8	9.3	6.1	3.7	4.8	8.0	11.4	14.7	18.0	20.3	5.0
5.7	8.5	11.3	14.4	17.3	19.2	18.4	15.7	12.6	9.5	4.8	62	18.3	15.5	12.7	9.6	6.7	4.8	5.6	8.3	11.4	14.5	17.4	19.2	5.7
6.4	8.8	11.4	14.2	16.8	18.4	17.7	15.3	12.5	9.7	5.6	60	17.6	15.2	12.6	9.8	7.2	5.6	6.3	8.7	11.5	14.3	16.9	18.4	6.4

注:每月第 15 天的日照时间对月内天数平均日照时间提供的估值(误差小于1%)。冬季各月纬度高于55°(南、北半球)的地方的偏差可能大于1%。

参考文献

[1] 史海滨,田军仓,刘庆华. 灌溉排水工程学[M]. 北京:中国水利水电出版社,2006.

[2] 郭元裕. 农田水利学[M]. 3 版. 北京:中国水利水电出版社,1997.

[3] 汪志农. 灌溉排水工程学[M]. 北京: 中国农业出版社, 2000.

[4] 李远华. 节水灌溉理论与技术[M]. 武汉:水利电力大学出版社,1999.

[5] 陈亚新,康绍忠. 非充分灌溉原理[M]. 北京:水利电力出版社,1995.

[6] 雷志栋,杨诗秀. 土壤水动力学[M]. 北京:清华大学出版社,1988.

[7] 中国科学院南京土壤研究所土壤物理研究室. 土壤物理性质测定法[M]. 北京:科学出版社,1978.

[8] 张蔚榛. 地下水与土壤水动力学[M]. 北京: 中国水利水电出版社, 1996.

[9] 虎胆·吐马尔白,等. 地下水利用[M]. 北京: 中国水利水电出版社, 2008.

[10] 全达人,等. 地下水利用[M]. 3 版. 北京: 中国水利水电出版社, 1996.

[11] 国家质量技术监督局,中华人民共和国建设部. GB 50288—99 灌溉与排水工程设计规范[S]. 北京:中国计划出版社,1999.

[12] 华孟,王坚. 土壤物理学[M]. 北京:农业大学出版社, 1993.

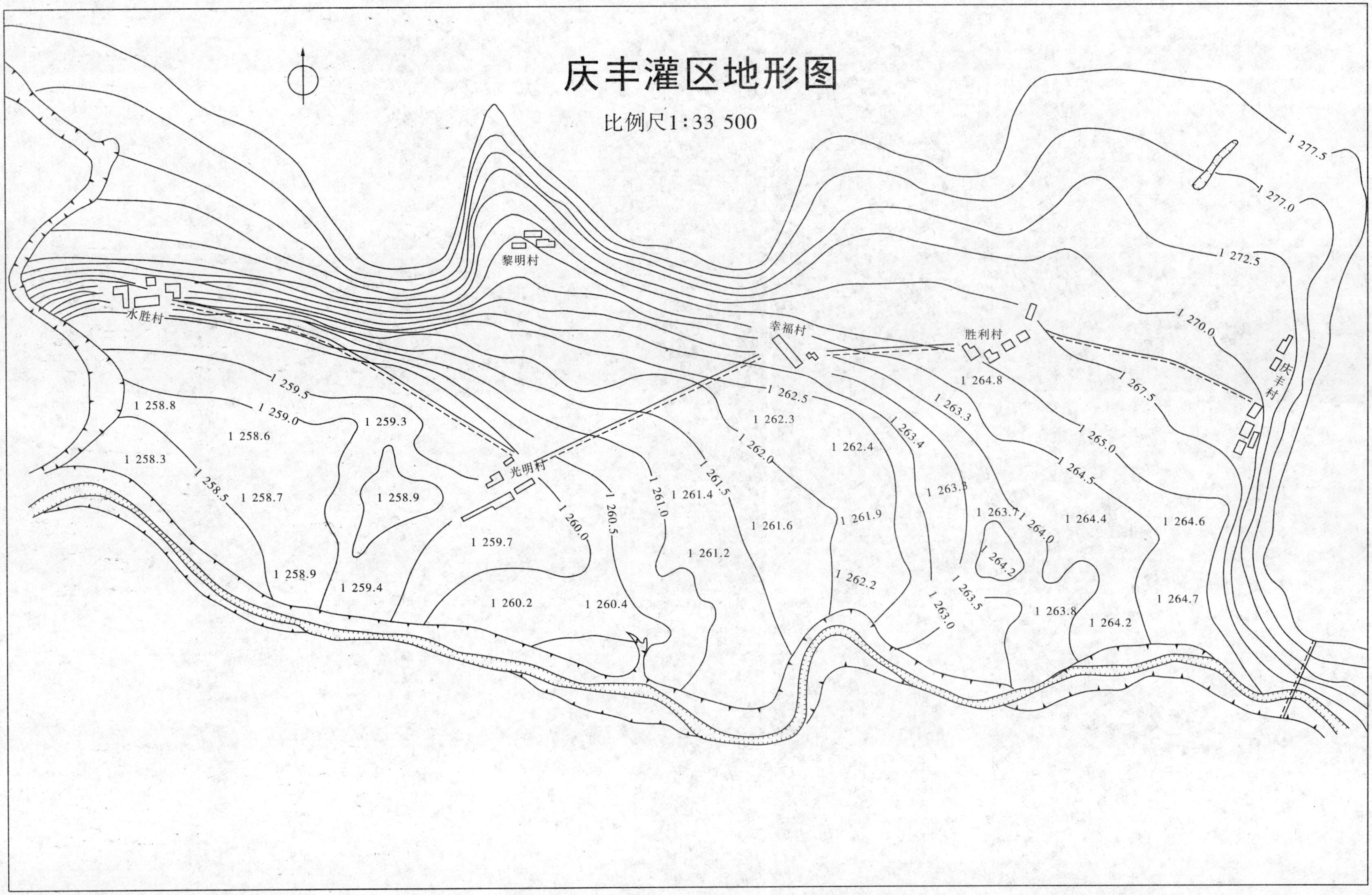
庆丰灌区地形图
比例尺1:33 500
黎明村
水胜村
幸福村
胜利村
庆丰村
光明村
1 277.5
1 277.0
1 272.5
1 270.0
1 267.5
1 265.0
1 264.5
1 264.8
1 263.3
1 263.4
1 262.5
1 262.3
1 262.4
1 262.0
1 261.5
1 261.0
1 260.5
1 260.0
1 259.5
1 259.0
1 259.3
1 258.8
1 258.6
1 258.3
1 258.5
1 258.7
1 258.9
1 259.7
1 261.4
1 261.6
1 261.9
1 263.8
1 263.7
1 264.0
1 264.4
1 264.6
1 261.2
1 264.2
1 258.9
1 259.4
1 262.2
1 263.5
1 263.0
1 260.2
1 260.4
1 263.8
1 264.2
1 264.7

附图4

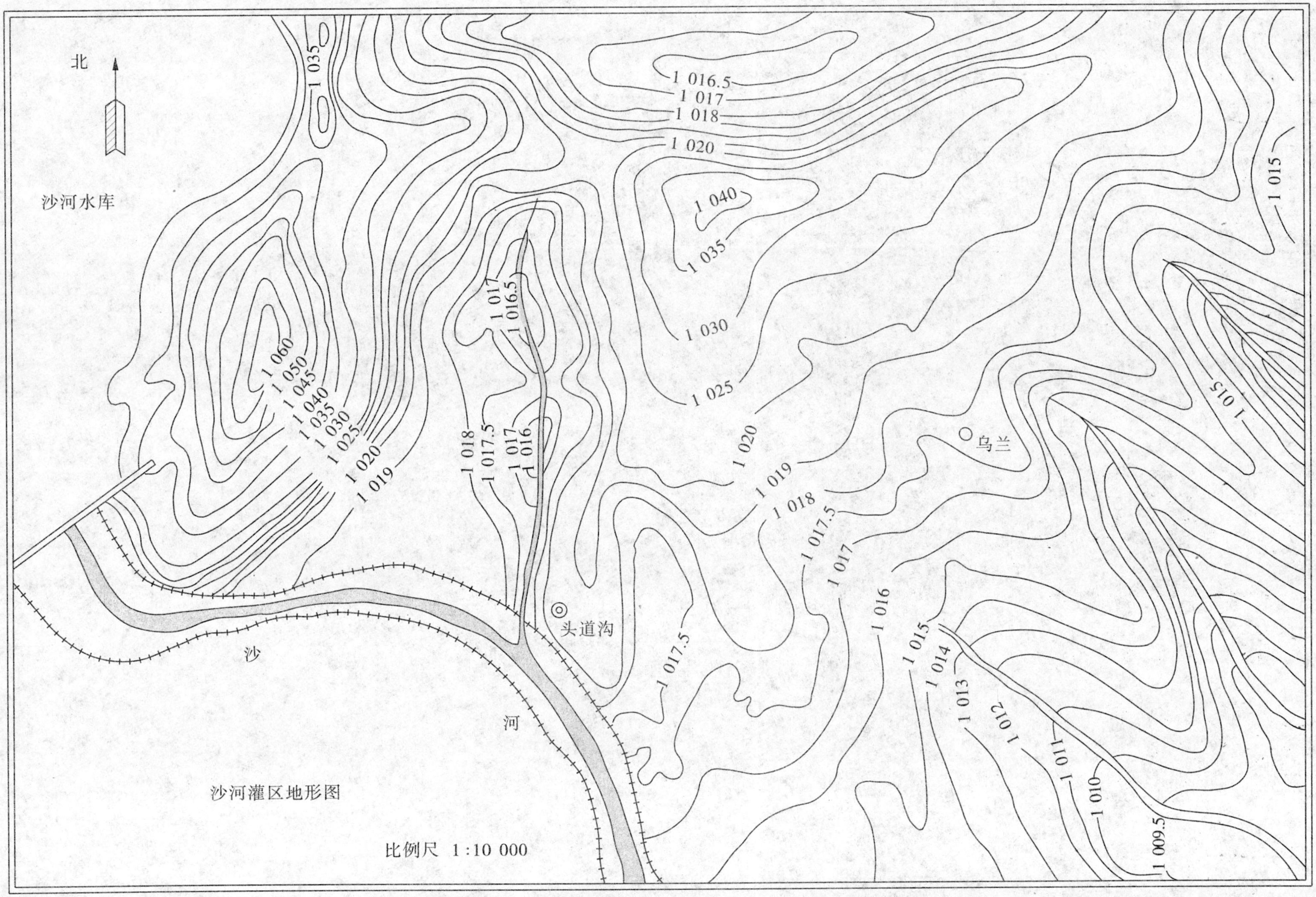
北
沙河水库
1 035
1 016.5
1 017
1 018
1 020
1 040
1 035
1 030
1 025
1 015
1 060
1 050
1 045
1 040
1 035
1 030
1 025
1 020
1 019
1 017
1 016.5
1 018
1 017.5
1 017
1 016
1 020
1 019
1 018
1 017.5
1 017
1 016
乌兰
头道沟
沙
河
1 017.5
1 015
1 014
1 013
1 012
1 011
1 010
1 009.5
沙河灌区地形图
比例尺 1:10 000

附图3

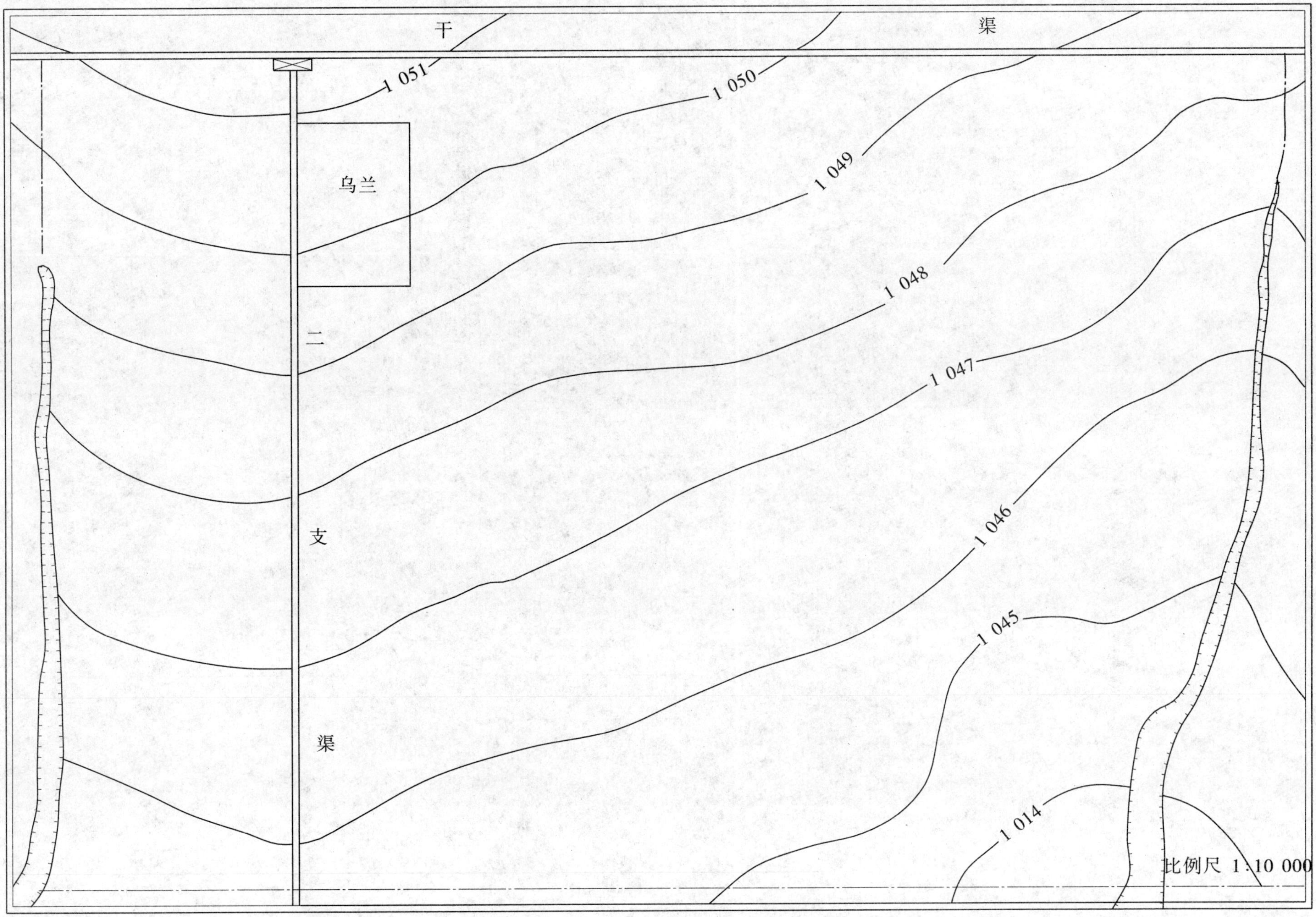

附图 1

1
2
3
4
5
6
7
8
9
10
A
11
12
13
1 048
1 047
1 046
1 045
1 044
1 043
1 042
灌
区
比例尺　1: 20 000

附图 2